服装工业样板设计

徐雅琴 朱卫华 惠洁 编著

東華大學出版社 上海

全国服装工程专业（技术类）精品图书

纺织服装高等教育「十二五」部委级规划教材

全国服装工程专业（技术类）精品图书编委会

郑小飞　杭州职业技术学院达利女装学院
侯东昱　河北科技大学纺织服装学院
高亦文　河南工程学院服装学院
吴　俊　华南农业大学艺术学院
闵　悦　江西服装学院服装设计分院
陈东升　闽江学院服装与艺术工程学院
杨佑国　南通大学纺织服装学院
史　慧　内蒙古工业大学轻工与纺织学院
孙　奕　山东工艺美术学院服装学院
王　婧　山东理工大学鲁泰纺织服装学院
朱琴娟　绍兴文理学院纺织服装学院
康　强　陕西工业职业技术学院服装艺术学院
苗　育　沈阳航空航天大学设计艺术学院
李晓蓉　四川大学轻纺与食品学院
傅菊芬　苏州大学应用技术学院
周　琴　苏州工艺美术职业技术学院服装工程系
王海燕　苏州经贸职业技术学院艺术系
王　允　泰山学院服装系
吴改红　太原理工大学轻纺工程与美术学院
陈明艳　温州大学美术与设计学院
吴国智　温州职业技术学院轻工系
吴秋英　五邑大学纺织服装学院
穆　红　无锡工艺职业技术学院服装工程系
肖爱民　新疆大学艺术设计学院
蒋红英　厦门理工学院设计艺术系
张福良　浙江纺织服装职业技术学院服装学院
鲍卫君　浙江理工大学服装学院
金蔚荭　浙江科技学院艺术分院
黄玉冰　浙江农林大学艺术设计学院
陈　洁　中国美术学院上海设计学院
刘冠斌　湖南工程学院纺织服装学院
李月丽　盐城工业职业技术学院艺术设计系
徐　仿　江西师范大学科技学院
金　丽　中国服装设计师协会技术委员会

前　言

如何采用最精确、最有效率的服装制板方法，以适应服装生产的需要是服装企业迫切需要解决的课题，也是本书作者多年来不懈努力所追求的目标。本书出版之前，作者已于2010年4月出版过《服装制板与推板细节解析》一书，曾对服装制板的细节处理进行了具体的解剖和分析。本书就是在前面的基础上，从设计的角度对服装样板的制作进行了更为深入地解析。之所以将书名定为《服装工业样板设计》是因为本书的不同之处在于将服装工业制板的具体操作首先看作是一个即将实施的项目，然后按照实施的内容进行构思、制定方案，并进行多种方案的设计，让读者根据不同的实施条件来采用相对应的方案，解决服装工业制板的实际问题。

本书的具体内容包括服装工业样板设计概述、服装工业样板设计方法、服装面布、衬布、里布样板设计方法、服装系列样板设计方法，以及服装工业样板质量控制方法。全书的重点是各类样板的设计方法，具有制板精度高，操作性强的特色。

本书在编著过程中保持了内容的系统性，同时又具有一定的延展性。本书的具体写作思路为对各类款式及部位在分析其基本方法的基础上，同时延展出其他方法，也就是对同一款式的样板设计多套方案进行制作，以使学习者通过学习能较为快捷地全面掌握服装制板的方法。同时值得一提的是本书注重提高服装制板的精细化程度，对服装制板中的细节部位处理到位，力求能使裁剪与缝纫者根据样板上的提示，便能准确无误地将服装缝制成型的目的。在写作中，作者力求做到层次清楚，语言简洁流畅，内容丰富。建议读者阅读本书之前，先阅读《服装制板与推板细节解析》一书，以便更为全面地掌握服装制板的原理及具体的设计方法。本书强调实际操作的应用能力，并希望能多方位地解决服装制板方面的问题。希望本书对读者掌握服装制板方面的知识与应用有一定的帮助。

在服装制板的学习中，既要重视服装制板基础知识的学习，也要注意学习者应用能力的培养。本书适合作为服装高等教育教材，同时也可作为服装专业技术人员、服装爱好者的自学用书。

参加本书编写的还有刘国伟、潘静、施金妹、吴崴、叶玮、顾耀发、叶国权、王文娟、邵敏娥、李昊、叶琴、徐国钧、李纲余、叶雪霞等。本书在撰写的过程中，得到了孙熊教授、冯翼校长、包昌法教授的热情指导，得到了上海聚荣服装设计有限公司总经理李本勇、副总经理钟华东的鼎力相助，得到了上海工程技术大学服装学院领导的大力支持，得到了东华大学出版社编辑的信任和支持，在此一并表示衷心的感谢。

由于作者的水平有限，本书难免有不足之处，敬请各位专家、读者指正。

作者

2014年6月

目 录

第一章 服装工业样板设计概述

服装工业样板设计是服装批量生产过程中的重要环节。服装工业样板设计就是生产服装排料、画样、裁剪等所用的一整套样板。服装工业样板设计是以款式设计、规格设计、结构设计、材料设计及工艺设计为依据,通过服装工业样板设计的标准样板、系列样板的制作完成其全过程。

第一节 服装工业样板设计依据

服装工业样板设计是以款式设计、结构设计、规格设计、材料设计及工艺设计为依据的。对于服装工业样板设计依据的了解是学好服装工业样板设计重要的前提条件。服装款式设计规定了结构设计的内容,结构设计的完成依赖于正确的规格设计、材料设计及工艺设计。只有充分理解了服装工业样板设计的依据,才能制作出符合服装工业样板设计要求的样板。

一、款式设计

款式设计的内容包括款式外形轮廓、内部结构线及相关附件的形状与安置部位等。根据款式设计的要求绘制服装结构图是学好服装工业样板设计的必要环节。

1. 款式外形轮廓

款式外形轮廓的构成是服装工业样板设计重要的基础依据之一。根据不同的方法可有不同的分类表示方法,各类型的外形轮廓又有其特点。见图 1-1。

1) 款式外形轮廓的分类

① 字母型表示方法:以英文大写字母来表示,如 H、A、T、X、O 型等。

② 几何形表示方法:三角形、方形、圆形、倒梯形、长方体、锥形体、球形体等。

③ 物象型表示方法:郁金香型、纺锤型、气球型等。

2) 款式外形轮廓的特征与特点

① H 型:夸张腰部,整体造型呈矩形。

② T 型:夸张肩部,整体造型呈上宽下窄形。

③ A 型:夸张下摆,整体造型呈上窄下宽形。

④ X 型:贴近人体,整体造型呈上下宽中间窄。

⑤ O 型:夸张腰部,整体造型呈上下窄中间宽。

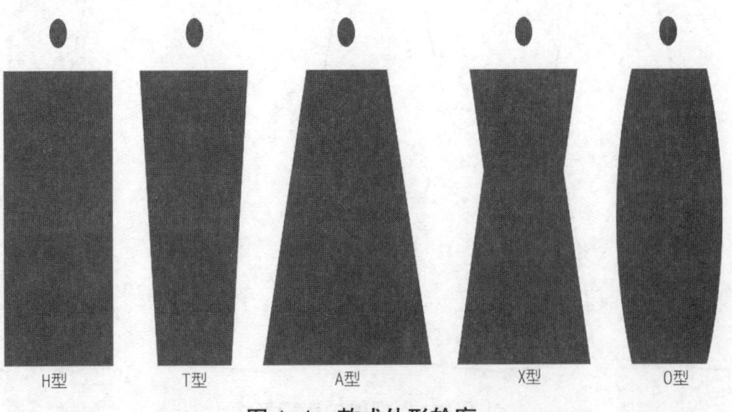

图 1-1 款式外形轮廓

2. 内部结构线

款式内部结构线的构成是服装工业样板设计重要的基础依据之一，其形态决定了服装结构图的绘制要求。内部结构线的形态繁多，以下就结构线的类型及特点作一介绍。

1) 内部结构线的分类

① 从结构线的方向角度分类，可有直向线、横向线、斜向线。

② 从结构线的直弧形角度分类，可有直线形线、弧线形线。

③ 从结构线的功能性角度分类，可有装饰性线、功能性线及装饰性与功能性兼具的线。

④ 从结构线的封闭形与开放形角度分类，可有封闭形的如服装中间部位的省与分割线、开放形的如两端处于服装边缘部位的直线形分割线、可有封闭形与开放形结合的如一端处于服装边缘部位而另一端处于服装中间部位的省的线条。

⑤ 从结构线的特点来分类，可有收省线、褶裥线、分割线等。

2) 内部结构线的特征

以下选取结构线的特点来分析内部结构线的特征。

① 收省线：省线满足两个围度之间的差值，服装上表现为指向人体的隆起点。见图 1-2。

② 褶裥线：褶裥线既能满足人体隆起部位的要求，又能达到放松服装的要求。见图 1-3。

③ 分割线：分割线既能增强服装的美感，又能达到符合人体的曲面的要求。见图 1-4。

图 1-2 收省线的表现形式

图 1-3 褶裥线的表现形式

图 1-4　分割线的表现形式

3. 附件的形状与安放位置

服装款式的构成除外形轮廓与结构线之外，附件也是服装款式的一个组成部分。服装附件有口袋与袋盖、带与襻（腰、肩、袖等部位）、钮扣、拉链、花边等。

服装附件的形状可根据其长宽方圆的程度按比例确定其大小，如袋盖长与宽的比例关系。服装附件的安放位置可参照外形轮廓和主要结构线的位置来确定，如袋的高低与进出位置的确定。

二、规格设计

规格设计的内容包括服装规格的分类、构成及应用。如何根据规格设计的要求来绘制服装结构图是学好服装工业样板设计的必要环节。

1. 服装规格的分类

(1) 净体规格：人体净规格。

(2) 基型规格：过渡性规格或实测规格。

(3) 成品规格：最终实测规格。

2. 服装规格的构成

(1) 服装成品规格，就其每一部位规格的具体构成来说，包括三个方面的要素（简称“三要素”）：

① 人体的净体数值；

② 人体运动因素；

③ 服装款式造型因素。

(2) 服装主要部位规格的一般构成方法：服装成品规格中长度的确定，一般以身高的百分比加减定数或加放松量来求得；服装成品规格中围度的确定，一般以控制部位数值加放一定的放松量来求得。例如：衣长＝号 ×40%+定数；袖长＝号×30%+定数；胸围＝型＋定数；领围＝颈围＋定数；总肩宽＝总肩宽（净体）+定数。

(3) 服装细部规格的构成：在已确定的服装主要部位规格组合的基础上，按人体的比例以主要部位规格推导出其他相关部位的规格。一般来说，上装类袖长和下装类裤长是一件（条）服装的长度的主要规格；上装类胸围和下装类腰围、臀围是一件（条）服装围度规格的主要规格。例如从人体身高推导出衣袖的肘位；从胸围推导出腰围、摆围等；从臀围推导出前后窿门、横裆等。

3. 服装成品规格的放松量

1) 人体运动与放松量

人体的运动是复杂多样的，有上肢和下肢的伸屈、回旋运动，有躯干的弯曲、扭转运动，也有颈部的前倾后仰运动等。所有这些运动都将引起运动部位肢体表面的规格变化。为了适应人体表面的规格变化就应在人体净规格的基础上加放一定的放松量。由于人体运动部位、运动方式和运动幅度等各不相同，而且不同的服装款式和功能需求也不同，使所加放松量的值不尽相同。例如体操服，其原料选用有弹性的面料，要求完全贴合人体，因此不加放松量，甚至因原料的弹性而在净体规格的基础上有所缩减。又如工作服要求手臂的抬伸方便，人体各部的前后旋转随意，其相应部位放松量要比一般服装的放松量大。

2）服装放松量

人体测量所取得的数据是净体或贴体规格，直接按净体规格制作服装，不适合人体的活动。人大多时间在不断地活动和运动，但绝大多数的原料无伸缩性，因此为了使服装适合人体的各种活动和运动，必须在量体所得数据的基础上，根据服装品种、式样和穿着用途加放一定的放松量。同时，还需考虑服装的穿着层次。

人体运动的便利与否并非完全是由服装放松量的大小所决定的。一般认为，服装放松量越大，人体运动越便利。但服装有些部位放松量过大，反而会不利于人体运动，如直裆、袖窿深等部位过大反而会妨碍人体的运动。

4. 服装规格标准

（1）“服装号型系列”是以我国正常人体主要部位的尺寸为依据，对我国人体的不同体型进行分类制订的国家标准。它提供了以人体各主要部位尺寸为依据的数据模型，这个数据模型采集了我国人体中与服装有密切关系的尺寸，并经过科学的数据处理，基本反映了我国人体的体型规律，具有广泛的代表性。

（2）服装号型系列的人体尺寸是人体的净体尺寸，并不是服装成品规格。但服装号型系列是设计服装成品规格的依据，其适用于我国绝大多数各部位发育正常的人体，特别高大或特别矮小、过分矮胖或特别瘦小的体型以及有体型缺陷的人，不包括在“服装号型系列”所指的人群范围内。

（3）号型定义。“号”指人体的高度，以厘米（cm）表示人体的身高，是设计服装长短的依据；“型”指人体的围度，以厘米（cm）表示人体的胸围或腰围等，是设计服装肥瘦的依据。

（4）体型分类。体型分类是根据人体的胸围与腰围的差数来确定的。按差数的大小将体型分为Y、A、B、C四种类型，其中Y型的胸围与腰围的差数最大，C型的胸围与腰围的差数最小，具体数据见表1-1。

（5）号型标志。按服装号型系列标准规定，服装成品上必须标明号型。其表示方法为号的数值在前，型的数值在后，中间用斜线分隔，型的数值后标示体型分类。如170/88A，其中170表示身高为170cm，88表示净体胸围为88cm，体型分类代号A则表示胸腰落差在12~16cm之间。

（6）号型系列。号型系列设置以中间标准体为中心，向两边依次递减或递增。服装规格按此系列进行设计。将人体的号和型进行有规则的分档排列，称为号型系列。号的分档与型的分档相结合，分别有5·4系列和5·2系列。号型系列中的“5”表示号的分档数值，号型系列中的“4”“2”表示型的分档数值。

（7）号型应用。消费者在选购服装前，首先要测量身高、净胸围和净腰围，按胸围与腰围的差数确定所属的体型类别，然后从中选择合适的号型类别的服装。若测量的身高和胸围与号型设置不吻合时，应采用靠档法，具体方法见表1-2~表1-4。

表1-1　体型分类数据表　　单位：cm

性别	男				女			
体型分类	Y	A	B	C	Y	A	B	C
胸腰差数	17~22	12~16	7~11	2~6	19~24	14~18	9~13	4~8

表1-2　按身高数值选用　　单位：cm

人体身高	162~167	167~172	172~177
选用号	165	170	175

表 1-3　按净胸围数值选用上装的型　单位：cm

人体净胸围	82~86	86~90	90~94
选用型	84	88	92

表 1-4　按净腰围数值选用下装的型　单位：cm

人体净腰围	65~66	67~68	69~70
选用型	66	68	70

表 1-5　按净胸围数值选用儿童服装的型　单位：cm

人体净胸围	54~57	58~61	62~65
选用型	56	60	64

表 1-6　按净腰围数值选用儿童服装的型　单位：cm

人体净腰围	51~53	54~56	57~60
选用型	52	55	58

儿童处于长身体阶段，其特点是身高的增长速度大于胸围及腰围的增长速度。选择服装时，号可选大一档，型可按实际的大小或大一档。具体方法见表 1-5 和表 1-6。

在服装生产中要注意：选用号型系列必须考虑目标市场地区的人口比例和市场需求，相应地安排生产数量，以满足大部分人的穿着需要。

(8) 服装号型系列控制部位数值。控制部位的数值共有 10 个，除身高、胸围、腰围外，还有颈椎点高、坐姿颈椎点高、全臂长、腰围高、颈围、总肩宽、臀围。

(9) 服装号型与服装规格。服装号型系列和各控制部位数值确定以后，就可设计出服装的具体规格，概括地说，是以控制部位的数值加放不同的放松量来设计服装成品规格。

(10) 服装号型系列规格。服装规格系列是服装推板的必要依据。服装规格系列的设定应以人体体型发展规律为本，就我国而言，就是中国《服装号型》标准。服装规格系列是将人体的身高与围度进行有规则的排列，即服装号型系列。号的分档数为 5cm（指人体身高的分档，不是服装规格中的衣长或裤长）。型的分档数为 4cm、3cm、2cm。号与型的分档结合起来，分别为 5·4 系列、5·3 系列、5·2 系列。

各类体型的号型系列的规格见表 1-7。表 1-7 可以作为服装系列样板设计中的规格系列构成的重要参考依据。据此，可以对我国的正常人体体型的规格范围有一个明确的概念，对服装推板规格的设定范围有一个明确的限定。

表 1-7　服装号型系列分档间距　单位：cm

部位	体型	男	女	分档间距
身高	–	155~185	145~175	5
胸围	Y	76~100	72~96	4 和 3
	A	72~100	72~96	4 和 3
	B	72~108	68~104	4 和 3
	C	76~112	68~108	4 和 3
腰围	Y	56~82	50~76	2、3 和 4
	A	56~88	54~82	2、3 和 4
	B	62~100	56~94	2、3 和 4
	C	70~108	60~102	2、3 和 4

三、结构设计

服装结构设计是以研究服装结构规律及分解原理，为构成服装进行展开分割，完成各片平面衣片的几何轮廓为主要内容的学科。服装结构设计是一项具有工程性、艺术性和技术性的工作。

(1) 工程性：服装结构设计是指导服装裁制和生产的主要依据，特别是对工业化批量生产来说，更是对整个服装组合生产过程和生产的规格、质量负有首要责任。因此，它的制图依据、各部位的结构关系、定点画线和构成的衣片外形轮廓等等，都必须是非常严谨、规范和准确的，必须达到合乎工程性的要求。

(2) 艺术性：因为服装的某些部位或部件形态、轮廓的确认，并不单是以运算所得或公式推导而成的，而是凭艺术的感觉，靠形象的美感确立，如各类衣领的宽度和领角的造型、灯笼袖等衣袖的袖山高低和袖肥宽窄等，以及裤管、裙摆的造型和分割衣缝的弧曲程度的设置等等，依赖于结构设计师的审美眼光和艺术修养，使之构成的衣片轮廓并能符合艺术性的要求。

(3) 技术性：在服装结构设计中，还要求结构设计师熟悉各类衣料的性能特点，要掌握服装缝纫的工艺技巧，要了解整件服装的流水生产全过程和各类专用机械设备的情况，要有较全面的服装缝制生产技术知识，这样，在结构设计和衣片放缝或制作裁剪样板时就能恰到好处，这就是服装结构设计技术性的要求。

根据达到以上三点要求而制出的服装结构图就能作为服装制板的依据之一，不仅能有利于服装的缝制加工，还能达到造型设计所要求的预想效果。

四、材料设计

服装材料是构成服装的物质基础。现在可以用作裁制服装的材料品种众多，质地性能各异。例如有些材料质地柔软疏松，有些却坚挺厚实；有些材料伸缩率较大，有些却较小。特别是各类梭织面料，更应掌握其经纬丝缕的走向和性能，否则将会严重地影响服装的外形美观和内在质量。所有这些因素都与服装结构制图密切相关。因此，服装材料也是构成服装样板设计的依据之一。

1. 材料的质地性能因素

服装材料的质地性能千差万别，有织物结构紧密的、疏松的、坚实的、松软的、轻薄的、厚重的、硬挺的、柔软的、表面光洁的和表面粗糙的等，不同结构的材料，应采用不同的制图形态加以调节。

织物越是紧密、坚实、硬挺，其形变性就越弱；反之，织物越是稀疏、松弛、厚重、柔软，其形变性就越强。根据这一特性，在制图时，应视其具体面料而有针对性的处理。例如，对质地疏松的面料，在斜丝缕处适当减短和放宽，以适应斜丝缕下垂时的自然伸长和横缩。对于裁片需经归拔工艺处理的，如用形变性弱的面料，其归拔量相对少；反之则归拔量可相对多些。如毛呢服装为了符合体型，根据肩部形状的特点，一般后肩长于前肩1cm左右，在具体运用时，形变性弱的面料视其程度应相对小于本身1cm，形变性强的面料则相对大于1cm。形变性弱的面料在有弯势的弧线部位，相对于形变性强的面料弧度要小，如大袖片(两片袖)前偏袖弯势部位等。袖山吃势多少也在一定程度上取决于面料的形变性，强多弱少。此外由于织物的紧密程度不同，有些疏松结构的面料，需在制图时加宽放缝，以免因面料散脱而出现与规格不符的问题。

2. 材料缩率因素

不同质地性能的面料，会有不同的缩率。如全棉面料的缩率比化纤面料的缩率要大得多。服装制图时需要在了解面料的缩率后作适当的放长、放宽，以保证成衣的规格达到预定的标准。

3. 梭织面料的经纬丝缕因素

由于目前使用的面料绝大多数是由经纬丝缕交织而成，因此，俗称梭织面料。一般将梭织物的长度方向与布边平行的经纱称为经向；幅宽方向与布边垂直的纬纱称为纬向；两者之间称为斜向。

习惯上称之为直丝缕、横丝缕、斜丝缕。由于它们各自的不同走向在服装上的应用也各不相同(图1-5)。

直丝缕的特点是强度高,不易伸长变形。因此在服装上取长度方向为多,如衣长、裤长、袖长等。但有些横向部位因取其不易变形的特点也采用直丝缕,如腰带、裤腰、袖头等。

横丝缕的特点是强度稍差,但纱质柔软。比经纱易变形,并略有伸长。因此在服装上取横向为多,如服装的围度、各局部的宽度等。由于横丝缕的特点,使其能恰到好处地体现人体的立体效果。

斜丝缕处于经纬纱的中间状态,它的特点是伸长性大,有弹性,能弯曲变形。根据这一特点,一般滚条、压条都用斜丝缕。领里、男呢西裤里襟里等也采用斜丝缕。而喇叭裙宽大的下摆更是采用斜丝缕的典型例子。这里需注意的是斜丝缕在服装制图中应适量放宽规格(指横向),而在长度方向则宜稍短。

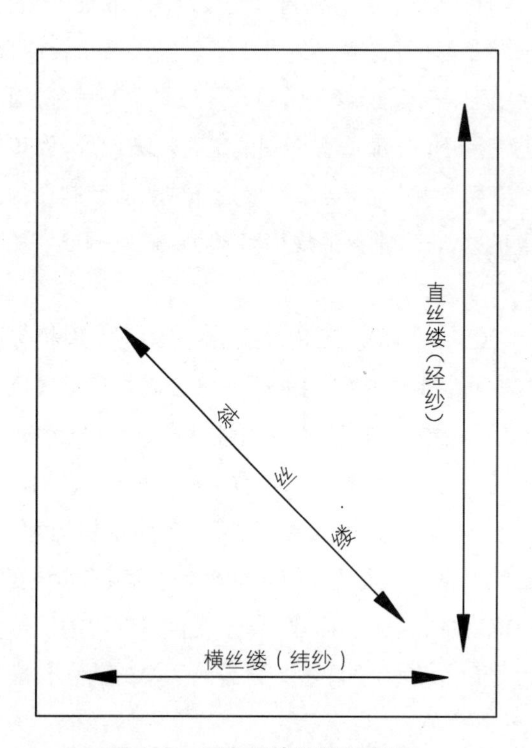

图1-5 面布经纬丝缕示意图

4. 应该注意的问题

(1) 对于有倒顺毛、倒顺花的面料,应标明方向。

(2) 有大型图案的应在图纸上标明主图案的位置。

(3) 条格料应根据款式标明丝缕;格距较宽的对格要求高的,应在样板上画上对格标位,以利于裁剪。

此外,在一般面料的样板制作中,也应标明丝缕方向。

五、工艺设计

服装材料经过制图、裁剪和缝制加工后,最终成为服装成品。在缝制加工过程中,由于采用的衣缝结构形式不同、衣片相互组合的形态不同以及有时还辅以熨烫工艺的配合等,这些都会对服装成品的构成产生影响。因此,缝制工艺也是属于服装结构制图的依据之一。

1. 衣缝结构与服装结构制图

衣缝的结构有分缝、倒缝等。倒缝又有锁边倒缝、来去缝、暗包明缉、明包暗缉之分和坐倒的方向之别,这些区别都需要在服装结构制图的留放缝份上作出相应的区别。如分缝,一般加放缝份1cm;来去缝,两拼合缝就需放缝份1.4cm左右。此外,在服装的衣缝中,还有些衣缝连接褶、裥,也有的利用衣缝留袋口、连袋盖、带襻等,这些也都需要在服装结构制图中考虑留出褶量、裥底或折边、口袋垫布等部位所需的量。还有些部位的衣缝,因其特殊需要放缝大小有所不同,如西裤的后缝是分缝,但因腰口处要保持平服,所以在腰口处放2cm左右,在臀高线处放1cm左右,在后窿门弯弧部位若缝份过大就会使分缝发生困难,因此放缝应略小于1cm(图1-6)。但并不是说凡弯弧部位都应缩小缝份,如驳领后领圈弯弧部位不必缩小缝份,因为后领圈有时不必分缝。因此应具体情况具体对待。

2. 缝边处理与服装结构制图

缝边即服装各边缘、止口部位,缝边的不同处理方法与服装结构制图有关。具体表现在服装上

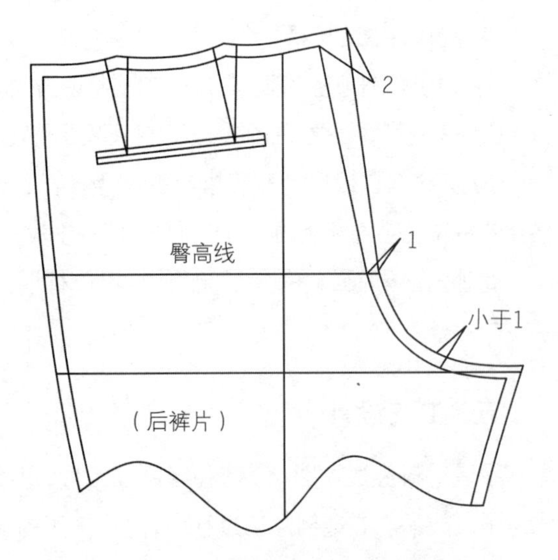

图 1-6 裤后裆缝缝份加放示意图

的缝边有门襟止口、衣裙底摆、袖口、裤脚口、领上口、无领的领口、无袖的袖窿、裤或裙的腰口以及部件中的袋盖、袋襻等部件的外口、边缘等。这些部位、部件的边缘处理，有连折和另加之分。各底摆、袖口、裤脚口虽然多为连折边，但也可另加贴边。上衣挂面可连折也可另加。一般女装连挂面较常用（关门领式），男装则多为加挂面；袋盖及袋襻，如外口直边可分可连，但外形为圆头、尖角等曲线边缘的，则必须另加里布；无领式的领口及无袖式的袖窿圈，一般是另加贴边或翻边处理，但也有用滚条处理。缝边的里口边缘，也有不同的处理方法，如衣摆与挂面的里口既可包缝，也可折光或另加滚条。袖口、裤脚口及裙摆等也有多种处理方法。由于处理方法不同，所放的缝份也不同。

3. 组合形态与服装结构制图

组合形态是指各部位、部件的衣里、衬及其他辅料的组合关系。从服装的主体看，服装有单、夹、棉之分，因而有衣里、衣衬、絮棉、羽绒等的内部形态区别。衣里有全里、半里或前里后单等不同工艺要求。在服装的局部上，各部位、部件都有其具体的形态区别，如前片覆衬与否及范围、加垫衬的部位、肩部装垫肩与否（如肩部装垫肩在制图时提高肩斜线）等都和服装结构制图有关，所有这些都应在服装结构制图上区别对待。

4. 熨烫工艺与服装结构制图

由于产品的品种、档次及面料质地性能的区别，在熨烫工艺上采用的方法也不尽相同，因此需要在制图时加以区别。如劈门量大的服装，推门时前片的门襟归缩量大，但挂面却不能与前片一样放归缩量，而在推门以后配挂面。吸腰的服装结构制图，在中腰处比原定的吸腰规格略微凹进，以便通过归拔衣片变形后达到预定效果。

第二节 服装工业样板设计基础

服装工业样板设计基础主要是指应掌握的基础知识，包括使用的工具、纸张等。

一、服装制图工具

(1) 直尺。直尺的材料有钢质、木质、塑料、竹和有机玻璃等。钢直尺刻度清晰、准确，一般用于易变形的尺的校量；木、塑料直尺虽然轻便，但易变形，一般使用不多，竹尺一般是市制居多，因而也使用不多；最适宜制图的是有机玻璃尺，因其平直度好，刻度清晰且不易变形而成为服装制图的常用工具之一。常用的规格有 20cm、30cm、60cm 等（图 1-7(1)）。

(2) 三角尺。三角尺的材料有木质、有机玻璃等。服装制图中常用的是有机玻璃的三角尺且多带量角器的成套三角尺，规格有 20cm、30cm、35cm 等，可根据需要选择三角尺的规格（图 1-7(2)）。

(3) 软尺。软尺俗称皮尺，多为塑料质地，尺面涂有防缩树脂层，但长期使用会有不同程度的收缩现象，因此应经常检查、更换。软尺的规格多为 150cm，常用于测量人体或制图中的曲线长度等（图 1-7(3)）。

(4) 比例尺。比例尺是一种用于按一定的比例作图的测量工具。比例尺一般为木质，也有塑料的，尺形为三棱形，有三个尺面，六个尺边，即六个

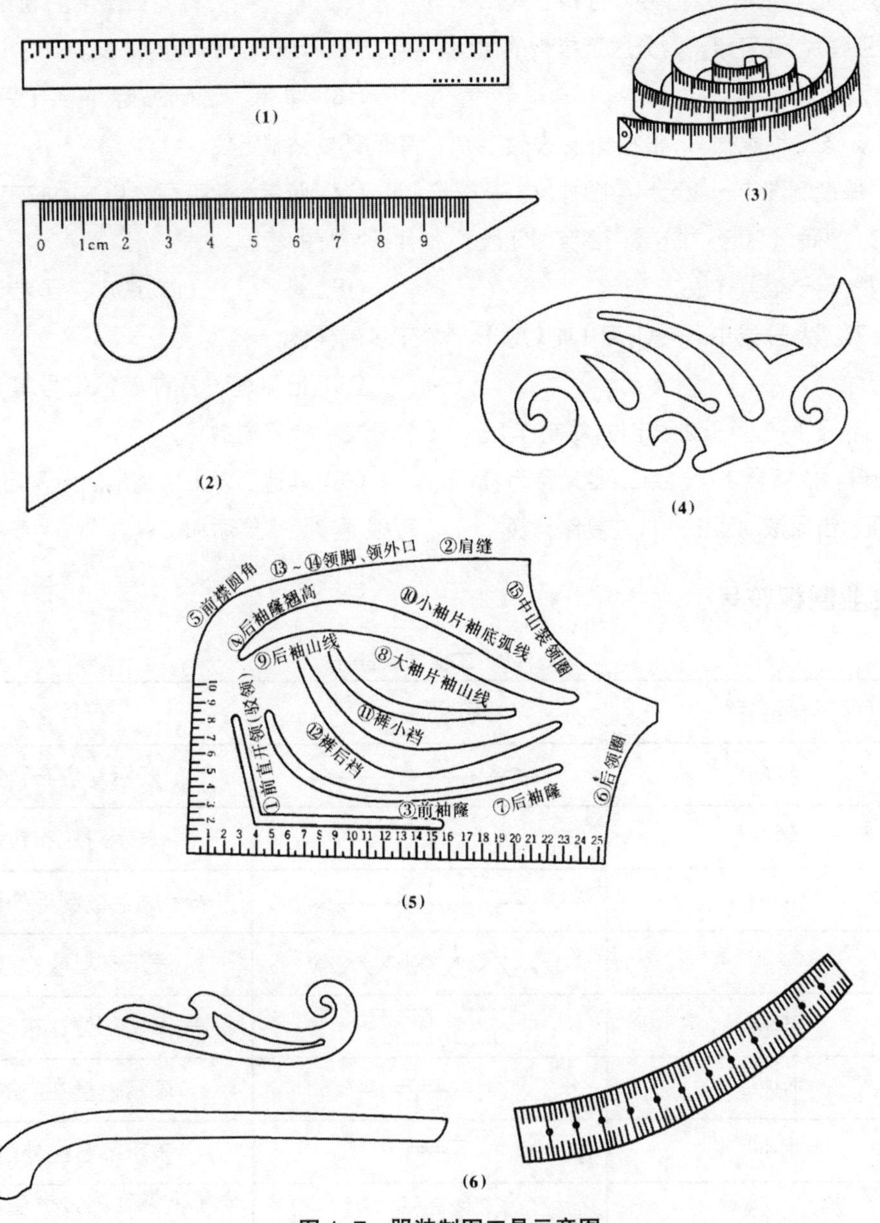

图 1-7 服装制图工具示意图

不同比例的刻度供选用。服装制图可选用相宜的比例制图。现在也有三角形的比例尺。

(5) 常用曲线板。曲线板的材料大多为有机玻璃，规格为 10~30cm 不等。在服装制图中主要用于曲线的绘制（图 1-7(4)）。

(6) 专用曲线板。专用曲线板是专为服装制图而设计的曲线板。可用于服装制图中较短曲线的绘制，如西装的下摆、前后领圈等（图 1-7(5)）。其次还有大、小弯尺，可用于较长的曲线的绘制，如两片袖的前后侧缝，裤的下裆等（图 1-7(6)）。

(7) 铅笔。铅笔主要用于绘图，因此多用绘图铅笔。绘图铅笔笔芯有软硬之分，标号 HB 为中等硬度；标号 B~6B 的铅芯渐软，笔色粗黑；标号 H~6H 的铅芯渐硬，笔色细淡。服装制图中常用的有 H、HB、B 三种铅笔，根据结构图对线条的不同要求来选用。

(8) 墨线笔。墨线笔根据笔尖的粗细不同分为 0.3~0.9cm 等不同的型号，0.3cm 的墨线笔较细，可用于绘制结构线与标注尺寸线，0.6~0.9cm 的墨线笔较粗，可用于绘制轮廓线。

(9) 记号笔。记号笔有多种颜色，可用于勾画装饰线条或区别叠片，还可用于区分服装样板的面板、里板和衬板等。

(10) 橡皮。橡皮种类很多，根据橡皮去除字迹的作用不同，服装制图中一般选用绘图橡皮。

(11) 剪刀。25cm（10英寸）或（12英寸）服装裁剪剪刀1把，用于裁剪样板。

(12) 美工刀。大号或中号美工刀1把，用于切割样板。

(13) 锥子。锥子1把，用于钻眼定位，复制样板。

(14) 点纸器。点纸器1个。点纸器又称为描线器或擂盘，通过齿轮滚动留下的线迹复制样板。

(15) 打孔器。打孔器1个。利用打孔器在样板上打孔，以利于样板的聚集。

(16) 冲头。1.5mm皮带冲头1只。用于样板中间部位钻眼定位。

(17) 胶带。胶带可选用透明胶带和双面胶等，用于样板的修改。

(18) 夹子。塑料或铁皮夹子若干个，用于固定多层样板。

(19) 记号笔。各种颜色记号笔若干支，用于样板文字标记的书写。

(20) 其他。以上所列出的为常用工具，此外还可根据实际需要添加工具。

二、工业制板符号

表1-8 工业制板符号

序号	符号名称	符号形式	符号含义
1	经向		表示对应布料经向
2	斜向		表示对应布料斜向
3	倒顺		表示顺毛或倒毛的正立方向
4	皱褶		表示布料收拢成细褶
5	连接	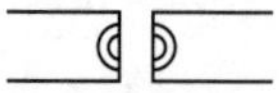	表示两部位在布料中相连
6	阴裥	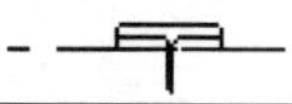	表示裥量在内的折裥
7	扑裥		表示裥量在外的折裥
8	顺裥	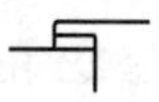	表示裥量在内，折裥折叠方向一致的折裥
9	归缩		表示布料缩短
10	拉伸		表示布料拉长
11	眼刀		表示两眼刀之间的对位标记
12	钮扣		表示钮扣位置的标记
13	扣眼		表示扣眼位置的标记
14	止口	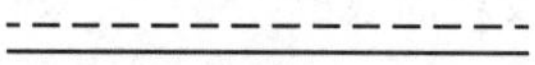	表示缝缉明线的标记
15	拉链	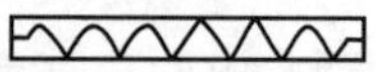	表示拉链位置的标记
16	橡筋		表示橡筋位置的标记

三、工业制板材料

工业制板的材料要求伸缩性小，纸面光洁、有韧性。工业制板的材料一般有以下几种：

(1) 大白纸：大白纸是服装样板的过渡性用纸，用于制作软纸样，不作为正式样板材料。

(2) 牛皮纸：宜选用 100~130g/m^2 的牛皮纸。牛皮纸薄；韧性好；成本低；裁剪容易，但硬度、耐磨度较差。适宜制作小批量服装产品的样板。

(3) 卡纸：宜选用 250g/m^2 左右的卡纸。卡纸纸面细洁；厚度适中，韧性较好。适宜制作中等批量服装产品的样板。

(4) 黄版纸：黄版纸是服装样板的专用纸。宜选用 400~500g/m^2 的黄版纸。黄版纸较厚实；硬挺；不易磨损，但成本较高。适合制作大批量服装产品的样板。

(5) 砂布：用于制作不易滑动的工艺样板材料。

(6) 金属片、胶木板、塑料片：用于制作可长期使用的工艺样板材料。

思考题：

1. 服装工业样板设计的依据有哪些？
2. 服装工业样板设计的依据中哪些为必要依据？为什么？
3. 服装工业样板设计的工具有哪些？
4. 服装工业样板的材料如何应用？

第二章 服装工业样板设计方法

服装样板是服装工业生产的重要依据。服装样板是在服装制图即服装结构图的基础上,做出周边放量、定位、文字标记等,形成一定形状的样板,制作服装样板的过程称之为服装制板。本章将介绍服装周边放量的设计方法、服装样板材料缩率的设计方法、服装样板标记的设计方法等知识和技能。服装工业样板设计方法的学习,应在理解其方法的构成原理的基础上,加强实际操作训练,才能见效。

第一节 服装样板周边放量的设计方法

学好服装样板周边放量设计是学好服装工业样板设计的基础。服装样板周边放量的设计关系到服装样板对于工业生产的适用度。只有准确地制定服装样板周边放量,才能绘制出规范的服装样板。服装样板周边放量设计是指在服装结构图净样状态基础上转化为服装样板的毛样状态的设计过程。服装样板周边放量就是通常所说的缝份加放量设计、贴边加放量设计。服装样板周边放量设计是保证服装成品规格的必要条件,是服装制板的必要步骤。

一、缝份放量设计

服装样板衣缝放量设计是在净样结构图的基础上在衣缝部位加放一定量的缝份。缝份量的设计与服装缝纫制作中采用的缝型有关、与服装裁片的部位有关、与服装裁片的形状有关、与服装材料的质地性能有关。

1. 缝份放量设计与缝型及操作方法

在服装缝纫制作中,缝型与服装缝纫的操作方法不同,缝份放量设计也不相同。缝型即缝纫型式,指用一系列线迹或线迹型式缝纫于一层或数层缝料上的型式。下面以一些常见的缝型为例,来说明衣缝缝份放量设计应根据缝型及操作方法的不同而采用相适应的方法来进行设计。

① 分开缝:分缝即缝合后的两缝边分开烫平的形式。缝份的宽度为 1~1.5cm。多见于上装的侧缝、肩缝;裤装的侧缝、下裆缝等。见图 2-1。

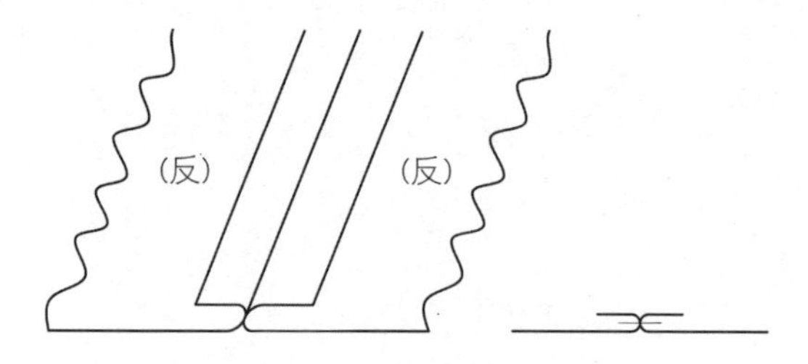

图 2-1 分开缝缝型示意图

② 来去缝:来去缝两裁片先正面相对,在裁片反面缉线约 0.6cm 宽,再翻到裁片正面缉线 0.7~0.8cm 将缝份包光。由于是缉两条线,缝份的放量为 1.4~1.5cm 宽。多见于较薄面料的缝份操作,如丝绸类裙装的裙里的缝份处理。但不适宜厚的面料。见图 2-2。

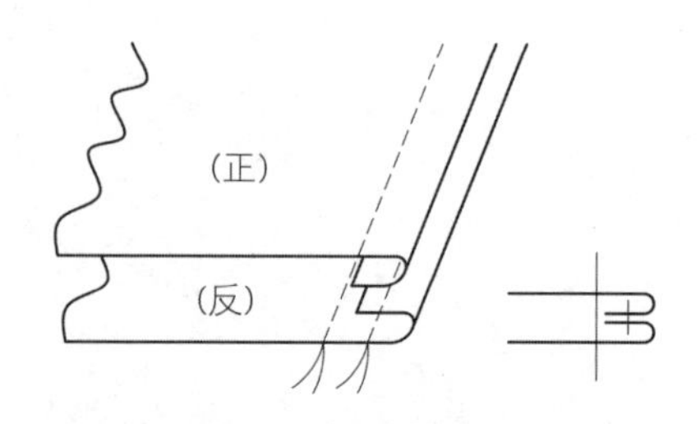

图 2-2 来去缝缝型示意图

③ 拉驳缝：拉驳缝是在坐倒缝的基础上，在坐倒缝的缝份上缉明线(止口线)。由于款式设计的明线宽度不等，故缝份也有大小之别。倒缝的上层缝份稍窄于明线宽度，一般为明线宽度减去0.1cm，以减少缝份的厚度。倒缝的下层缝份则应宽于明线0.5cm左右。多见于各类服装的止口。见图2-3。

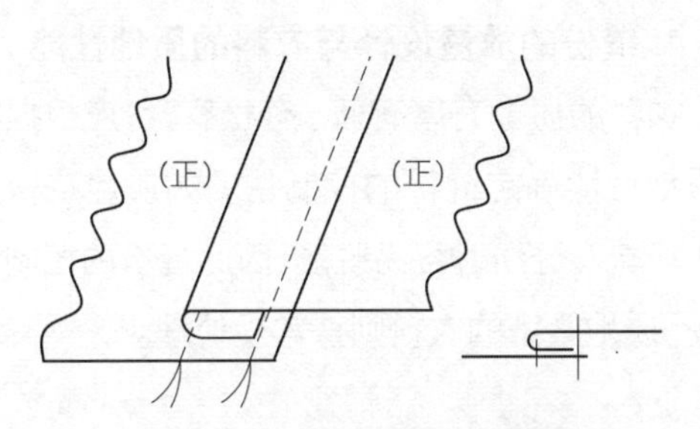

图2-3 拉驳缝缝型示意图

④ 包缝：包缝的缝型有两种，一种是暗包缝，一种是明包缝。包缝的缝份应为大小缝，如包缝明线宽为0.6cm，则被包缝一侧应放0.6~0.7cm缝份，包缝一侧应放1.5cm缝份。多见于夹克衫及平脚裤的缝制。见图2-4。

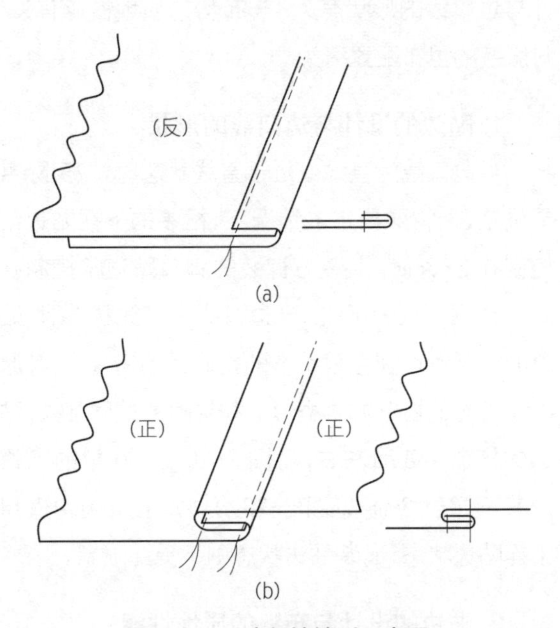

图2-4(1) 暗包缝缝型示意图

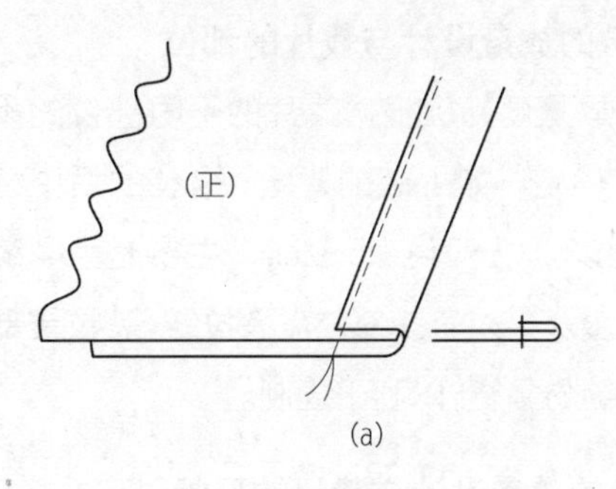

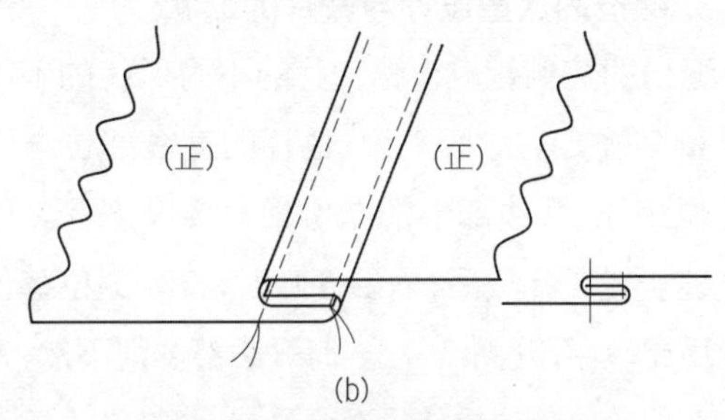

图2-4(2) 明包缝缝型示意图

⑤ 搭缝：搭缝是将两层布料对搭在一起，中间缉明线。多见于衬料的拼接等。见图2-5。

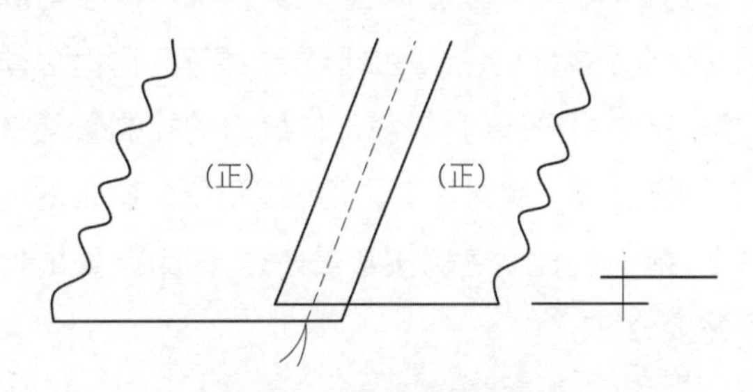

图2-5 搭缝缝型示意图

⑥ 骑缝：骑缝是将布料的一边用另一块布料包光。多见于服装边缘的毛边处理，如滚条、镶条等。见图2-6。

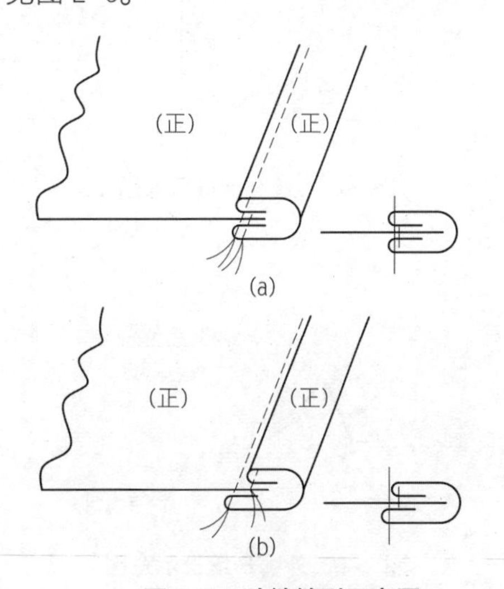

图2-6 骑缝缝型示意图

2. 缝份的放量设计与裁片的部位

缝份的放量设计应根据裁片的不同部位的不同需求量来确定。如上装的背缝、裙装的后中缝应宽于一般缝份，一般为 1.5~2cm。主要是为了缝份部位的平服。再如有些部位需装拉链，装拉链部位应比一般缝份稍宽，以利于缝制。

3. 缝份的放量设计与裁片的形状

缝份的控制量应根据裁片的不同形状的不同需求量来确定。一般来说，裁片的直线部位与弧线部位相比，弧线部位的缝份相对要窄一些。因为当缝份缝缉完成后，需要分开时，直线部位缝份分缝后比较平服（图 2-7）。而弧线部位则不然，外弧形部位的外侧边折转后有余量易起皱（图 2-8）；内弧形部位则相反，外侧边折转后侧边长不足（图 2-9），因此适量减少缝份控制量是使弧线部位分缝后达到平服的有效方法。这类情况常见于前后领圈、前后裤窿门、前后弧形分割线等。同时必须注意，不需要分缝时，弧线部位缝份的控制量可按常规处理，如上装的袖窿弧线在缝份倒向衣袖的前提下，缝份的控制量仍按常规处理，因为此处缝份不需要分开。

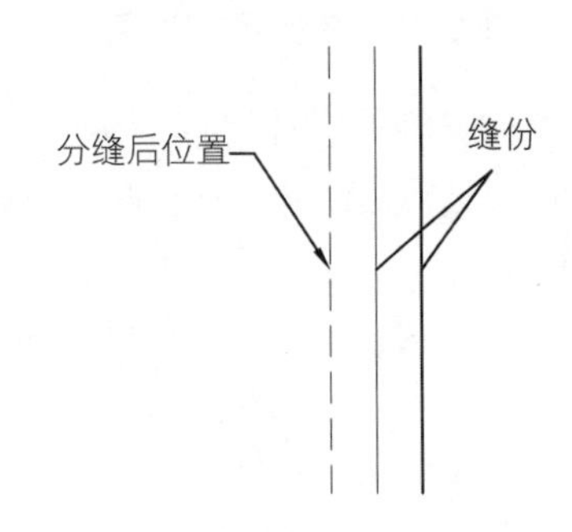

图 2-7 直形缝份示意图

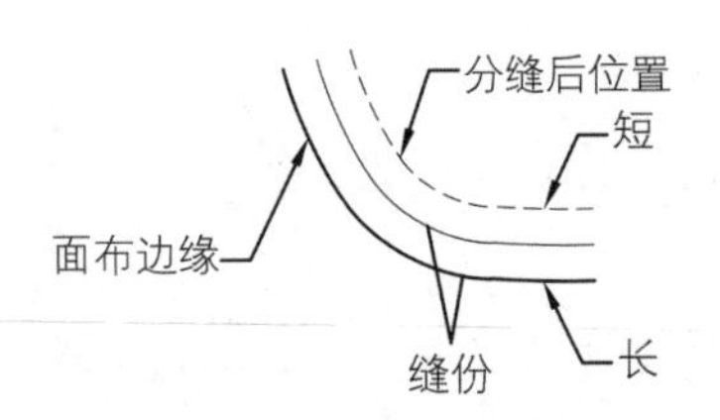

图 2-8 外弧形缝份示意图

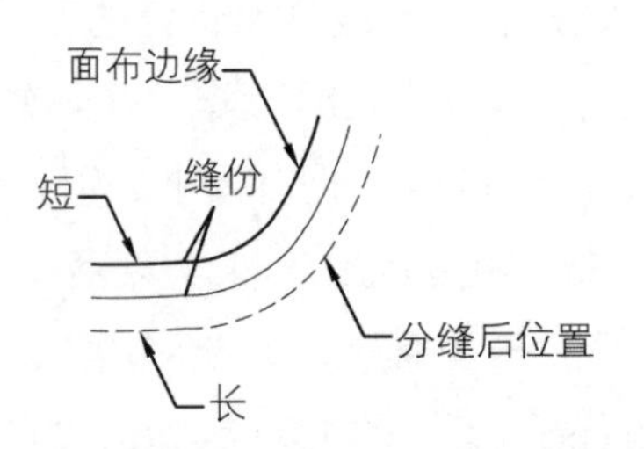

图 2-9 内弧形缝份示意图

4. 缝份的放量设计与衣料的质地性能

衣料的质地有厚有薄、有松有紧，应根据衣料的质地性能确定缝份的控制量。如质地疏松的衣料在裁剪及缝纫时容易脱散，因此缝份的控制量应大些；质地紧密的衣料则按常规处理。

二、贴边放量设计

边口部位如袖口、脚口、领口、下摆等里层的翻边称为贴边。根据贴边加放的工艺方法的不同，有连贴边与装贴边之分。贴边具有增强边口牢度、耐磨度、挺括度及防止经纬纱线松散脱落和反面外露等作用。贴边设计是在净样结构图的基础上在服装的边口部位加放一定量贴边。贴边量的设计与边口线的形状有关、与布料的质地性能有关、与服装的里布配置有关。

1. 贴边的设计与边口线的形状

当边口线为直线或近于直线状态时，按实际需要确定，无特殊要求的情况下，裙装的下摆贴边常控制在 2~3cm；上装与裤装的脚口贴边常控制在 4~5cm，见图 2-10(a)。当边口线为弧线状态时，贴边的控制量可在直线状态的基础上酌情减少，其原因与缝份的控制方法类似。如男衬衫的圆下摆，贴边的控制量 1cm 左右，见图 2-10(a)；斜裙的下摆一般不超过 2cm，见图 2-10(c)。如上所述均适用于连贴边状态，而装贴边状态则不受此限制。

2. 贴边的设计与布料的质地性能

布料厚的，应酌情增加贴边的控制量；布料薄的，应酌情减少贴边的控制量。

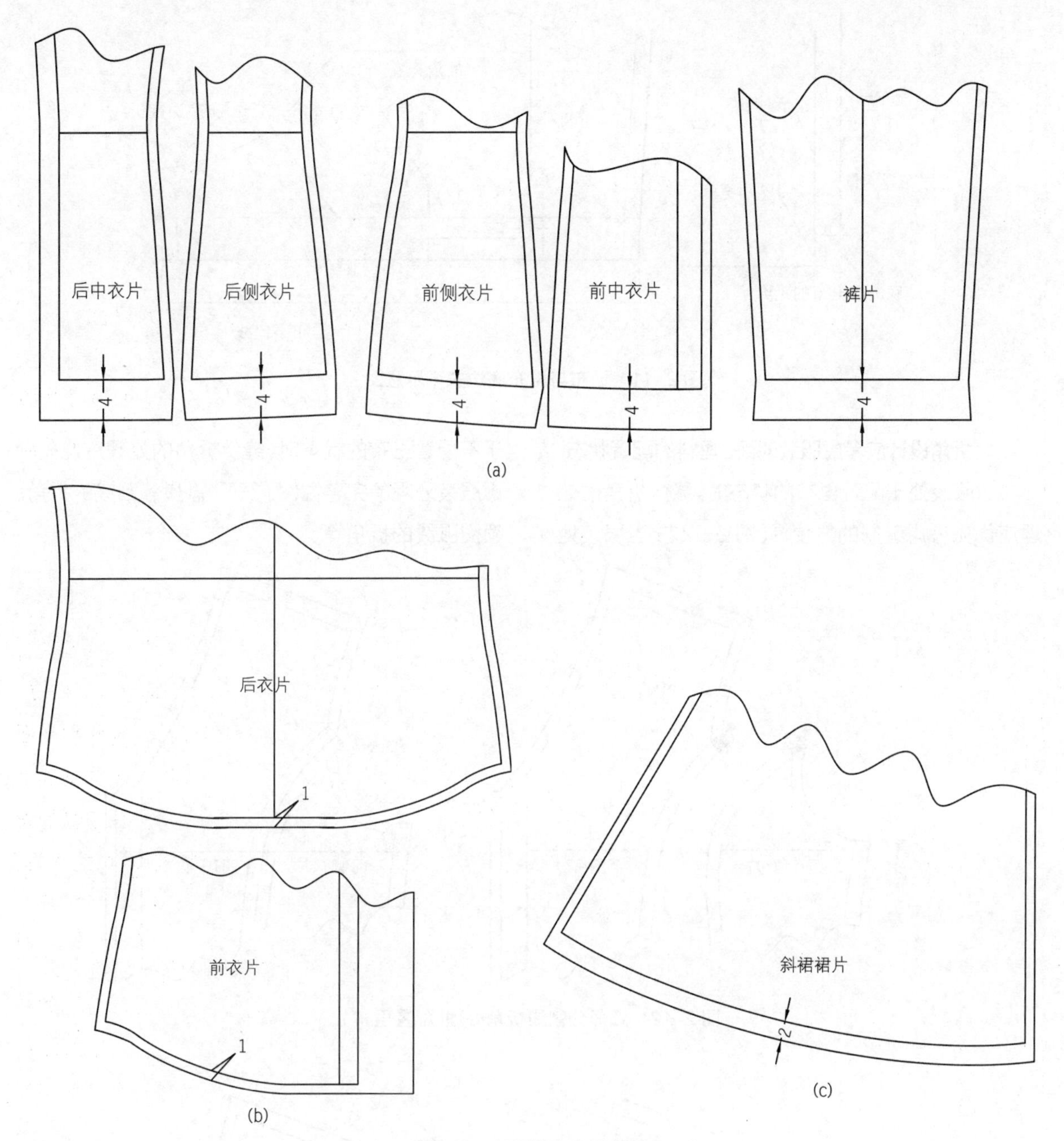

图 2-10 下摆贴边示意图

3. 贴边的设计与里布的配置

有无里布对贴边的控制量是有一定的影响的，有里布的状态应比无里布的状态的贴边控制量略大。因为有里布的服装，如下摆，原贴边加放量为 3cm，装里布后，里布必须有余量，其余量往下延伸，使面料底边线与里布底边线的距离小于贴边原有的放量，为了保证里布延伸量与面料底边线保持适当的距离，必须增加贴边的放量，其增加量一般在原有基础上增加 1cm 左右。见图 2-11。

三、折角放量设计

周边放量的折角设计是保证缝制质量的有效途径。周边放量的折角设计的到位与否直接关系到缝制的质量，到位的折角设计有利于缝制质量的控制。

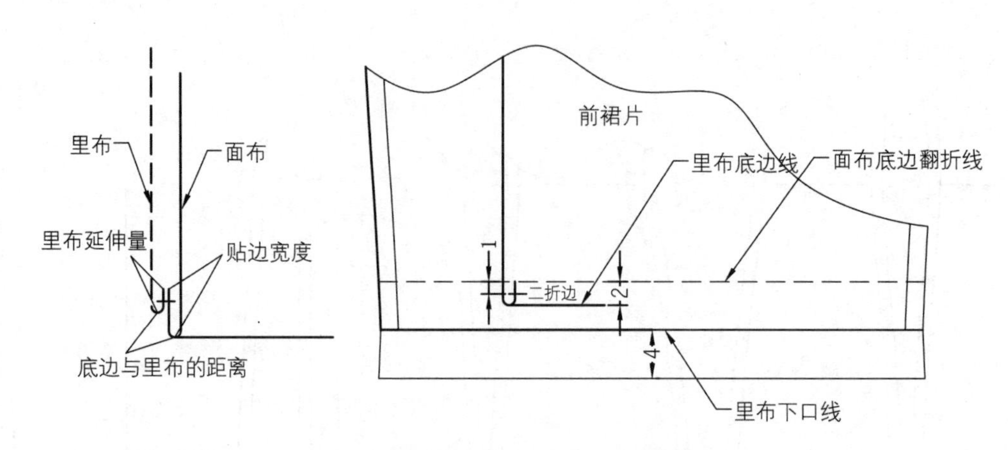

图 2-11　面布与里布底边关系示意图

1. 折角设计应考虑服装的面、里料的配置状态

当服装处于配置里布的状态时，缝份折角的处理应优先考虑缝制的方便性（图 2-12）；当服装处于不配置里布的状态时，缝份折角的处理应优先考虑服装外观的完整性（图 2-13）。如分割线的折角、领圈弧线的折角等。

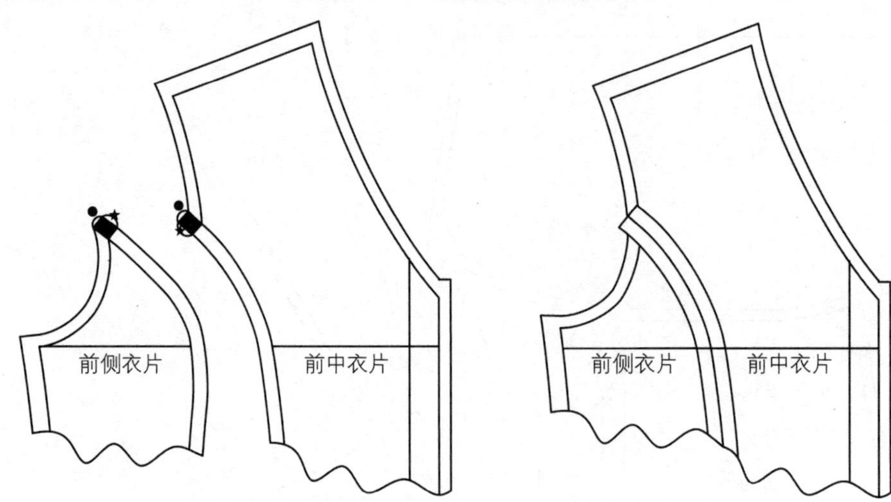

图 2-12　弧形分割线折角处理（配置里布）

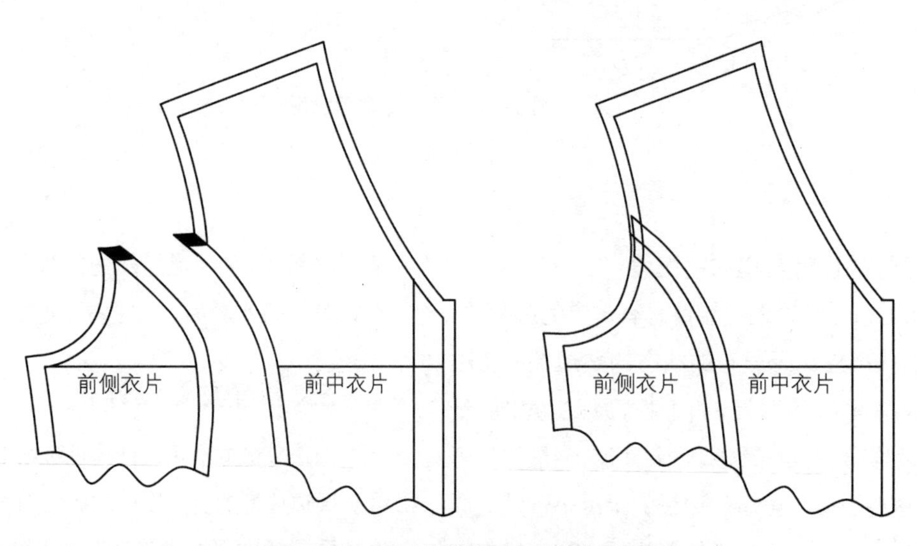

图 2-13　弧形分割线折角处理（无里布）

2. 折角设计应考虑折边线与裁片相对应线长度的平衡性

折边线的长度与裁片侧线的斜度相关，当侧线呈内斜状态时，折角应设计为外偏状态；当侧线呈直线状态时，折角应设计为无偏移状态；当侧线呈外斜状态时，折角应设计为内偏状态（图 2-14）。如上衣的贴边、裙裤的贴边、分割线的贴边等。

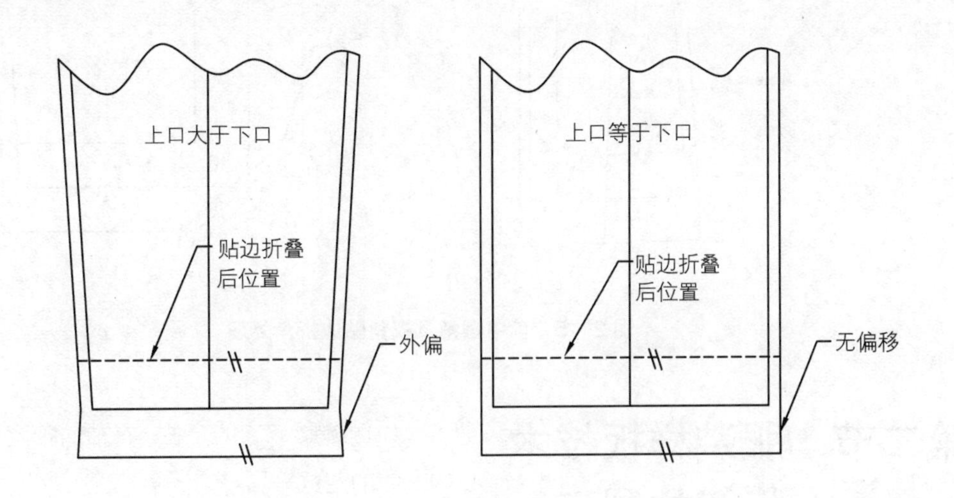

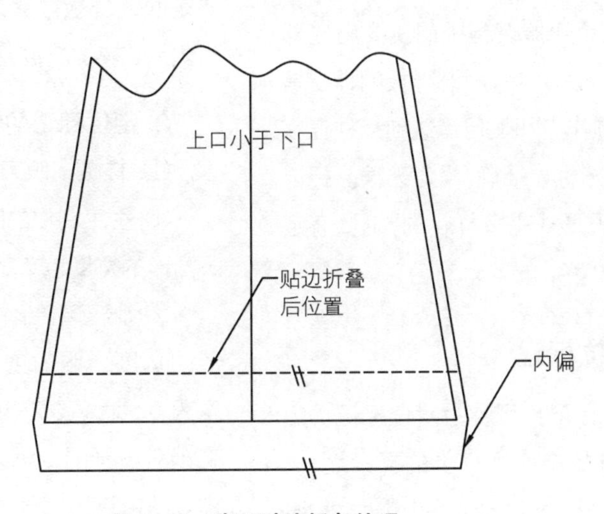

图 2-14 脚口贴边折角处理

3. 折角设计应考虑尽可能地减少布料的厚度

服装的转角部位应按其形状去除多余布料，以减少布料的厚度。去除的布料的多少与转角所处的位置、形状等有关。见图 2-15 所示，为上衣、裙裤的摆角、衩的转角等处理。

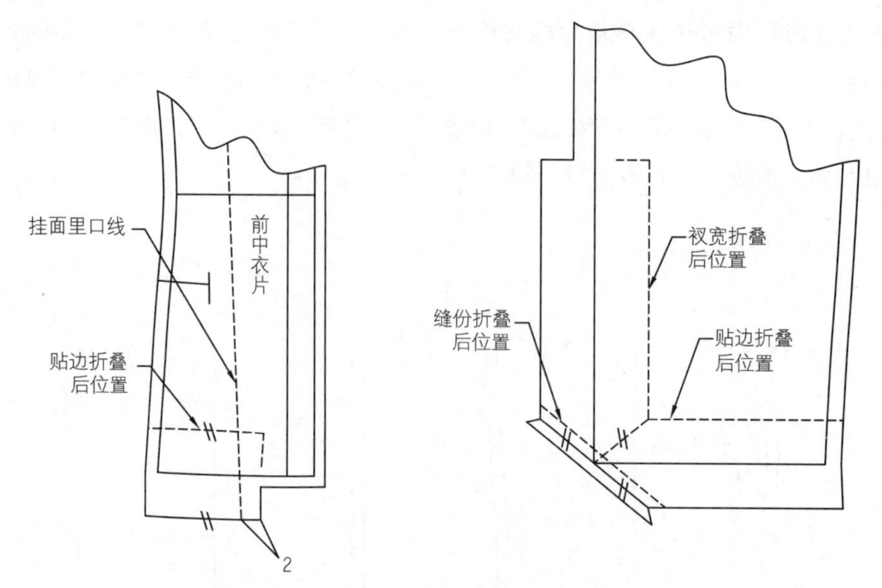

图 2-15　前中摆角及衩角贴边折角处理

第二节　服装样板技术标记的制订

必要的标记是规范化服装样板的重要组成部分。在服装工业批量化生产中,服装样板的标记是无声的语言,使样板制作者和使用者达到某种程度的默契。定位标记要求标位准确,操作无误。标记作为一种记号,其表现形式是多样化的,主要有定位标记、图形标记和文字标记。

一、样板的定位标记

服装样板的定位标记也可称为对位标记。定位标记是服装工业样板中必不可少的要素之一。由于工业化生产中,呈现分工合作的生产方式,服装样板的定位标记成为制板者与缝纫者之间沟通的必要手段和重要依据,定位标记在缝纫过程中起到了一定的指导作用。定位标记的确定到位与否直接关系到服装裁剪和缝纫的精确度及服装缝纫效率的提高。

1. 定位标记的类别

(1) 眼刀:也可称为刀眼、剪口等。眼刀的定位范围主要是服装样板或服装裁片的边缘部位。如侧缝腰节高的定位、衣袖的袖窿弧线与袖山弧线的定位等。

(2) 钻眼:也可称为点眼。钻眼的定位范围主要是服装样板或服装裁片的中间部位。如服装的省尖点、袋位的位置等。

2. 定位标记的制作

(1) 样板上眼刀的制作方法:

① 手工制作的眼刀的形状为缝份内的三角形。三角形的宽度为 0.2cm,深度为 0.5cm(图 2-16(a))。

② 眼刀钳制作的眼刀的形状为 U字形。U字形的宽度为眼刀上已确定,一般为 0.3~0.4cm,深度为 0.5cm(图 2-16(b))。服装样板的定位标记是排料画样的依据,要求剪口张开一定量,利于画样。图中涂黑部分为样板上的剪去量。

③ 手工制作的形状为缝份外的三角形。三角形的宽度为 0.2cm,深度为 0.3cm(图 2-16(c))。此方法一般用于针织面料居多。

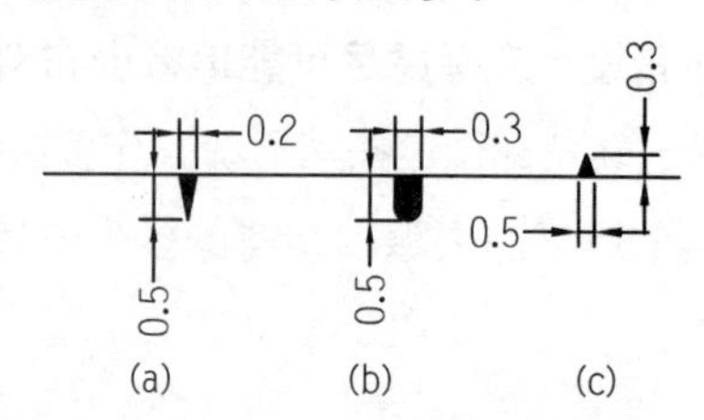

图 2-16　样板上眼刀的制作示意图

(2) 裁片上眼刀的制作方法：

① 剪一直口即可，深度为 0.5cm。使之既能达到定位的目的，又不影响衣料的牢度（图 2-17(a)）。

② 按样板剪出缝份外的三角形（图 2-17(b)）。

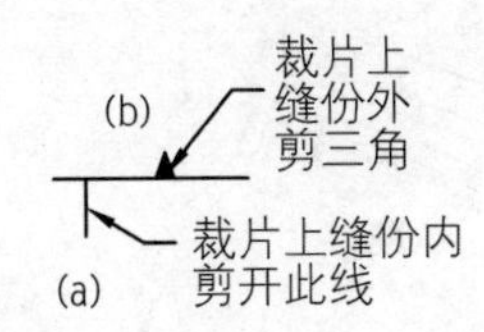

图 2-17 裁片上眼刀制作示意图

(3) 样板上钻眼的标记制作：钻眼的标记是在样板的中间部位打一个孔。

(4) 裁片上点眼的标记制作：在裁片上通过样板上孔的空隙用专用的颜色（白的或红的）笔点眼定位。

(5) 裁片上钻眼的标记制作：在裁片上通过很细小的钻眼制作定位标记。定位的位置应距离目标点偏进 0.3~0.5cm，缝制时到达目标点，以遮盖钻眼的孔。钻眼应细小，位置应比实际所需距离短，如收省定位，比省的实际距离短 1cm；贴袋定位，比袋的实际大小，偏进 0.3cm。见图 2-18。

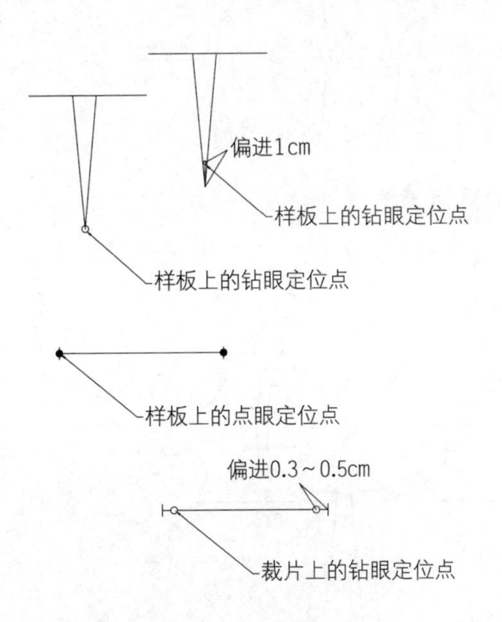

图 2-18 钻眼、点眼制作方法

3. 定位标记的部位

(1) 缝份和贴边的宽窄。在服装样板缝份和贴边的两端或一端作上标记，在一些特殊缝份上尤为重要，如上装背缝、裙装、裤装后缝等。标位方法如图 2-19 所示。

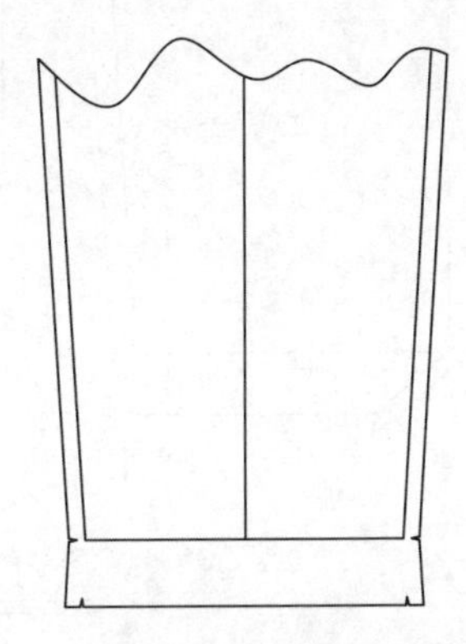

图 2-19 缝份与贴边定位标记示意图

(2) 收省、折裥、细褶、开衩的位置。凡收省、折裥、开衩的位置都应作标记，以其长度、宽度及形状定位。一般锥形省定两端，钉形省、橄榄省还需定省中宽。一般活裥标上端宽度，如前裤片挺缝线处的裥。贯通裁片的长裥应两端标位，局部收细褶应在收细褶范围的起止点定位。开衩位置应以衩长、衩宽标位（图 2-20）。

(3) 裁片组合部位。服装样板上的一些较长的组合缝，应在需要拼合的裁片上每隔一段距离作上相应的标记，以使缝制时能达到松紧一致，如服装的侧缝、上衣的腰节高的定位、分割线的组合定位等（图 2-21）。

(4) 零部件与衣片、裤片、裙片装配的对刀位置。零部件与衣片、裤片、裙片装配的位置，应在相应部位作上标记。如衣领与领圈的装配、衣袖与袖窿的装配、衣袋与衣身的装配、腰带襻与肩襻、袖襻的装配等（见图 2-22）。

(5) 裁片对条对格的位置。应根据对条对格位置做相应的标记，以利于裁片的准确对接。

(6) 其他需要标明位置、大小的部位。还有一些需要标明的位置如钮位、左右不对称的样板等，应根据款式的需要，做相应的标记。

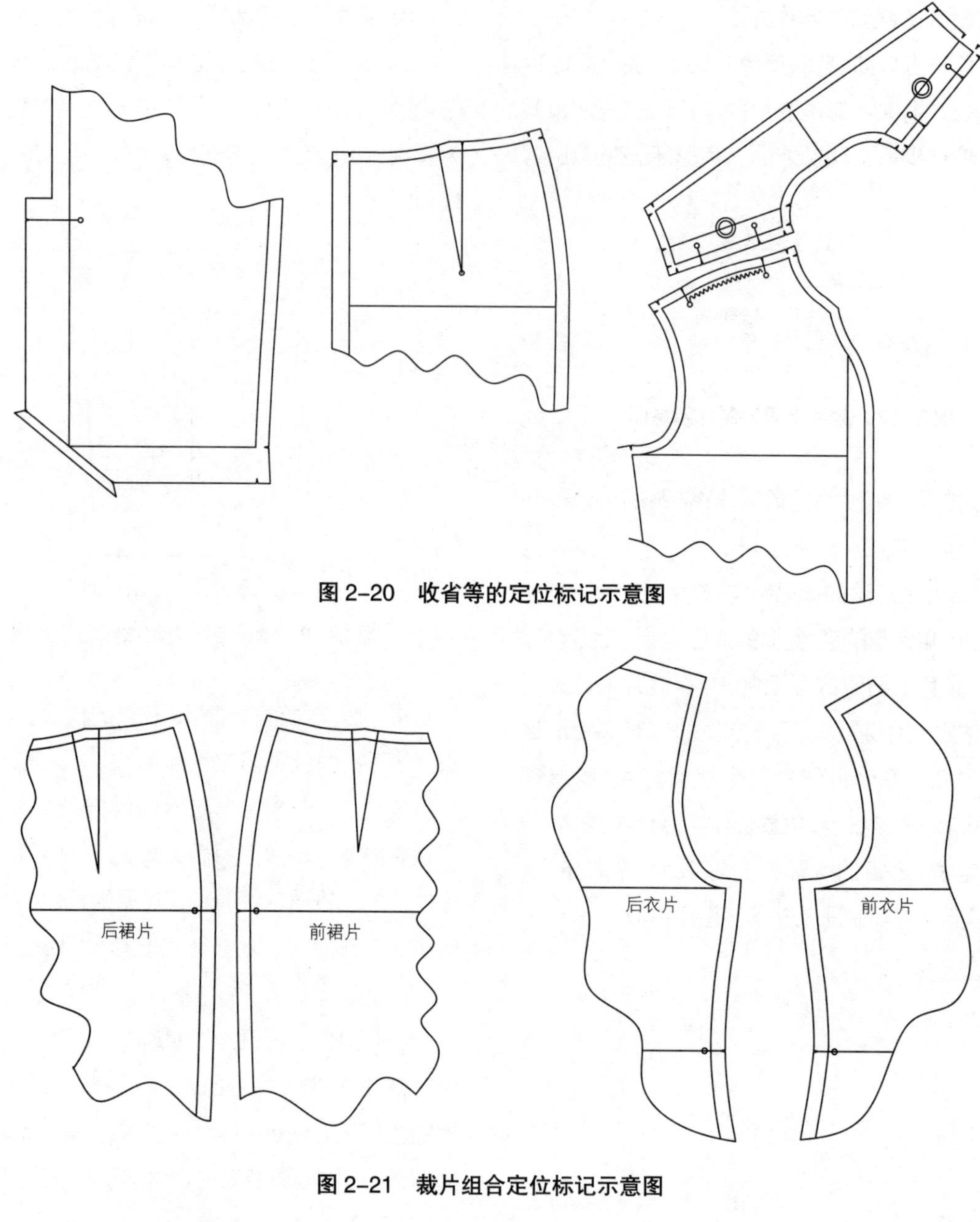

图 2-20 收省等的定位标记示意图

图 2-21 裁片组合定位标记示意图

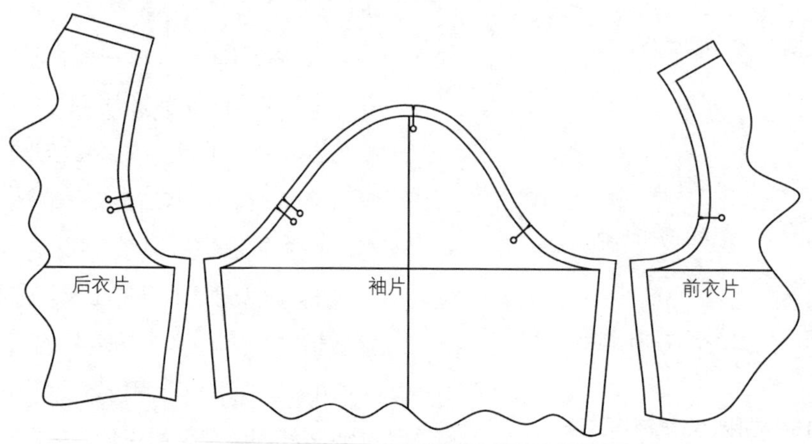

图 2-22 袖片与衣片定位标记示意图

4. 定位标记的符号

标注位置	符号	标注方法	示例
省尖点	○	圆心为省尖点	
缝份宽度	∨	三角形的长：0.5cm 三角形的宽：0.2cm	
部位定位		三角形 + 定位标记	

图 2-23 定位标记符号示意图

二、样板的文字标记

服装样板的文字标记是服装工业样板中必不可少的要素之一。由于在工业化生产中出现了分工合作的生产方式，服装样板的文字标记成为制板者与裁剪者及缝纫者之间沟通的必要手段和重要依据。文字标记在缝纫过程中起到了一定的提示作用。文字标记的确定到位与否直接关系到服装裁剪和缝纫的精确度及服装缝纫效率的提高。

1. 文字标记的类别

(1) 文字：样板上书写文字，如前中片、前侧片、产品型号等。

(2) 数字：样板上标明数字，如 160/84A、面×2 等。

(3) 符号：样板上标明符号，如 S、M、L、XL 等。

2. 文字标记的制作

(1) 字体规范、文字清晰。

(2) 为了便于区别，不同类别的样板可以用不同颜色的笔加以区分，如面板用黑色、里板用绿色、衬板用红色等。

(3) 文字标记的标注在手工制板中通常与丝缕方向线平行。在 CAD 制板中通常与丝缕方向线垂直。见图 2-24。

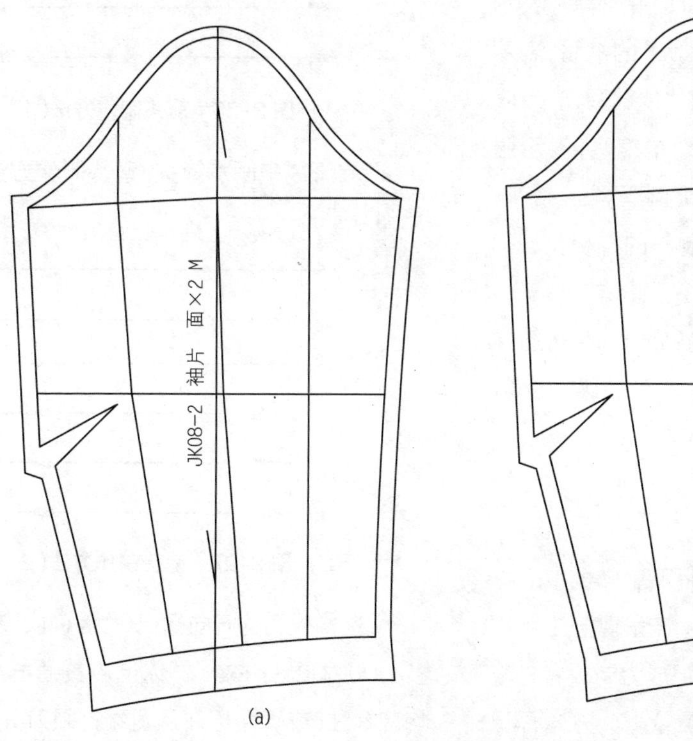

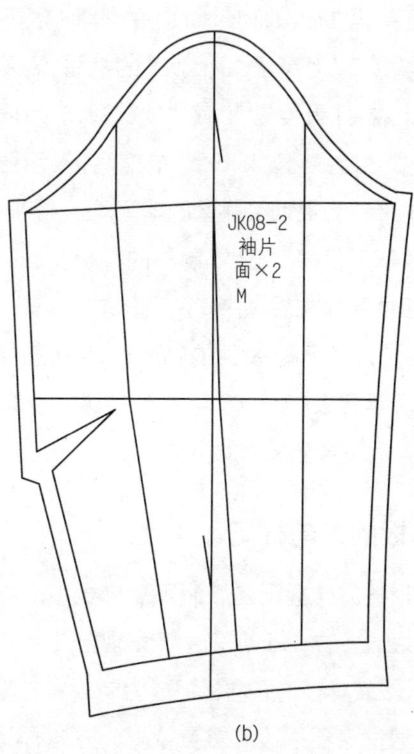

图 2-24 文字标记方向示意图

(4) 文字标记应切实做到准确无误。

3. 文字标记的内容

(1) 产品的型号。如 JK2003-08。

(2) 产品的规格。如 170/88A；S、M、L、XL；7、9、11、13 号等。

(3) 样板的类别。如面板、里板、衬板、袋布及挂面等均需一一标明。

(4) 样板所对应的裁片位置及数量。如前片×2、后片×1、大袖×2、小袖×2 等。如果款式出现不对称部位，需详细标明方位，即左右片及正反面。

4. 关于本书中应用的文字标记的产品型号的含义说明

(1) 产品型号的编写可按客户订单照写，也可按服装的类别、生产的年份及样板的制作先后顺序等编写。产品型号还可根据企业的要求自行设计。

(2) 本书中样板实例的产品型号含义说明：

① SK为英语“Skirt”的缩写，表示服装类别为裙装；PT为英语“Pants/Trousers”的缩写，表示服装类别为裤装；JK为英语“Jacket”的缩写，表示服装类别为上衣；CT为英语“Coat”的缩写，表示服装类别为大衣；ST为英语“Shirt”的缩写，表示服装类别为衬衫；NXZ为男西装拼音的缩写。

② 03 表示年份即 2003 年制作的样板，1、2、3 及 A表示样板的制作先后顺序。

③ 例：SK-1，表示裙装类的第一个款式的样板；SK03-A，表示裙装类、2003 年生产的第一个款式的样板。其他型号含义以此类推。

三、样板的方向标记

服装样板的方向标记是服装工业样板中必不可少的要素之一。由于工业化生产呈现分工合作的生产方式，服装样板的方向标记成为制板者与裁剪者之间沟通的必要手段和重要依据。方向标记在裁剪过程中起到了一定的提示作用。方向标记的确定到位与否直接关系到服装裁剪的精确度及效率的提高。

1. 方向标记的类别（见图 2-25）

(1) 面料无倒顺要求的条件下，方向标记为直线两边加箭头。

(2) 面料有倒顺要求的条件下，方向标记为直线一边加箭头，加箭头一边为面料的丝缕方向。

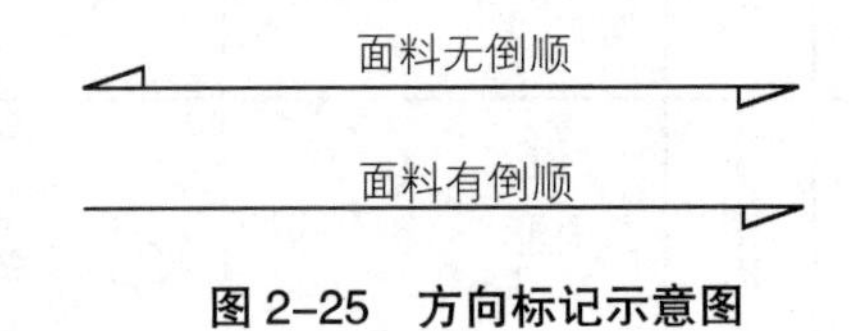

图 2-25 方向标记示意图

2. 方向标记的制作

(1) 直线端点加箭头：箭头制作方法如图 2-26 所示。

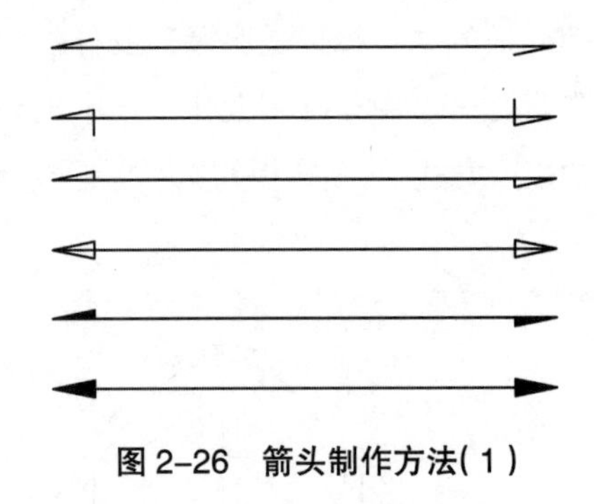

图 2-26 箭头制作方法（1）

(2) 直线中间加箭头：箭头制作方法如图 2-27 所示。

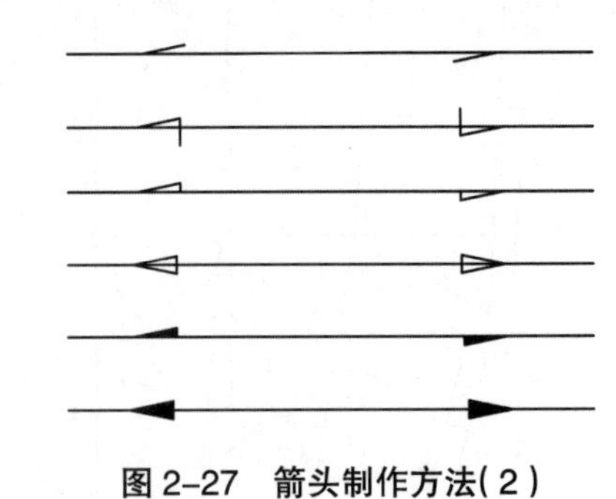

图 2-27 箭头制作方法（2）

(3) 样板上的方向标记分为经向、纬向和斜向。

(4) 样板上的方向标记应贯通样板且正反面均应标注（或正面标注且两端打眼刀），以利于排料画样。

3. 方向标记的部位

(1) 中线：服装的中线通常作为丝缕方向标注部位。如：当服装的中线无分割线条件下，衣片、裙片的前中线、后中线，袖片的袖中线，领片的后领中线等可作为丝缕方向标注部位；当服装的中线有分割线条件下（前中开襟钉钮），衣片、裙片的前中线可作为丝缕方向标注部位。

(2) 挺缝线（烫迹线）：裤装的挺缝线通常作为丝缕方向标注部位。

(3) 其他线：当服装有分割线的条件下，通常可将以下部位作为丝缕方向标注部位：

① 后衣片、前后裙片可将距离中线 5cm 的位置作为丝缕方向标注部位；

② 前后侧片可将胸、背宽线作为丝缕方向标注部位；

③ 领片的丝缕方向为斜向时，应与后领中线呈 45°。

④ 零部件可将宽度的 1/2 作为丝缕方向标注部位。

以上所设标注部位仅为通常状态下的处理方法，如有特殊情况可作调整。

四、样板的图形标记

在样板上的相应部位作缝制方法的示意图，裁片叠合的状态、层数、方向、缉线的走向等。

五、周边放量与制板标记设计实例

(1) 周边放量的设计综合考虑了缝型、平伏度、弧线的因素。

(2) 制板标记的设计综合考虑了裁剪、缝纫操作的指导性、便利性、精确性的因素。

(3) 以裙装为实例，其周边放量与制板标记设计示意图见图 2-28。

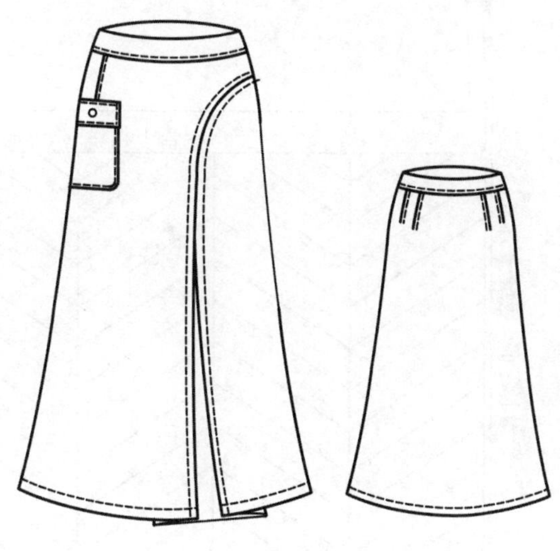

SK12-1　款式图

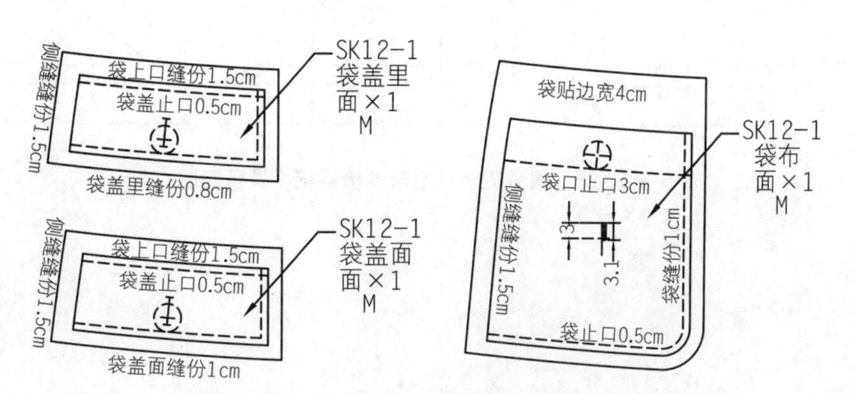

图 2-28　裙装周边放量与制板标记设计示意图

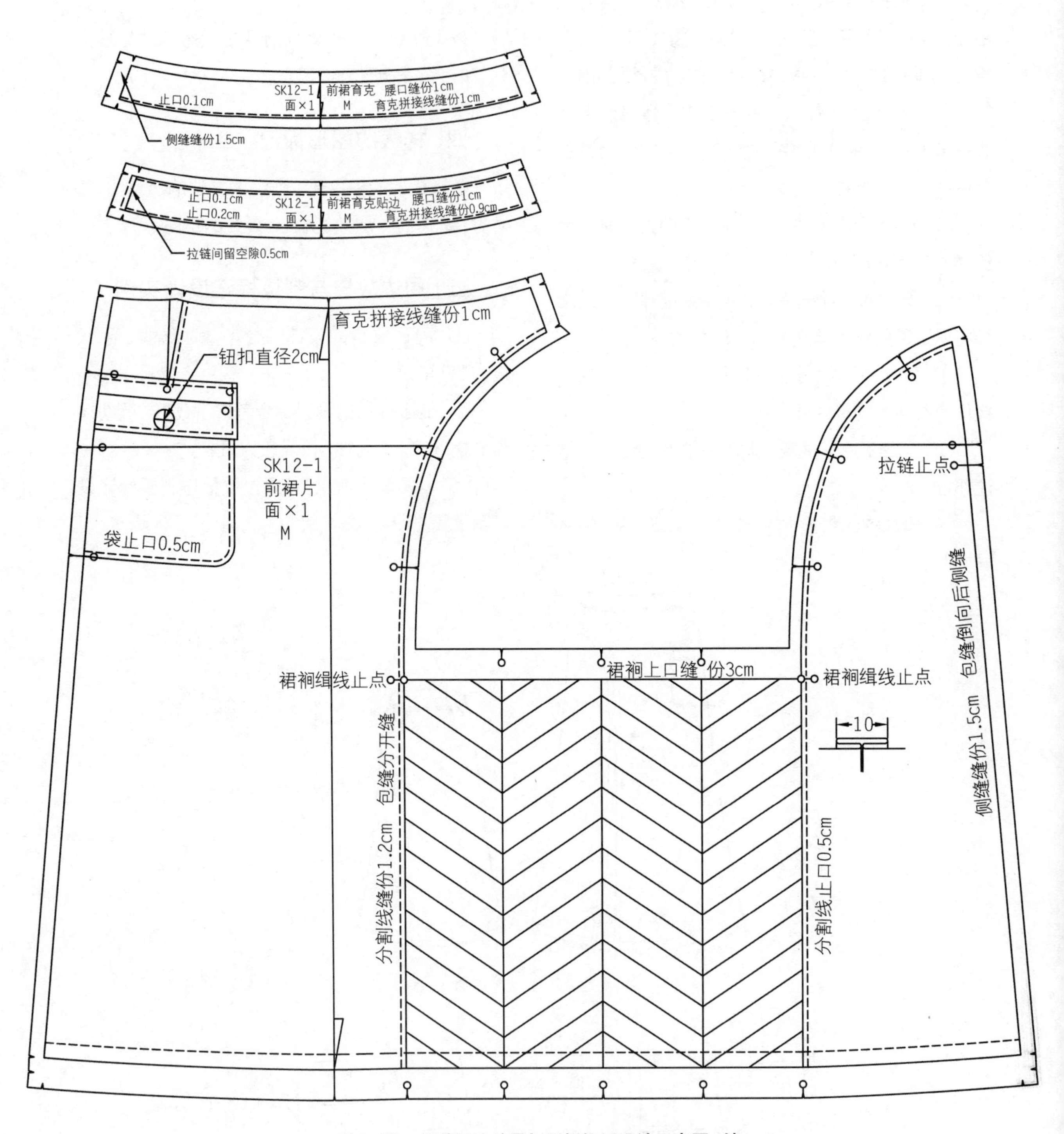

图 2-28 裙装周边放量与制板标记设计示意图（续）

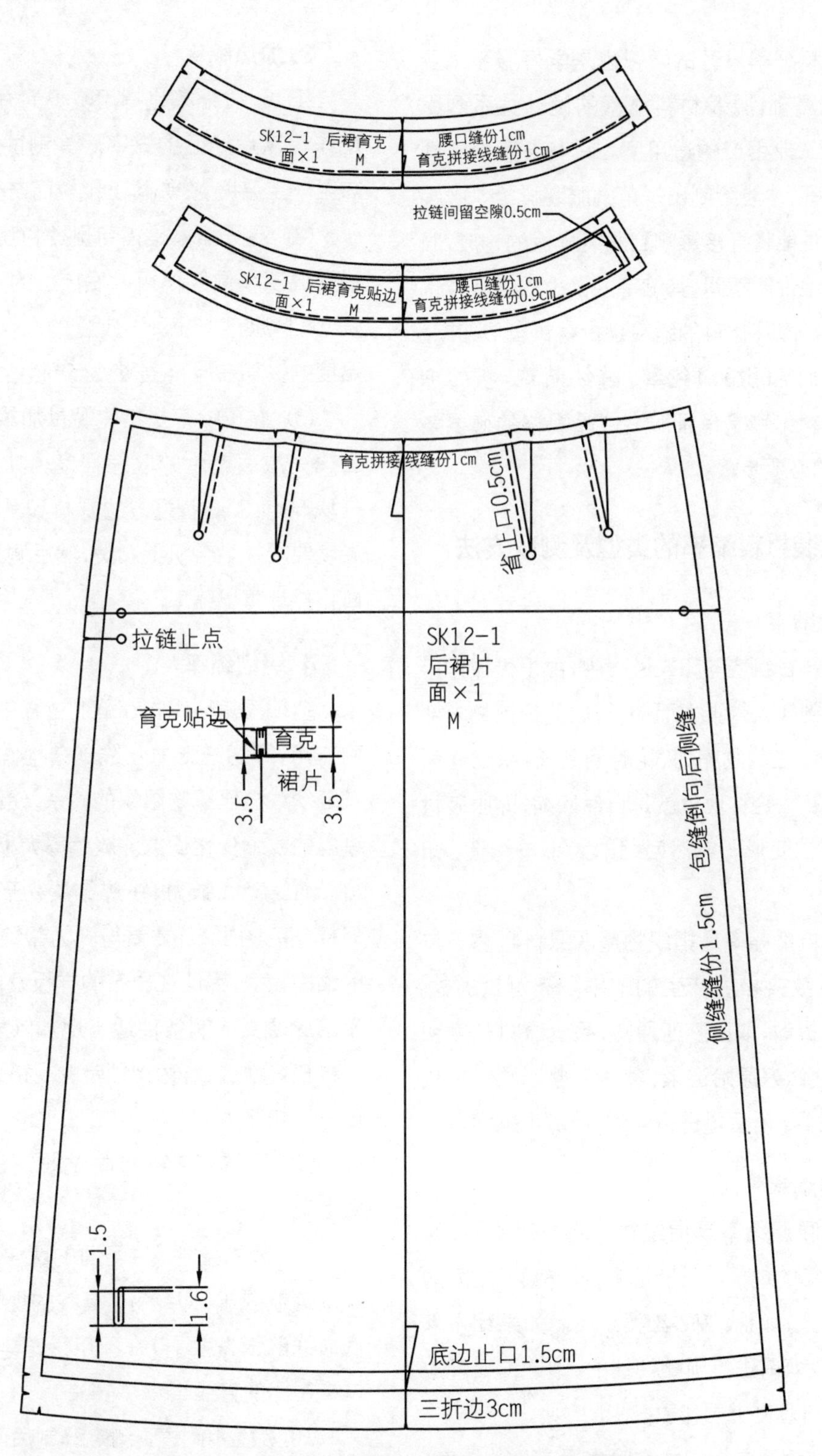

图 2-28　裙装周边放量与制板标记设计示意图（续）

第三节 服装材料缩率的设计

服装材料缩率设计的学习也是学好服装工业样板设计的基础，服装材料缩率的设计关系到服装样板对于工业生产的适用度。只有准确地处理服装材料缩率，才能绘制出规范的服装样板。服装材料的质地性能将直接影响到服装样板的构成，服装材料的质地性能不同，其缩率的大小程度差异也就有所不同。服装材料的缩率是指材料自然缩率、吸湿缩率、加热（熨烫）缩率、缝纫缩率、折转缩率。服装材料缩率是保证服装成品规格的必要条件，是制板的必要步骤。

一、服装材料缩率的类型及测试方法

1. 自然缩率

各种原料在织造与印染过程中，由于机械作用使经纬向受到较大的张力而伸长，因此在织物内部就造成一种潜在的收缩力，随时间延长，织物逐渐收缩，张力减小，这种现象就是自然回缩，即服装材料中的缓弹性变形。自然回缩的大小与织造、印染的时间有关。

材料的自然缩率是指织物整匹原料状态下与整匹原料拆散抖松后产生的缩率。其测试方法：先将原料包拆散，取出整匹原料，检查原料长度和门幅宽度，并做好原始记录；然后将整匹原料拆散抖松，静放24小时后再进行复测，计算出缩率。

2. 吸湿缩率

材料的吸湿缩率是指织物喷水或浸水后，经纬向出现收缩的现象。一般地讲，凡是吸湿性好的材料缩水率大，如棉、麻、丝类织品。如果缩水率较大，需在裁剪前进行预缩处理的，则这种损耗应该在标准用料基础上再加放。

(1) 喷水缩率是指织物在喷水后产生的缩率。其测试方法：喷洒均匀的水雾，使之受潮后产生的回缩。

(2) 水浸缩率是指织物浸入水中，晾干后产生的缩率。其测试方法：将织物完全浸泡在水里，给予充分吸湿而产生的收缩程度。

3. 加热缩率

(1) 干烫缩率是指用熨烫的方法，使织物受温度作用以后产生的缩率。其测试方法：将熨斗加热至一定温度，在原料上熨烫而产生的收缩程度。

(2) 湿烫缩率是指用熨烫和喷水的方法，使织物受温度和湿度作用以后产生的缩率。其测试方法：先将原料上喷洒一定量的水，再将加热至一定温度的熨斗在原料上熨烫而产生的收缩程度。

(3) 黏烫缩率是指将黏衬加热熨烫在原料上，黏烫完成后产生的收缩程度。其测试方法：应取一块50cm×50cm见方的衣料和黏衬，按照一定的温度要求在黏合机上黏烫，然后测量黏烫后衣料的面积并计算出缩率。

4. 缝纫缩率

缝缩率是指织物在缝制过程中，由于缝针的穿刺作用，缝纫线张力及线迹结构作用，布层的滑动及缝纫线挤压织物组织的关系，使织物产生横向或纵向的收缩变化现象。缝缩率大小，主要取决于材料特性、缝线张力，线迹结构、压脚压力等因素。如棉夹克的里布，需要与弹力絮缝在一起，缝制后的缩率较大，因此在里布的样板设计时要根据弹力絮的厚薄及缝制条件适当地加以放大，才能使面、里料较好地缝合，达到预定的规格设计要求。其测试方法如下。

(1) 采样：取经纬向试样，长50cm、宽5cm。做上记号。

(2) 缝制条件：将同向的两块试样重叠，按规定的缝制要求（即缝针、缝线的规格、针迹密度和底面线的张力大小）在不用手送料的情况下，缝合试样中间的直线。

(3) 测量和计算：测定缝制后两记号A、B间的长度（一般是下层布料的缝缩较大，故以下层衣料作为评定对象），取三块试样的平均值，计算缝缩率。

缝缩率 =(缝制前两记号间的长度—缝制后两记号间的长度)/ 缝制前两记号间的长度 ×100%。

5. 折转缩率

缝纫时,横丝方向因缝份折转而产生收缩现象。一般产生在原料具有一定厚度及服装款式中分割线较多的情况下。具体操作时,应在正式投产前先测试一下原料的折转缩率,然后根据测试的结果,按比例相应地加放样板。

6. 服装材料缩率的一般计算方法

缩率 =〔试验前试样长度(或宽度)-试验后试样长度(或宽度)〕/ 试验前试样长度(或宽度)×100%。

二、服装材料的缩水率

织物的缩水率主要取决于纤维的特性、织物的组织结构、织物的厚度、织物的后整理和缩水的方法等,经纱方向的缩水率一般比纬纱方向的缩水率大。

表 2-1 为常见织物的缩水率,表中数据仅供参考。

表 2-1 为常见织物的缩水率

衣料		品种	缩水率(%)	
			经向(长度方向)	纬向(门幅方向)
印染花布	丝光布	平布、斜纹、哔叽、贡呢	3.5~4	3~3.5
		府绸	4.5	2
		纱(线)卡其、纱(线)华达呢	5~5.5	2
	本光布	平布、纱斜纹、纱卡其、纱华达呢	6~6.5	2~2.5
	防缩整理的各类印染布		1~2	1~2
色织棉布	线呢		8	8
	条格府绸		5	2
	被单布		9	5
	劳动布(预缩)		5	5
呢绒	精纺呢绒	绒毛或含毛量在 70% 以上	3.5	3
		一般织品	4	3.5
	粗纺呢绒	呢面或紧密的露纹织物	3.5~4	3.5~4
		绒面织物	4.5~5	4.5~5
	组织结构比较稀松的织物		5 以上	5 以上
丝绸		桑蚕丝织物(真丝)	5	2
		桑蚕丝织物与其他纤维交织物	5	3
		绉线织品和绞纱织物	10	3
化纤织品		黏胶纤维织物	10	8
		涤棉混纺织品	1~1.5	1
		精纺化纤织物	2~4.5	1.5~4
		化纤仿丝绸织物	2~8	2~3

附表:服装材料各种纤维的熨烫温度

纤维	熨烫温度(℃)	备注
棉、麻	160~200	若给水,可适当提高温度
毛织物	120~160	反面熨烫
丝织物	120~140	反面熨烫,不能喷水
黏胶	120~150	
涤纶、锦纶、腈纶、维纶、丙纶	110~130	维纶面料不能用湿的烫布,也不能喷水熨烫;丙纶必须用湿烫布
氯纶		不能熨烫

三、服装材料缩率的处理方法

服装材料的缩率大小直接影响到服装样板制作。具体地说，就是要使服装裁片经过缝纫和整烫加工后的规格符合标准，就需要确切地掌握各种织物的缩率。常见织物缩水率由表 2-1 可查，但由于织物本身的因素和后处理中的机械因素等原因，缩率很不稳定，因此表中所列数据只能作为参考，不能作为标准来使用，而由实际测定来确定。

服装材料缩率的处理可有以下方法：

(1) 缩水率大的面料，应预先作缩水处理；

(2) 制作样衣按经验再调整；

(3) 大烫预缩；

(4) 砂洗面料作缩水或水洗测定。

(5) 服装样板的细节处理。

由于不同材质面料缩水率不同，对服装样板的长度和围度的影响也不同，即使是相同材质的面料，由于加工手段、后整理方式的不同，它们的缩率也有差别，因此，在服装样板制作前，一定要先弄清面料的性能，才能将服装样板制作到位。

要采用面料小样进行实验，先测出面料的黏合缩率，按成衣规格打出样板，再在基础板上加放出服装样板的细节部位缩量，形成新的样板。此方法准确度高，其细节部位缩量的处理方法与服装系列样板的设计方法类似。具体来说，就是将测算出来的缩量按比例分配至各相关部位。下面以女上衣的前衣片为例来具体说明其处理方法。

例如：某款女上衣的衣长 =64cm；胸围 =92cm；肩宽 =39；领围 =36cm。其纵向缩率为 3%；横向缩率为 2%。

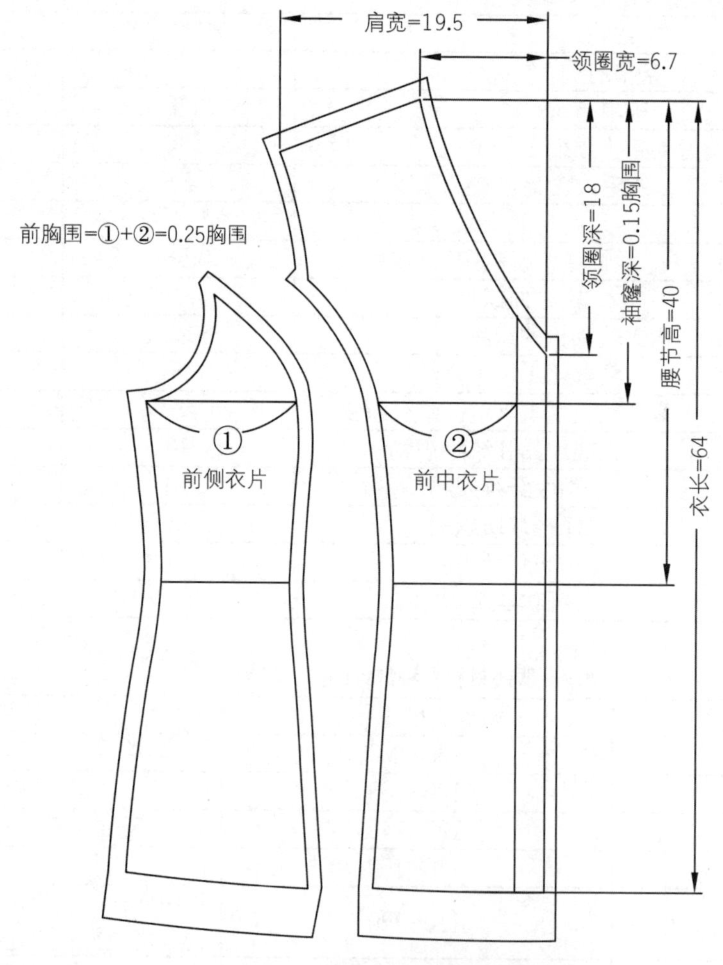

图 2-29 基础样板的相关数据示意图

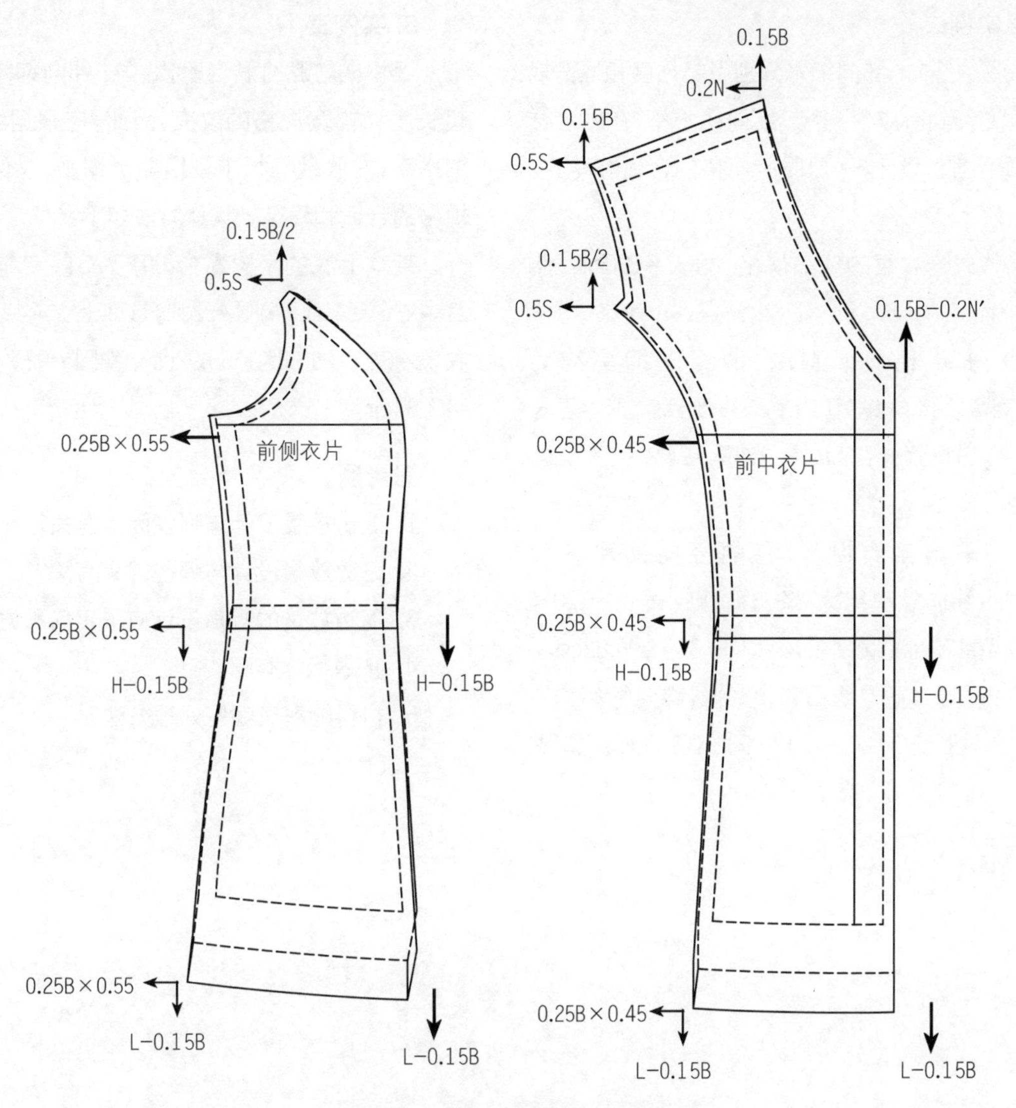

图 2-30　服装材料缩率处理方法

由上述已知条件可知：衣长缩量 =64×3%=1.92cm；胸围缩量 =92×2%=1.84cm；肩宽缩量 =39×2%=0.78cm；领圈宽缩量 =6.7×2%=0.134cm；领圈深缩量 =18×3%=0.54cm；腰节高缩量 =40×3%=1.2cm。

设衣长的缩量为 L；胸围的缩量为 B；肩宽的缩量为 S；领圈宽的缩量为 N；领圈深的缩量为 N′；腰节高的缩量为 H。见图 2-30，图中的虚线为基础样板。

四、服装材料缩率设计实例

1. 实例一

需洗水处理的织物，可采用以下方法：

剪半米布，用黄油笔或圆珠笔（这样试洗水后就不会褪色）在布上画一个 50cm×50cm 的方框，按照洗水标准洗水（必须与将来成衣洗水是同一个洗水标准）。等洗水出来后再量方框尺寸就可以得到缩水率。例如：洗水后横 × 直 =47cm×48cm，那么横缩就是 (50−47)/50%=6%，直缩就是 (50−48)/50%=4%。

然后再将缩水量加到所需尺寸上就可以了。例如：腰围要横纹裁，客户要求规格为 80cm，那么纸样规格就应该是 80×(1+6%)=85cm。

2. 实例二

织物的经向、纬向缩水分别引起长度和幅宽规格的改变，因此，应根据经、纬向缩水率，在服装样板中预留缩水量，以保证服装规格的合适和稳定。具体方法为：

某款式连衣裙的成品规格：裙长 =120cm；胸围 =94cm。

(1) 采用棉质面料，它的经向缩率约为3.5%~6.5%；纬向缩率约为2%~3.5%。则：裙长 =120×（1+6.5%）=127.8cm；胸围 =94×（1+3.5%）=97.29cm。

(2) 采用丝质面料，它的经向缩率约为5%~10%；纬向缩率约为2%~3%。则：裙长 =120×（1+10%）=132cm；胸围 =94×（1+3%）=96.82cm。

(3) 采用涤腈混纺面料，它的经纬向缩率约为1%。则：裙长 =120×（1+1%）=121.2cm；胸围 =94×（1+1%）=94.94cm。

3. 实例三

织物在与黏衬黏合时，经向、纬向缩水分别引起长度和幅宽规格的改变，因此，应根据经、纬向缩水率，在服装样板中预留黏合缩量，以保证服装规格的合适和稳定。具体方法如下：

某款上衣的经向黏合缩率为3%；纬向缩率为2%。衣长 =64cm；胸围 =92cm。选取上衣前片为例，则：衣长 =64×（1+3%）=65.92cm；胸围 =92×（1+2%）=93.84cm。

思考题：

1. 缝份放量设计与哪些因素有关？
2. 贴边放量设计与哪些因素有关？
3. 周边放量的折角设计应采用何种方法？
4. 技术标记有哪些？
5. 材料缩率有哪些处理方法？

第三章　服装面布样板设计方法

服装面布样板是主要用于服装工业化批量生产的排料、画样等工序的主要样板之一。服装面布样板是服装样板的重要组成部分。

第一节　服装面布样板设计

学好服装面布样板设计方法是学好服装裁剪样板设计的前提。服装面布样板设计方法直接影响到服装衬布及里布样板设计。服装面布样板的设计与款式外形轮廓、结构图配置方法及加工工艺设计等因素密切相关。

一、款式外形轮廓与内部结构线

服装面布样板设计与款式外形轮廓及内部结构线具有相关性。

(1) 面布的质地是指面布的软硬、厚薄、黏滑、松紧等。面布的性能是由其质地决定的。款式外形轮廓及内部结构线确定后，选用面布的质地性能应与之相配，才能达到预期的效果。如外形轮廓为H型，选用的面布应为偏厚、偏紧的质地；如外形轮廓为A型，则应选用偏薄、偏软的面布；如外形轮廓为O型，面布可选用较硬的质地，如果用较软的面布则应考虑用一定的造型方法来达到廓形要求，比如可以采用龙骨支撑。因此，只有面布的质地的恰当选用，才能塑造出理想的廓形效果。如内部结构线为分割型的，应选用偏硬、偏厚的面布；如内部结构线为抽褶型，则应选用偏软、偏薄的面布为宜。

(2) 服装款式外形轮廓、内部结构线及附件的组合关系决定了服装面布样板的数量。如当款式为合体型服装时，其内部结构线设置为分割型居多，因分割型可以较好地达到合体的效果，因此，服装面布样板的数量就会较多。如服装款式的附件多少，也会影响服装面布样板数量的变化。如口袋的配置中有无袋盖其面布样板数量就会不同。

二、结构配置方法

服装面布样板设计与结构配置方法具有相关性。服装分割线形态相同，结构配置方法可根据具体部位的要求而有所不同。

1. 服装面布样板处于重叠状态

服装面布样板设计中的有些部位会形成重叠状态，由于重叠部位的下层配置不影响款式的外观效果，因此，可以设计成不同的重叠状态与之相适应。如上衣分割线与衣袋的袋口线处于同一分割状态时，其衣袋的下层袋布的设计可以采用多种方法来形成。以下以重叠状态的常见部位上衣袋口的配置为例，来说明在同一款式外观效果的前提下，如何以不同的结构配置方法来实现袋口重叠部位面布样板的设计效果。

1) A款款式图与结构图

见图 3-1、图 3-2。

图 3-1　A款款式图

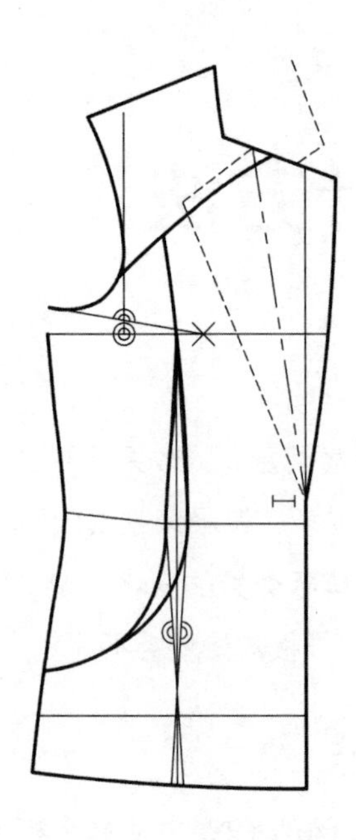

图 3-2　A款结构图

2) A款结构分解图与面布样板设计一

在保持外观效果的前提下,衣袋的结构配置为上层袋贴边与袋布连为一体,下层袋垫、袋布直接与前侧片连为一体。此结构配置方法适用于较薄的面布,面布用料较多,拼接线较简洁。见图 3-3。

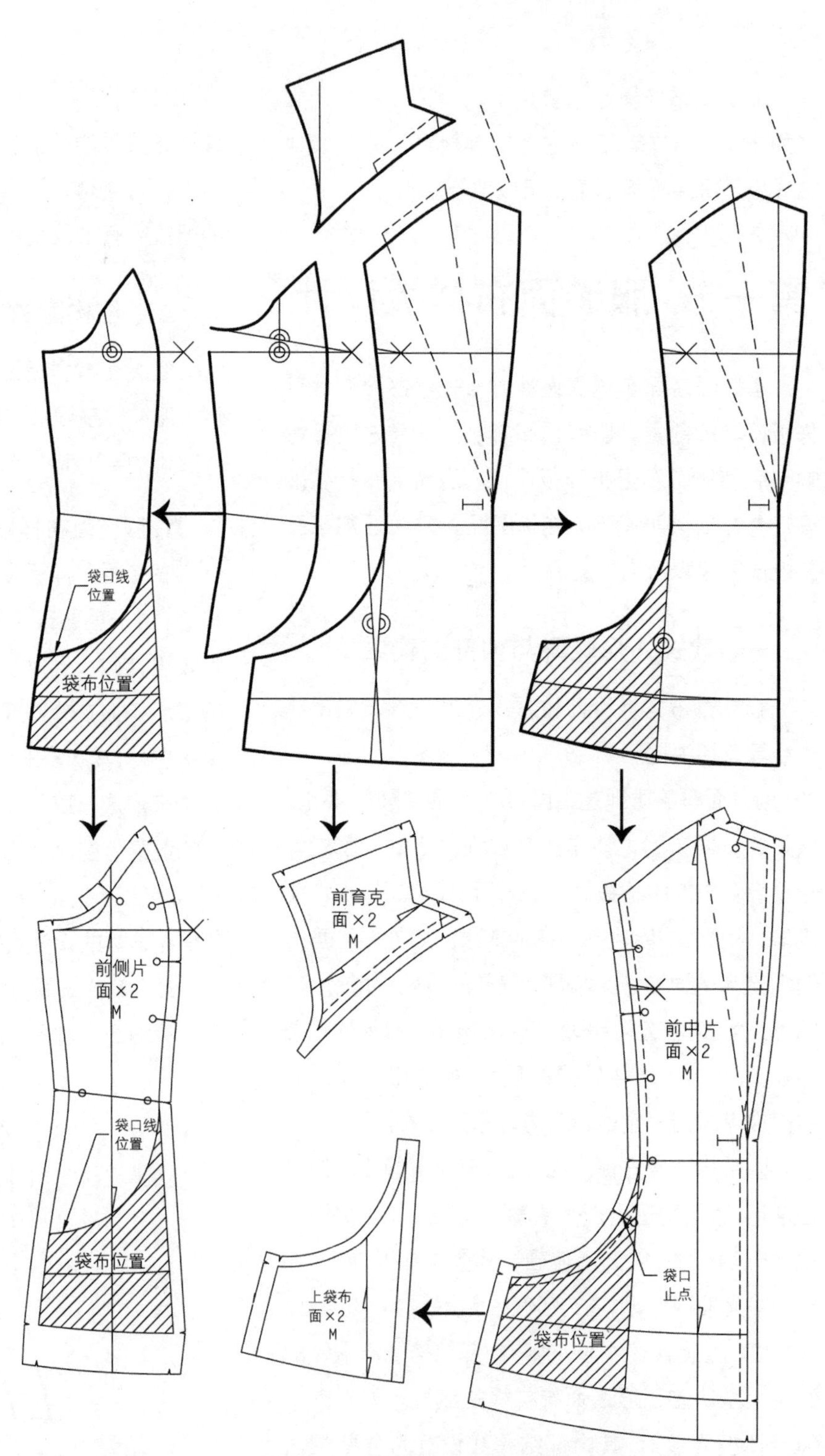

图 3-3　A款结构分解图与面布样板设计一

3) A款结构分解图与面布样板设计二

在保持外观效果的前提下，衣袋的结构配置为上层袋贴边与袋布分割，下层袋垫直接与前侧片连为一体，下层袋布与前侧片分割。此结构配置方法适用于较厚的面布，面布用料较少，拼接线较复杂。见图 3-4。

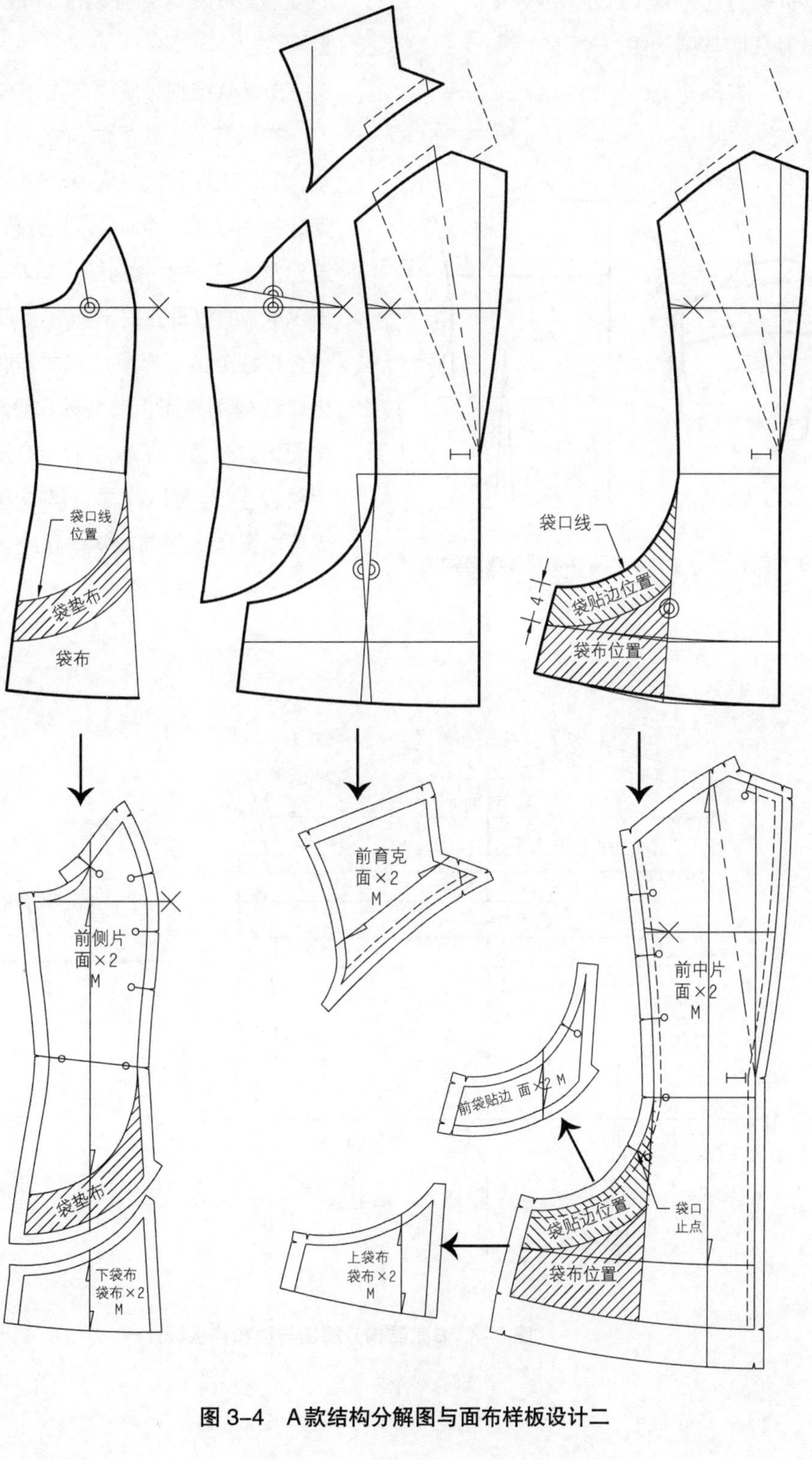

图 3-4 A款结构分解图与面布样板设计二

2. 服装面布样板处于分割状态

服装面布样板设计中的分割线根据款式图的外观效果，可在结构配置中将分割线设置成真分割或假分割（即装饰线），如平面分割中的结构线可以设置成面布分割状态，也可以设置成面布（分割或不分割）以折裥的方式来达到分割的效果。

1）B款款式图与结构图

见图 3–5、图 3–6。

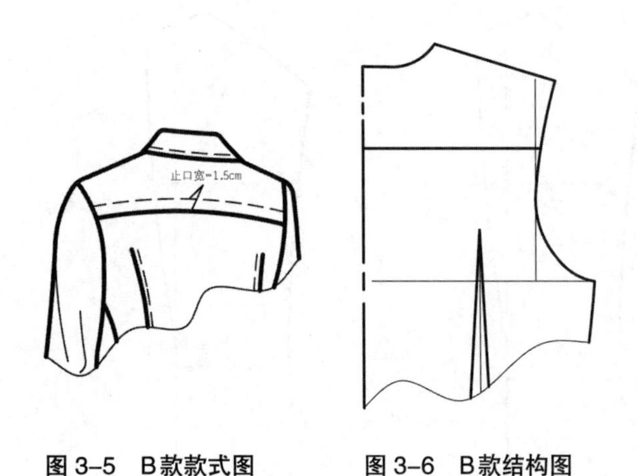

图 3–5 B款款式图　　图 3–6 B款结构图

2）B款结构分解图与面布样板设计一

在保持外观效果的前提下，后育克线与后片分割，缉止口线 1.5cm 宽。分割线缝份均为 2.5cm。此结构配置方法适用于较薄的面布及条格类面布，面布用料较多，但可以作一些面布的丝缕方向的变化，即后育克可以配置成横向或斜向丝缕。见图 3–7。

3）B款结构分解图与面布样板设计二

在保持外观效果的前提下，后育克线与后片分割，缉止口线 1.5cm 宽。分割线缝份分别为：后育克分割线缝份 1.4cm；后片分割线缝份 2cm。按此缝份放量完成的分割线止口将后育克分割线的缝份 1.4cm 的放量正好缝缉在止口线里面，借此可以使止口线处的面布厚度减弱，同时又可使止口形成止口线内稍高而止口线外稍低的外观效果。此结构配置方法适用于较厚的面布及条格类面布，面布用料较多，但可以作面布丝缕方向的变化，即后育克可以配置成横向或斜向丝缕。见图 3–8。

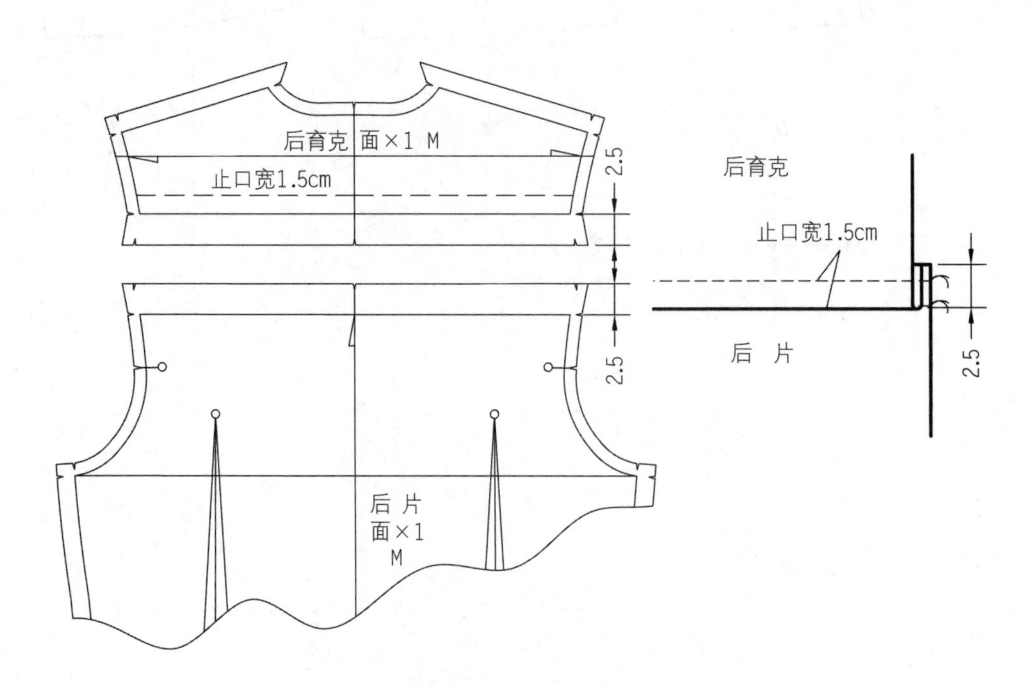

图 3–7 B款结构分解图与面布样板设计一

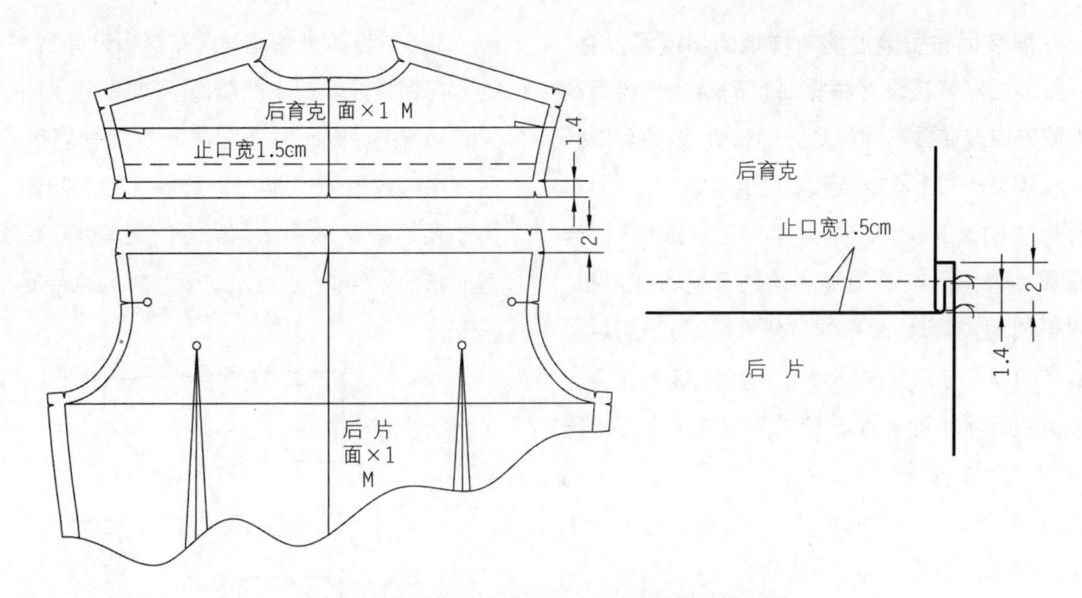

图 3-8 B款结构分解图与面布样板设计二

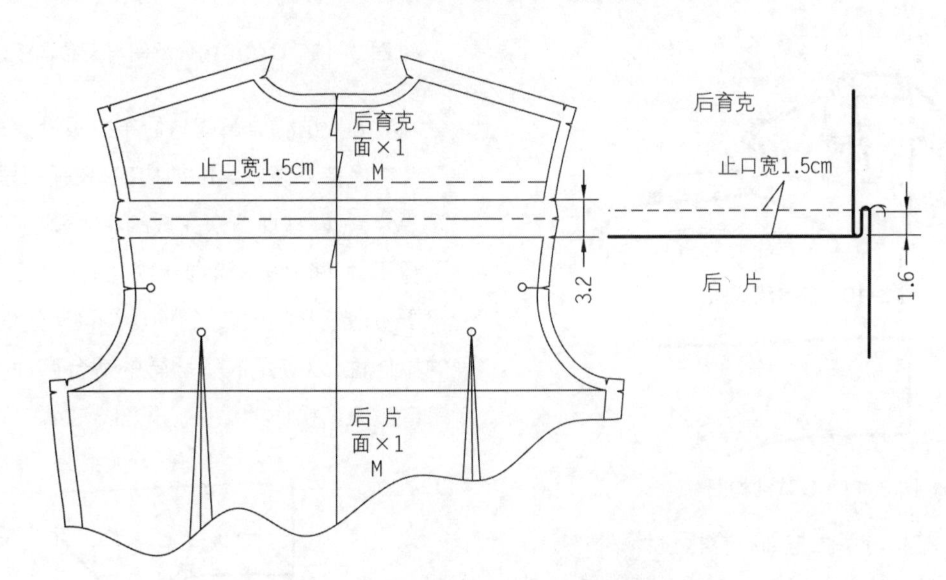

图 3-9 B款结构分解图与面布样板设计三

4) B款结构分解图与面布样板设计三

在保持外观效果的前提下，后育克线与后片分割，缉止口线 1.5cm宽。分割线为假分割，即采用折裥的方式，以折叠面布 3.2cm形成分割线的外观效果。按此方法完成的分割效果不同于前述两种方法，因折裥而形成较为丰满的立体效果，并具有一定的动感。此结构配置方法适用于较薄的面布，面布用料较多，但分割线的设置仅限于直线，而不能用弧线。见图 3-9。

3. 服装面布样板处于止口线状态

服装面布样板设计与款式的止口线形态有密切的关系。服装的止口线形态指止口线的宽窄、两线的缝份加放量的配置，应根据面布的厚薄、止口线的外观要求作相应的结构配置。如当面布较厚时，拼合止口线的两线中的下层的缝份应大于上层的缝份；如当面布较薄时，拼合止口线的两线中的下层的缝份可等于上层的缝份。当止口线的外观要求止口线上层缝份控制在止口线内时，其上层止口线的缝份应按止口线的宽度作相应的结构配置。相关的结构图与面布样板设计可参看图 3-7、图 3-8。

4. 服装面布质地性能与样板的丝缕线设置

服装面布样板设计根据面布的质地性能可在结构配置中改变面布的丝缕方向设置，以达到理想的外观效果。如上衣衣领领里的结构配置，当面布的质地较松时衣领领里的丝缕可配置成横料；当面布质地较紧时衣领领里的丝缕可配置成斜料。因面布质地较紧时，面布的拉伸性差，为了满足翻领翻转的需要选用斜向丝缕与之相配，能利用斜向丝缕的良好弹性弥补面布较紧的特性。还应根据面布的质地性能处理服装中上下两层的里外匀的控制量，如领面与领里的里外匀、袋盖面与袋盖里的里外匀等。

1) C款款式图与结构图

见图 3-10、图 3-11。

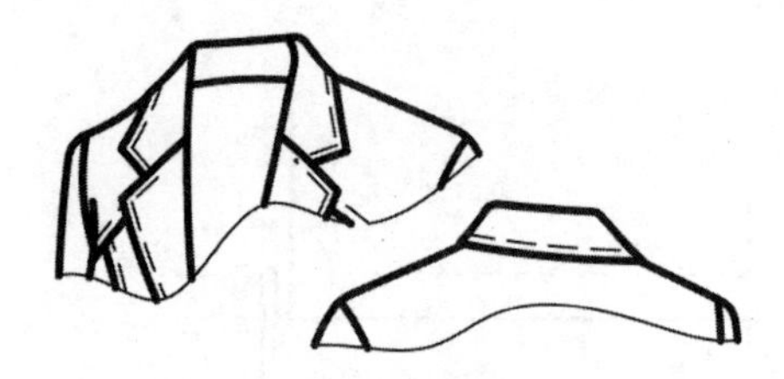

图 3-10 C款款式图

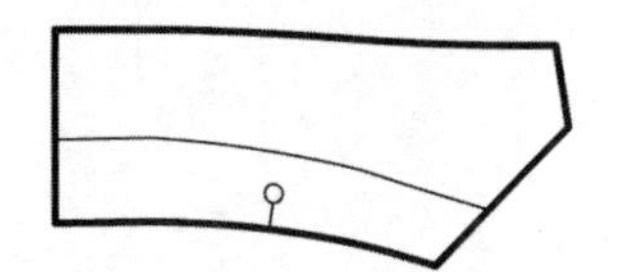

图 3-11 C款结构图

2) C款结构分解图与面布样板设计一

在保持外观效果的前提下，衣领领里后领中线不设置分割线，按此方法完成的衣领领里可采用横向丝缕。此结构配置方法适用于质地较松、较厚的面布，省略后中分割线，减弱了面布的厚度。见图 3-12。

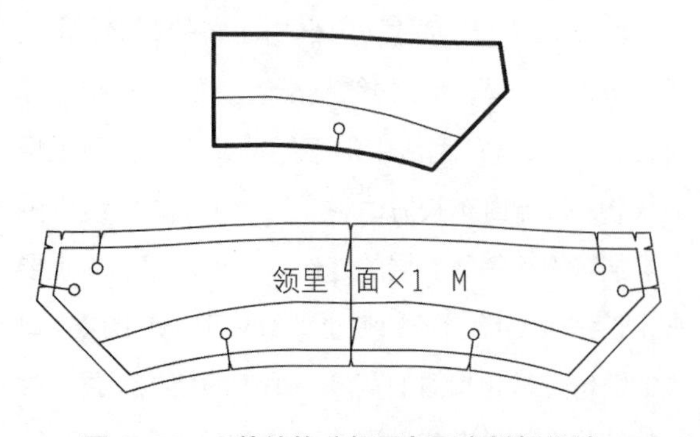

图 3-12 C款结构分解图与面布样板设计一

3) C款结构分解图与面布样板设计二

在保持外观效果的前提下，衣领领里后领中线设置分割线，按此方法完成的衣领领里可采用在后领中线设置 45° 斜向丝缕。此结构配置方法适用于质地较紧的面布，45° 斜向丝缕可有效地改善面布的拉伸性，以满足衣领翻转的适合度。见图 3-13。

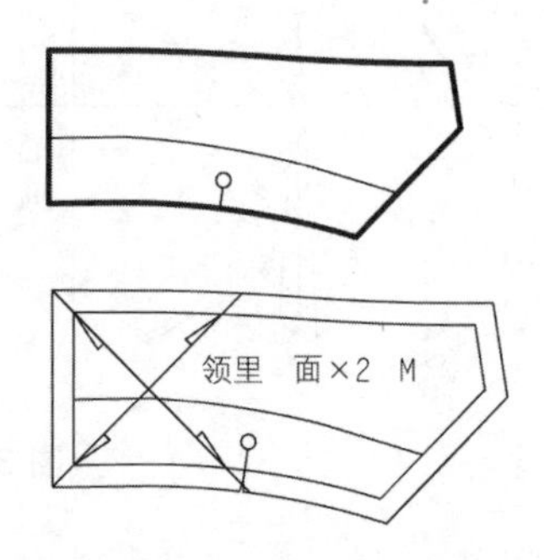

图 3-13 C款结构分解图与面布样板设计二

4) C款结构分解图与面布样板设计三

在保持外观效果的前提下，衣领领里后领中线设置分割线，按此方法完成的衣领领里可采用设置平行于领串口线的斜向丝缕。此结构配置方法适用于质地较紧的面布，斜向丝缕可有效地改善面布的拉伸性，以满足衣领翻转的适合度，同时减弱了串口线工艺操作的难度。见图 3-14。

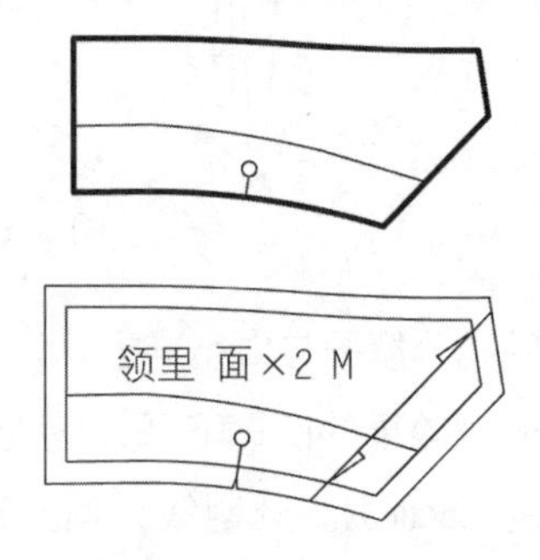

图 3-14 C款结构分解图与面布样板设计三

5) C款结构分解图与面布样板设计四

衣领的领面在服装穿着状态下处于正面，因此领面与领里之间应设置里外匀，即领面在边缘应比领里稍大，缝制后才能使领面的边缘线能遮盖住领里的边缘线。此结构配置方法应注意根据面布质地性能设置领面里外匀合适的控制量，一般情况下面布质地较松且较厚时，里外匀的控制量较大；面布质地较紧且较薄时，里外匀的控制量较小。其控制量一般为 0.1~0.5cm。见图 3-15。

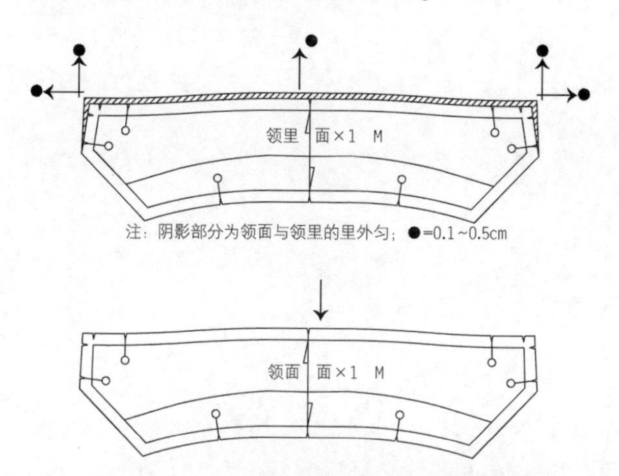

图 3-15 C款结构分解图与面布样板设计四

三、加工工艺方法

服装面布样板设计与加工工艺方法具有相关性，是服装面布样板设计不可忽略的重要因素之一。

1. 服装面布的质地性能与加工工艺方法

服装面布样板设计中面布的质地性能与加工工艺的方法应加以综合性的考虑。如当面布的质地性能属可塑性较强的，在结构配置中可在某些人体凹面部位配置较大的凹量，而在工艺操作中通过归、拔的工艺处理方法来达到适应人体凹面之需要；当面布质地性能属可塑性较弱的，就不能采用归拔的工艺处理方法来解决人体凹量的需要，因此结构配置中可在某些人体凹面部位配置较小的凹量。具体常见部位如上衣腰部的吸腰量配置，两片式合体型衣袖的前侧线袖肘凹度的配置，上衣肩部的后片肩线的收缩量的配置等。

2. 服装面布的结构配置与加工工艺方法

服装面布样板设计中按加工工艺方法的不同，采用与之相适应的结构配置方法，而加工工艺方法的不同，直接影响到工艺操作的难易性。如衣领的领脚与翻领可有两种状态，即连领脚与装领脚。当衣领设计成连领脚状态时，衣领的加工工艺应设计成采用归拔工艺的处理方法，来达到满足人体颈部状态的需求；当衣领设计成装领脚状态时，衣领的加工工艺则无需采用归拔工艺的处理方法，而直接用结构线的分割来达到满足人体颈部状态的需求。上述两种方法所达到的目标是一致的，但采用的加工工艺方法是不同的。由于归拔塑型工艺具有一定的操作难度，因此采用简单的结构线分割取代相对复杂的归拔塑型工艺已成为目前服装生产的首选方法。下面以衣领为例说明加工工艺方法的不同而引起的结构配置方法的相应变化。

1）衣领款式图与结构图

衣领款式图与结构图见图 3-16、图 3-17。

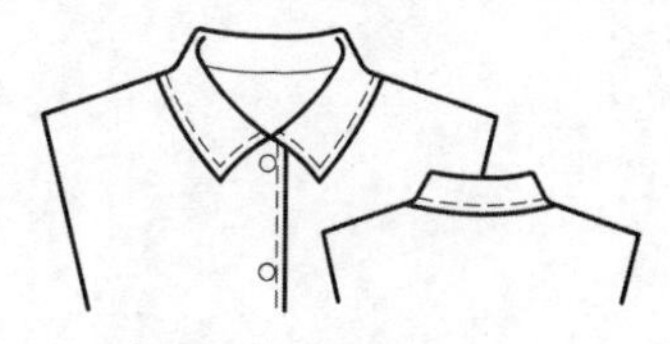

图 3-16 衣领款式图

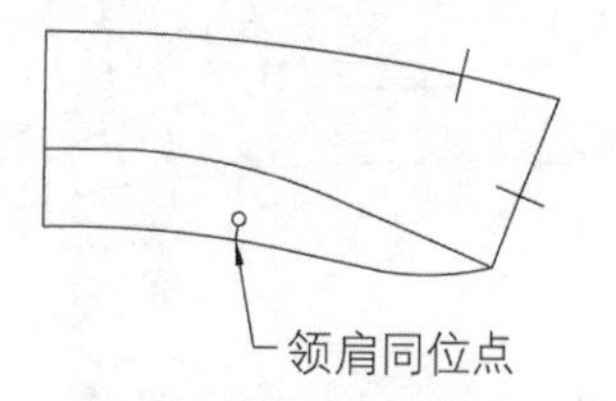

图 3-17 衣领结构图

2）结构分解图与面布样板设计一

衣领为连领脚状态时，其结构配置条件为面布质地较松，同时应采用面布塑型工艺方法。在面布质地较松的前提下，在装领线领肩同位点处做面布的拔伸处理，在领翻折线处做面布的归缩处理，以达到满足人体颈中围小于颈根围的状态的需要。见图 3-18。此方法的结构处理简单，但工艺处理时有一定的难度。

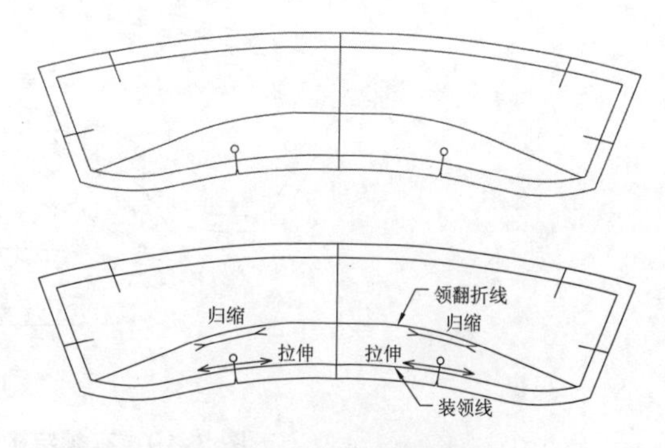

图 3-18 衣领结构分解图与面布样板设计一

3) 结构分解图与面布样板设计二

衣领为装领脚状态时，其结构配置条件为面布质地较紧，同时应采用面布分割后拼接的加工工艺方法。将领沿翻折线分割，并在分割线处作缩短领翻折线的结构处理，以达到满足人体颈中围小于颈根围的状态的需要。见图 3-19。此方法的结构处理相对复杂，但工艺处理的过程已化解在结构的分割线中，并能使衣领的造型美观、到位。

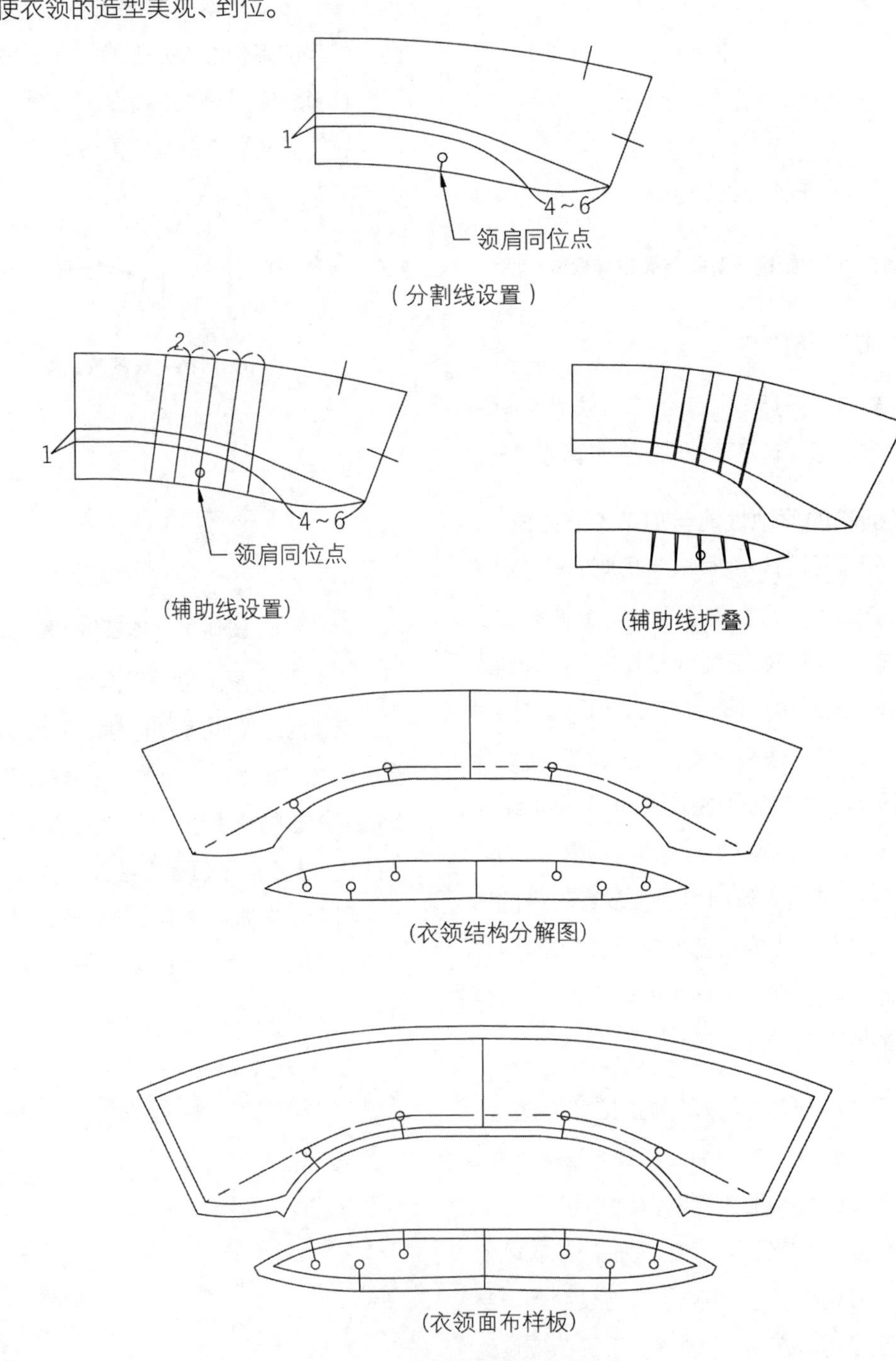

图 3-19 衣领结构分解图与面布样板设计二

第二节　服装面布样板设计实例

一、裙装面布样板设计

1. 款式图与结构图

见图 3-20。

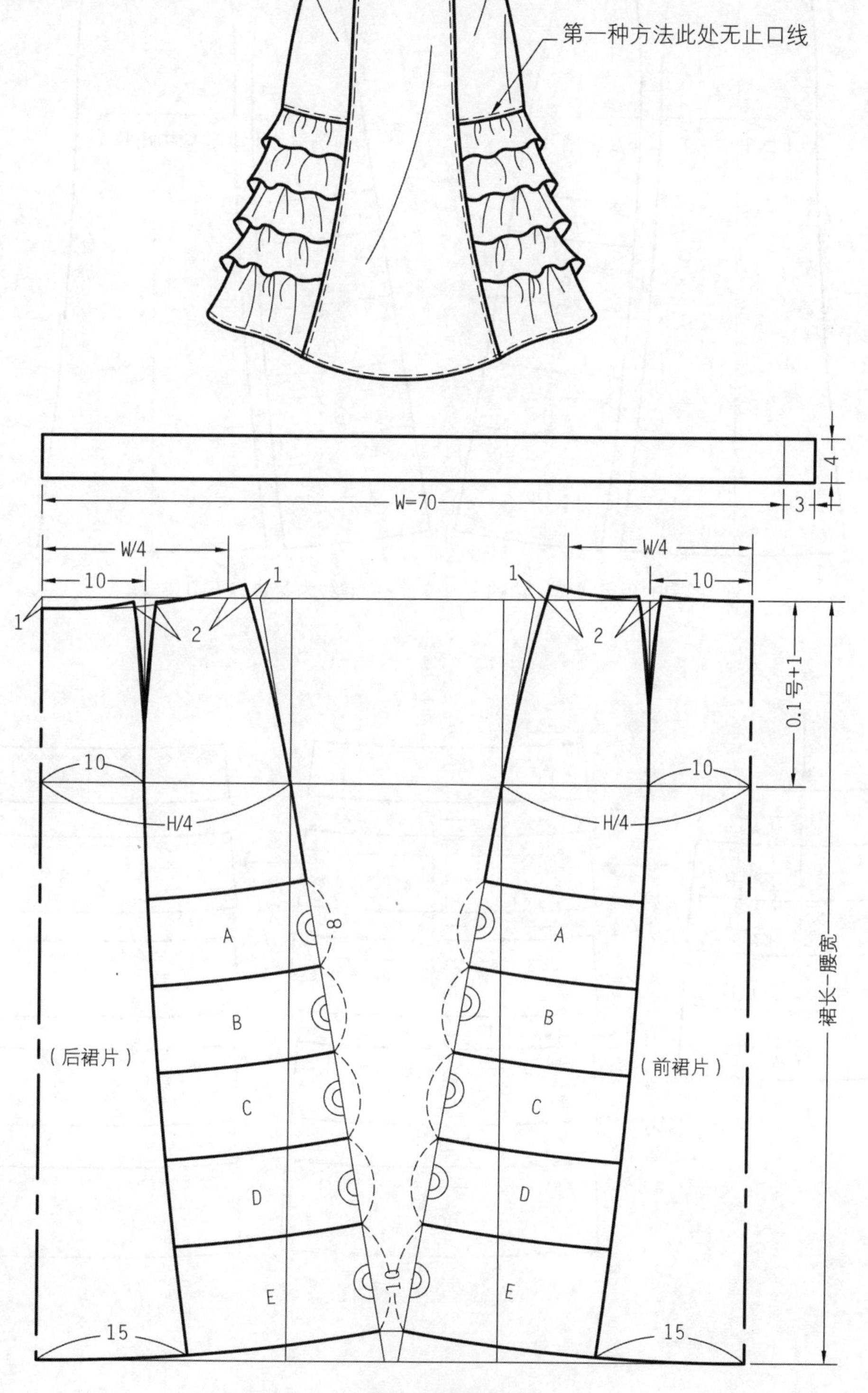

图 3-20　裙装款式图与结构图

2. 裙装结构分解与面布样板设计方法一

见图 3-21。

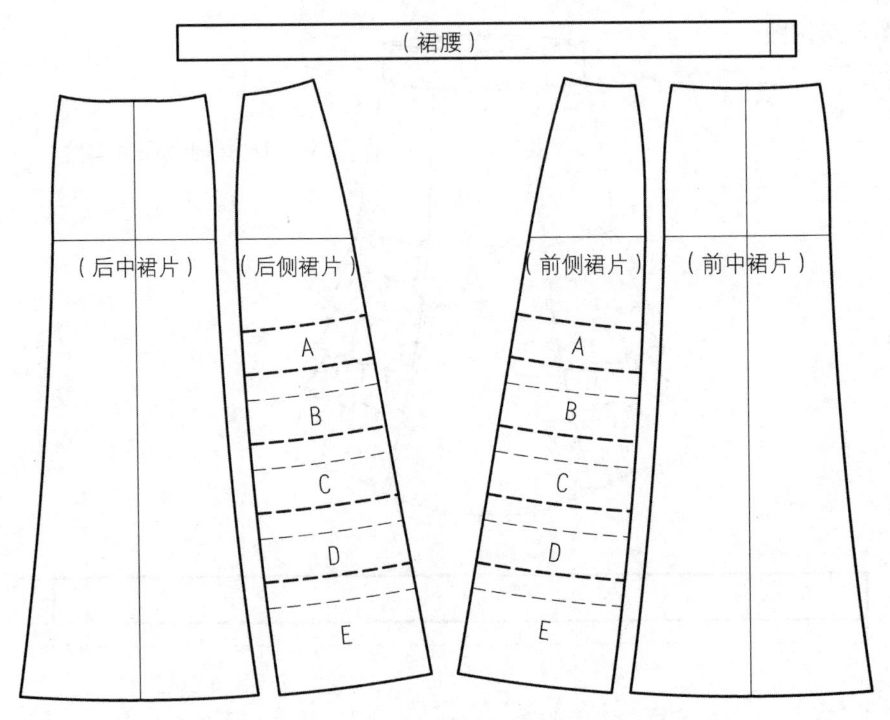

注：图中的粗虚线为花边的上口位置；细虚线为花边的下口位置。

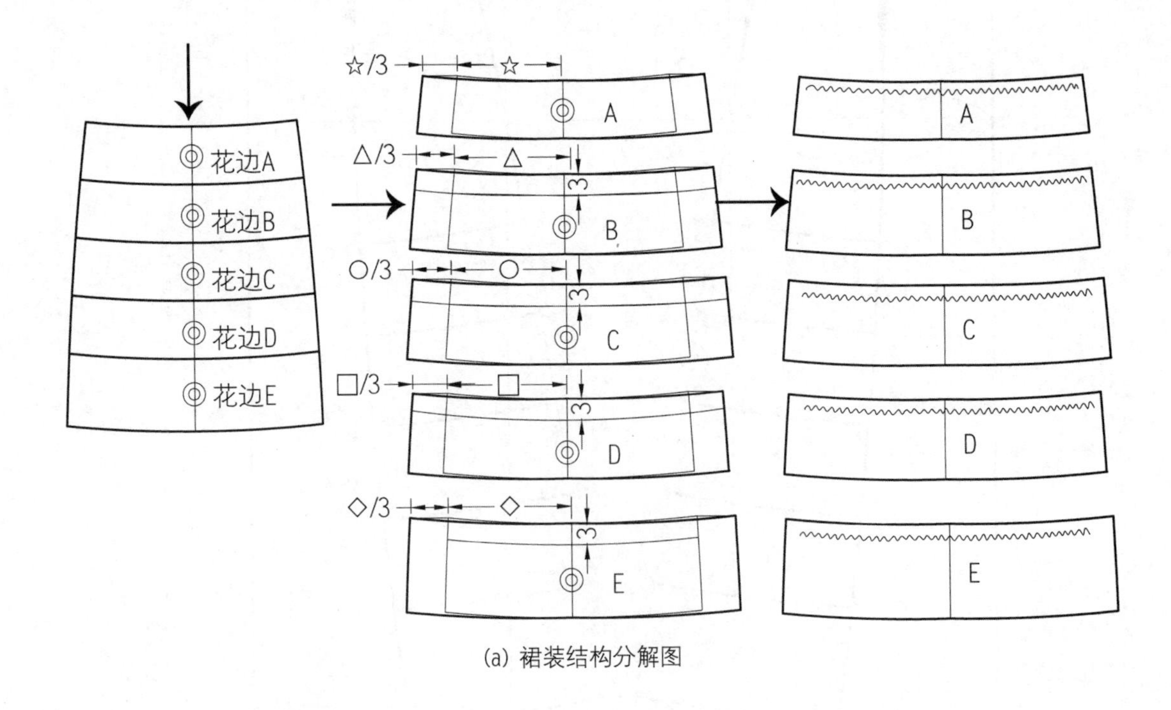

(a) 裙装结构分解图

图 3-21 裙装结构分解图与面布样板设计

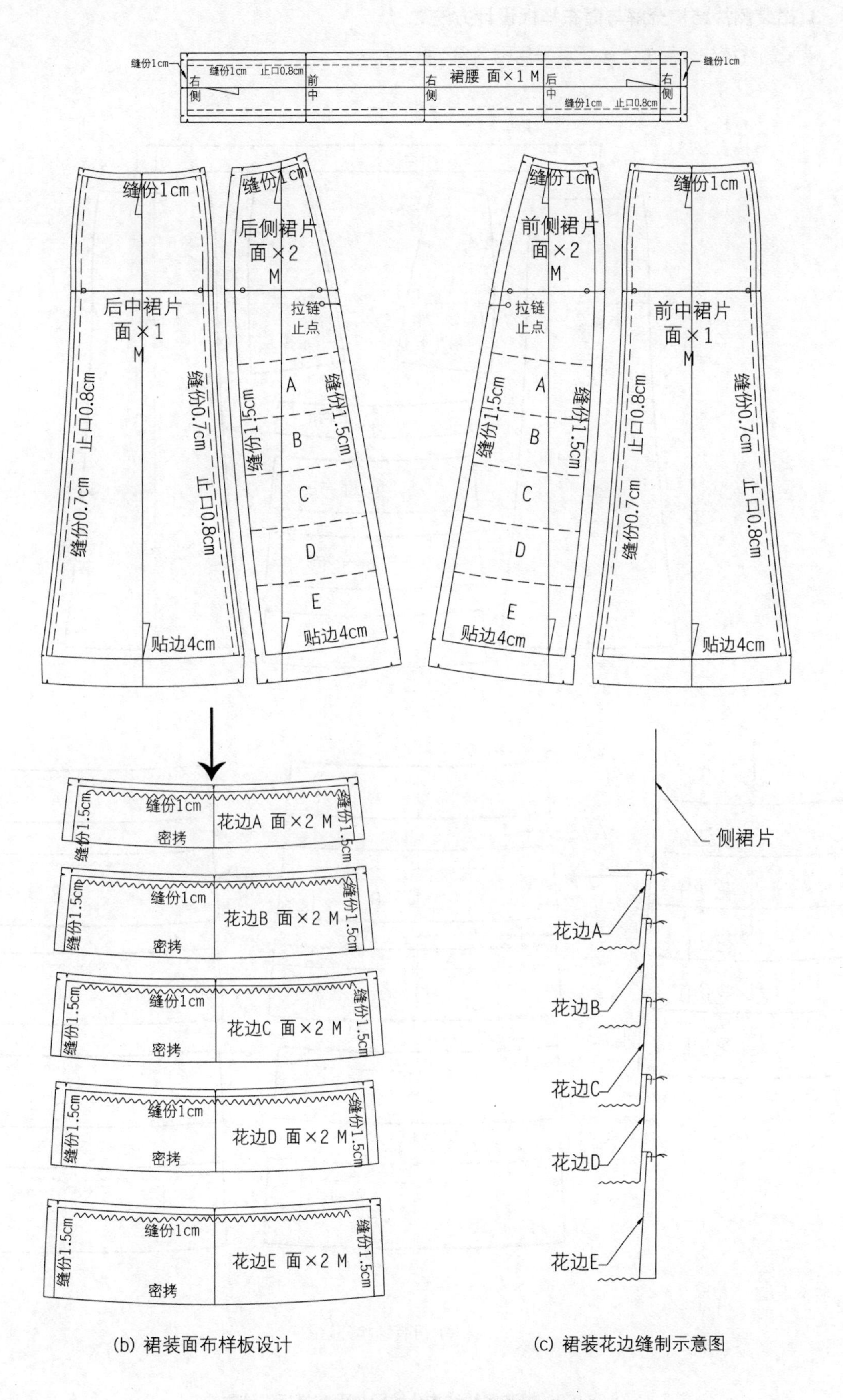

(b) 裙装面布样板设计

(c) 裙装花边缝制示意图

图 3-21 裙装结构分解图与面布样板设计(续)

3. 裙装侧片结构分解与面布样板设计方法二

裙装侧片结构分解的方法还可采用图 3-22 所示方法。

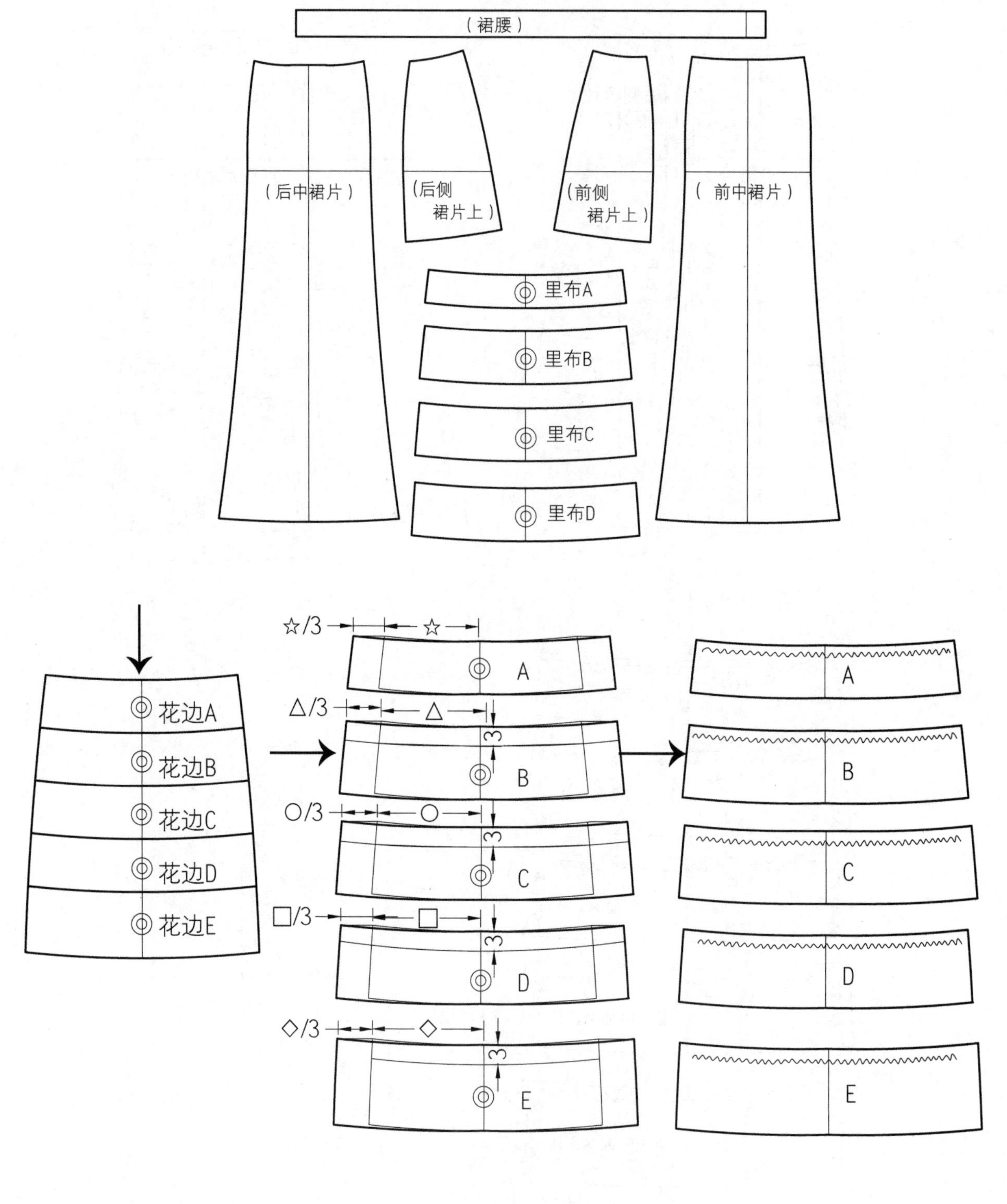

(a) 裙装结构分解图

图 3-22 裙装侧片结构分解图与面布样板设计方法二

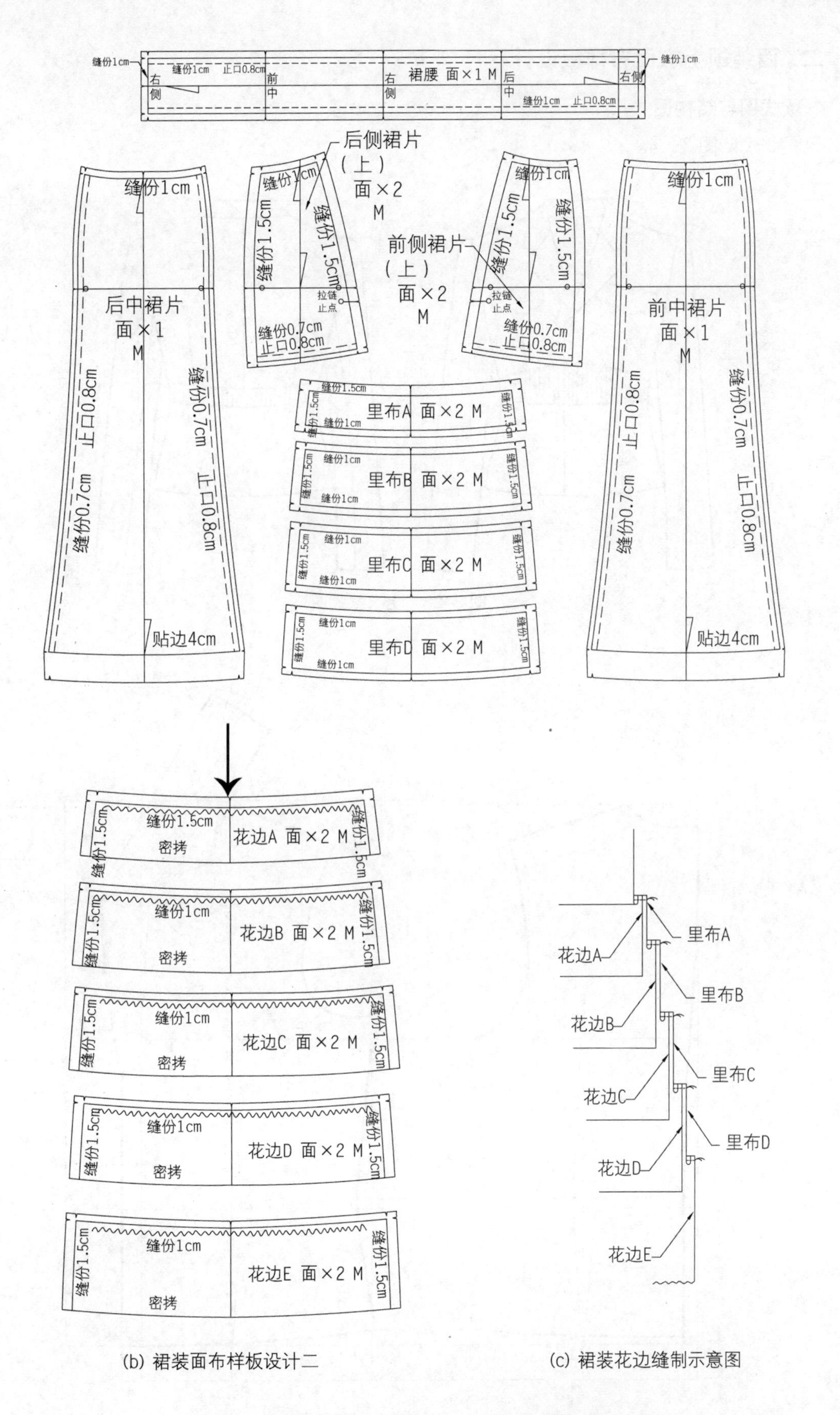

(b) 裙装面布样板设计二　　(c) 裙装花边缝制示意图

图 3-22　裙装侧片结构分解图与面布样板设计方法二(续)

二、西装领上衣面布样板设计

1.款式图与结构图

见图 3-23、图 3-24。

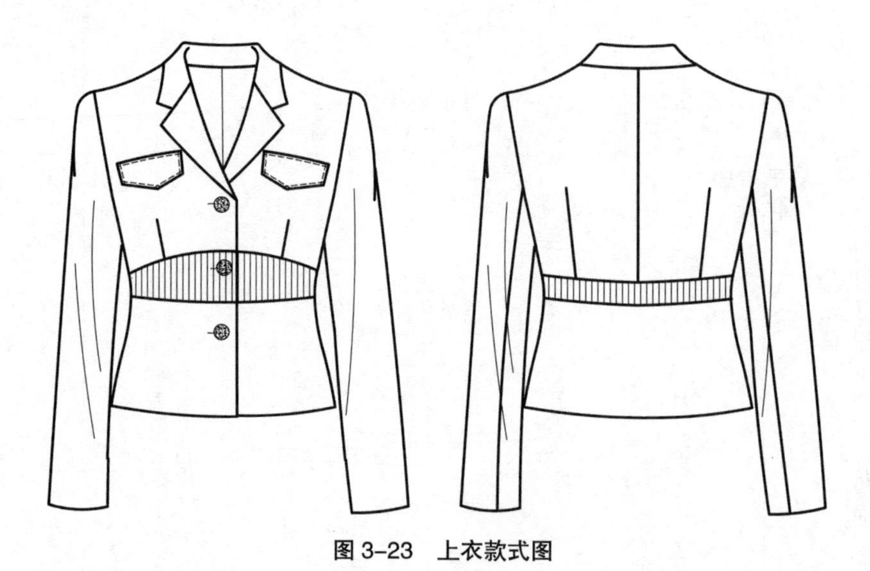

图 3-23 上衣款式图

图 3-24 上衣结构图

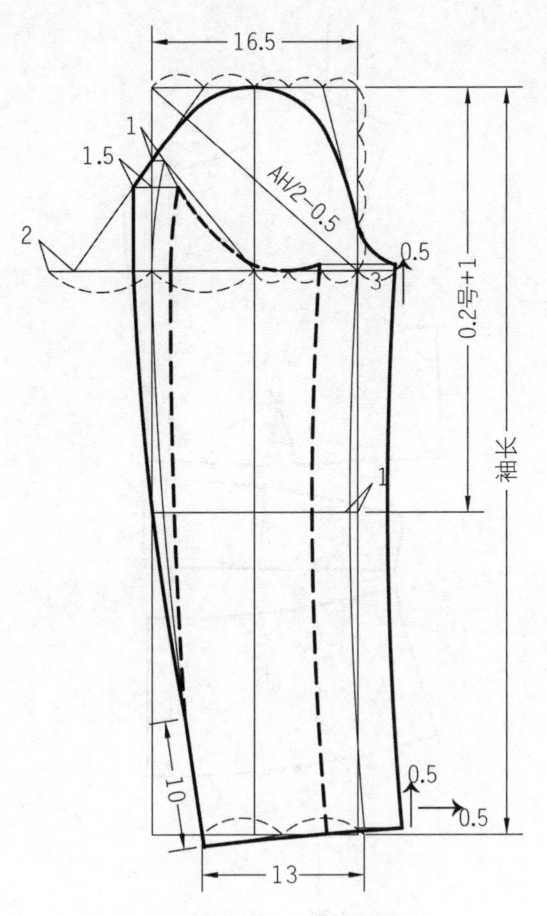

图 3-24　上衣结构图

2. 结构分解与面布样板设计

(1) 衣片结构分解与面布样板设计，见图3-25。

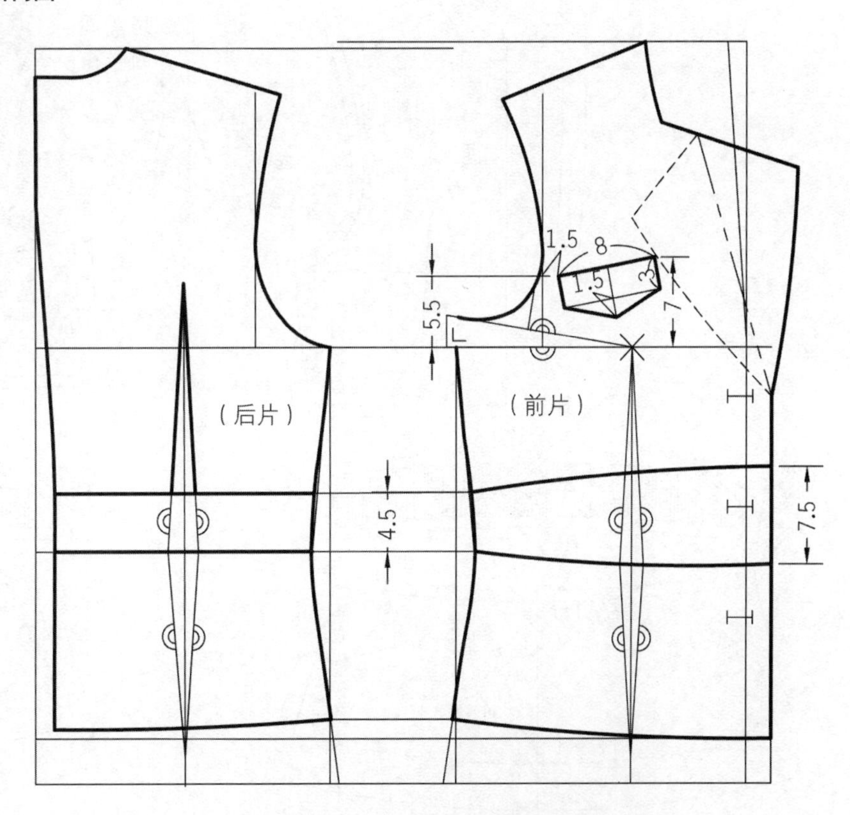

图 3-25　衣片结构分解图与面布样板设计

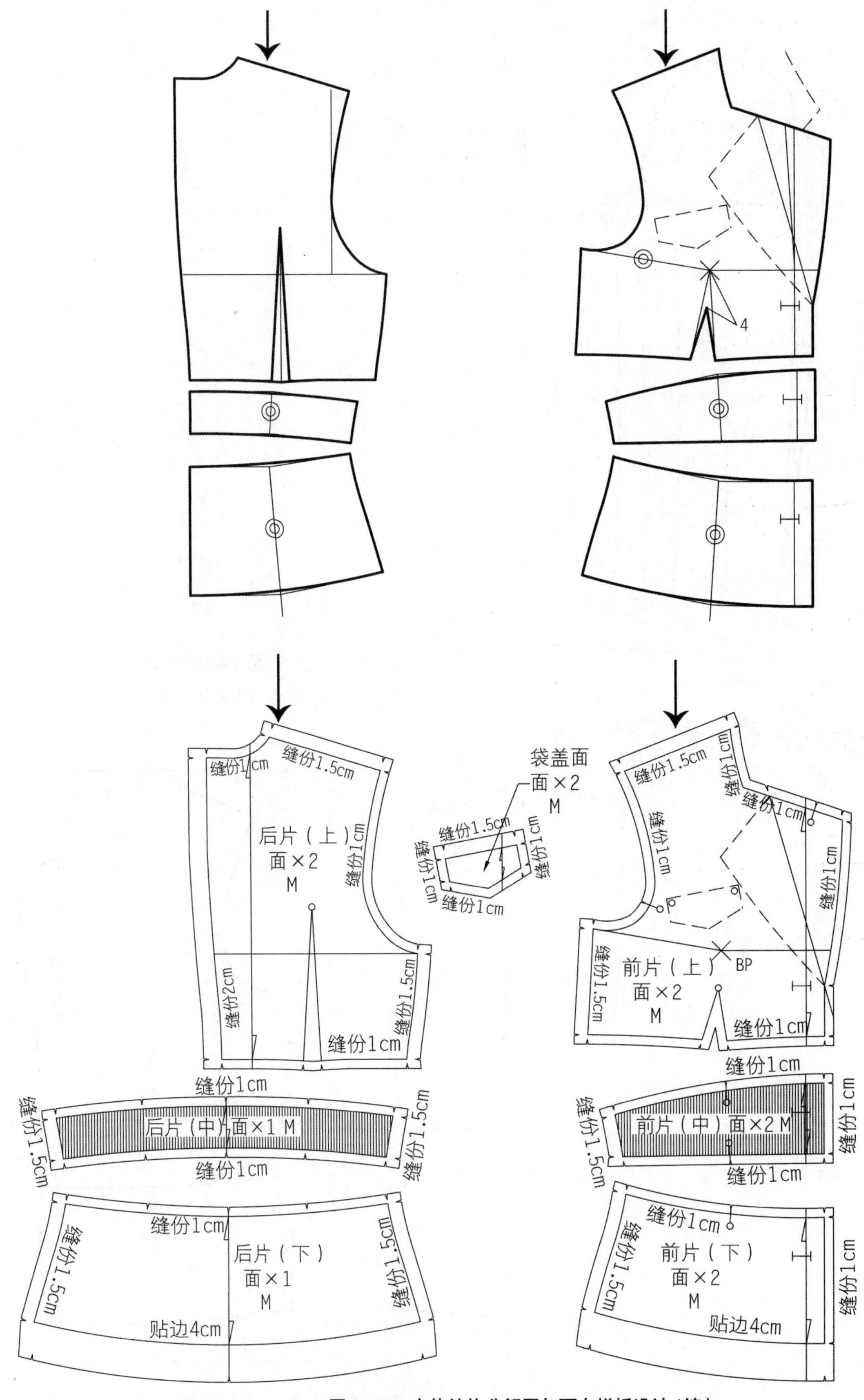

图 3–25 衣片结构分解图与面布样板设计（续）

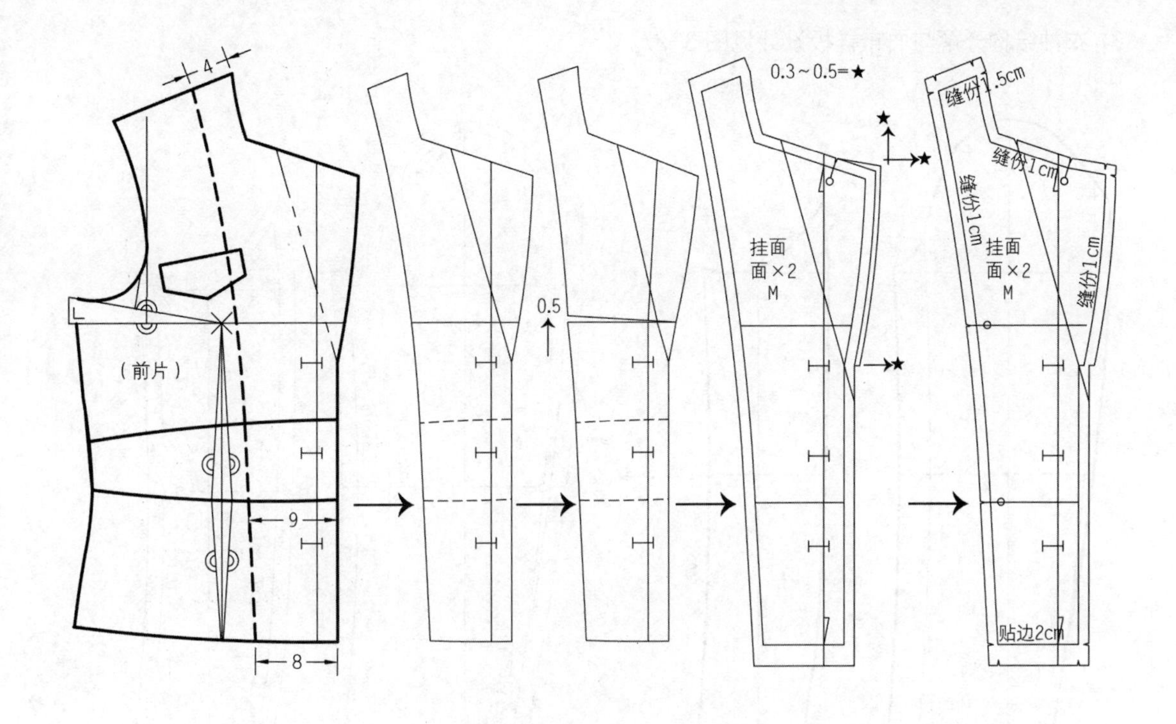

图 3-25　衣片结构分解图与面布样板设计（续）

(2) 衣领结构分解与面布样板设计，见图3-26。

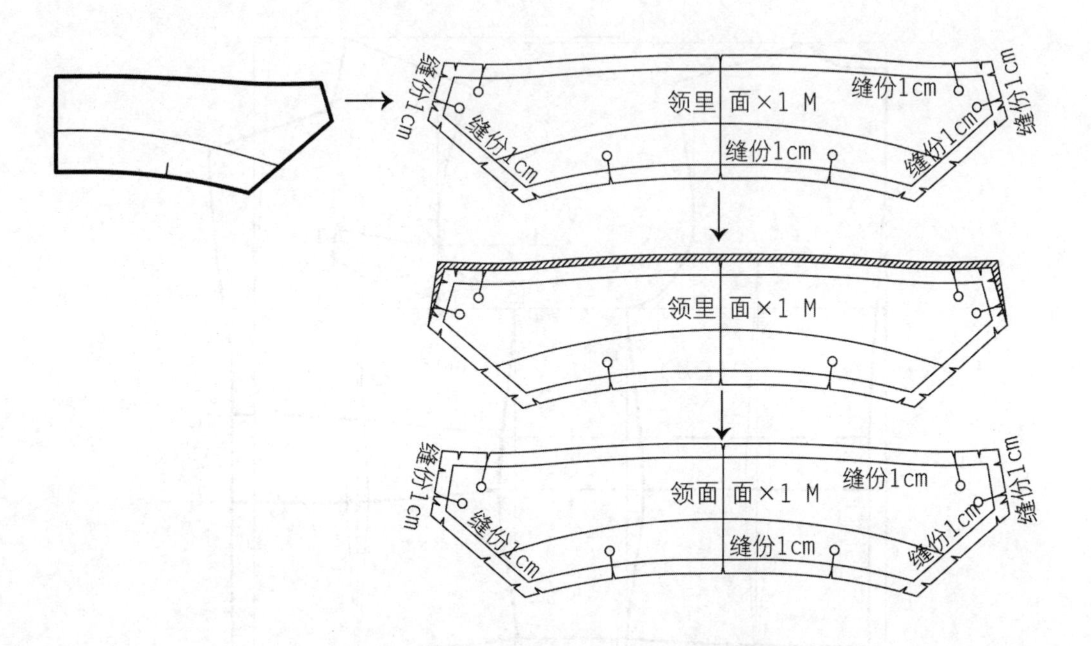

图 3-26　衣领结构分解图与面布样板设计

(3) 衣袖结构分解与面布样板设计见图 3-27。

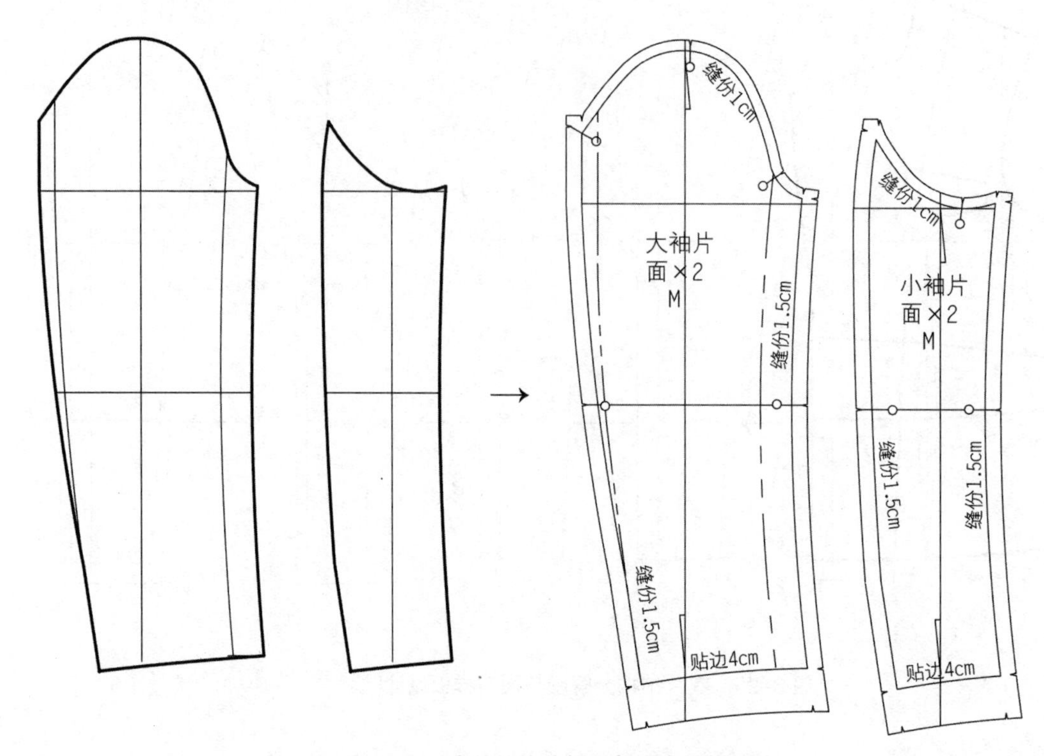

图 3-27　衣袖结构分解图与面布样板设计

3. 衣片结构分解图与面布样板设计方法二

衣片结构分解的方法还可采用以下方法，见图 3-28。

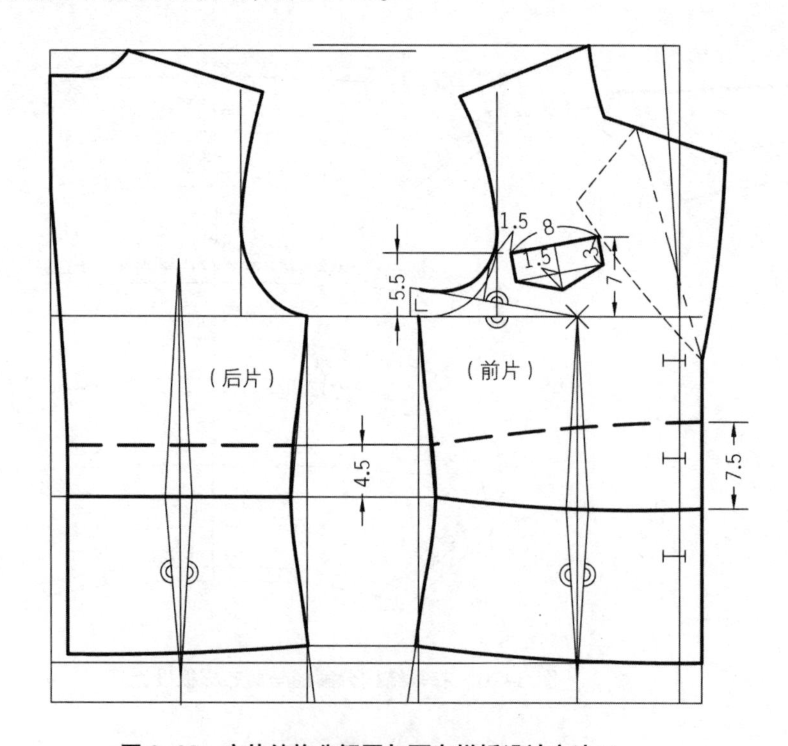

图 3-28　衣片结构分解图与面布样板设计方法二

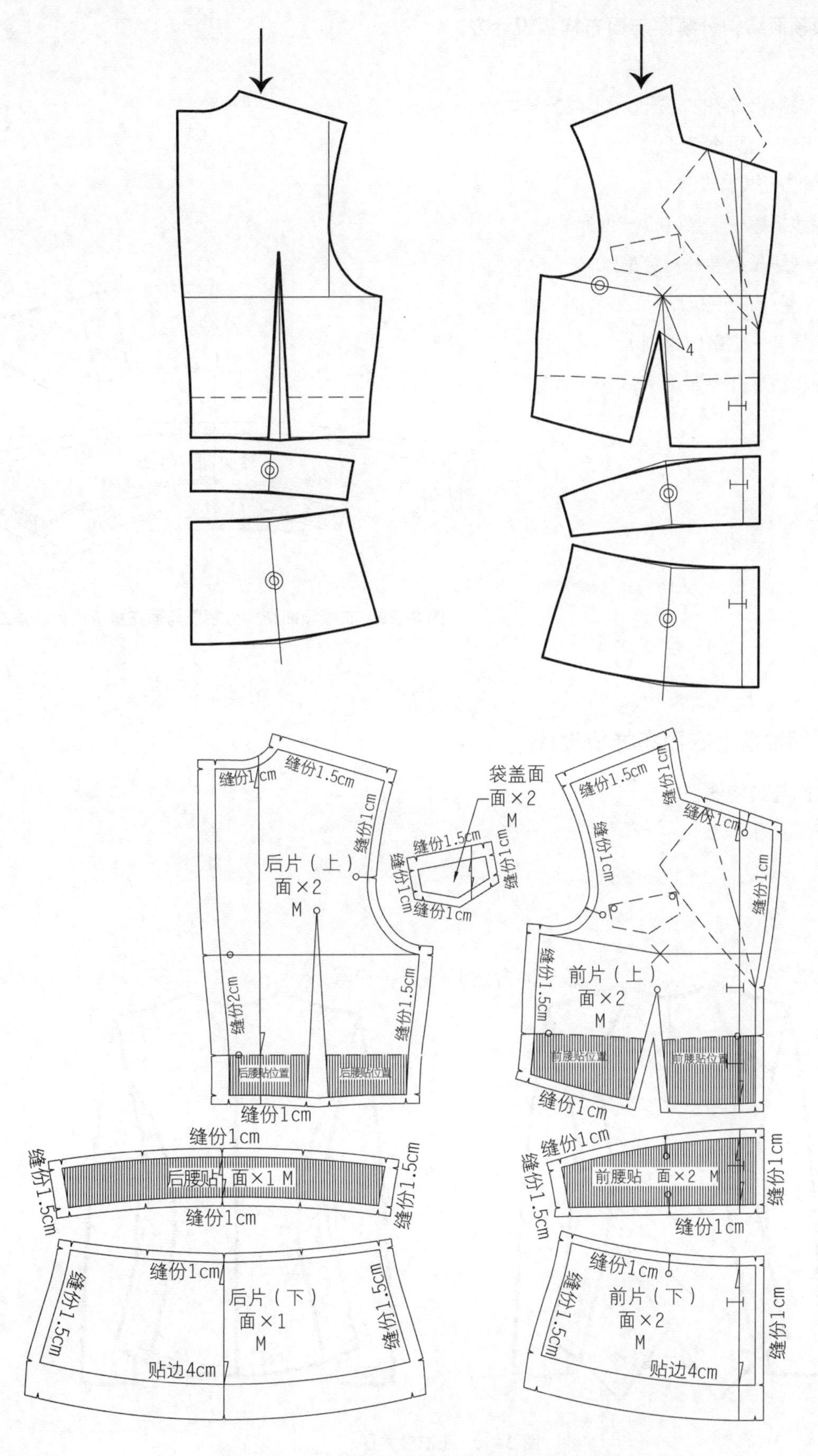

图 3-28　衣片结构分解图与面布样板设计方法二（续）

4. 衣领领面结构分解图与面布样板设计方法二

衣领领面结构分解的方法除了上述方法之外，还可采用以下方法，见图 3-29。

衣领设计方法具体步骤：

① 领底线折叠一定量（0.3~0.5cm）；

② 领外围线长度展开一定量（0.3~0.5cm）；宽度展开一定量（0.3~0.5cm）；

③ 领角展开一定量（0.2cm）；

④ 领翻折线展开一定量（0.3~0.5cm）。

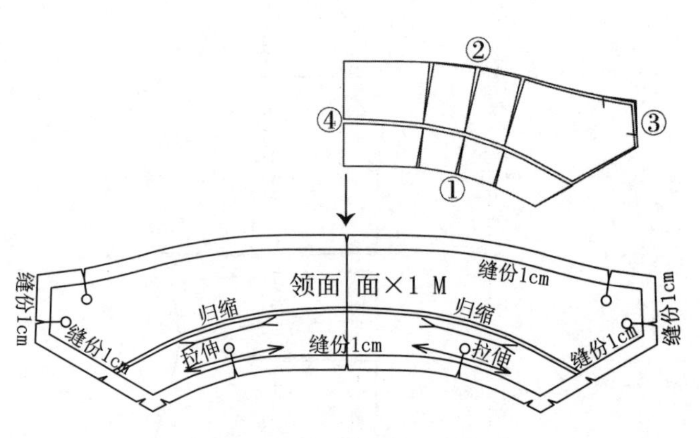

图 3-29 衣领领面结构分解图与面布样板设计方法二

三、腰部抽褶上衣面布样板设计

1. 款式图与结构图

见图 3-30、图 3-31。

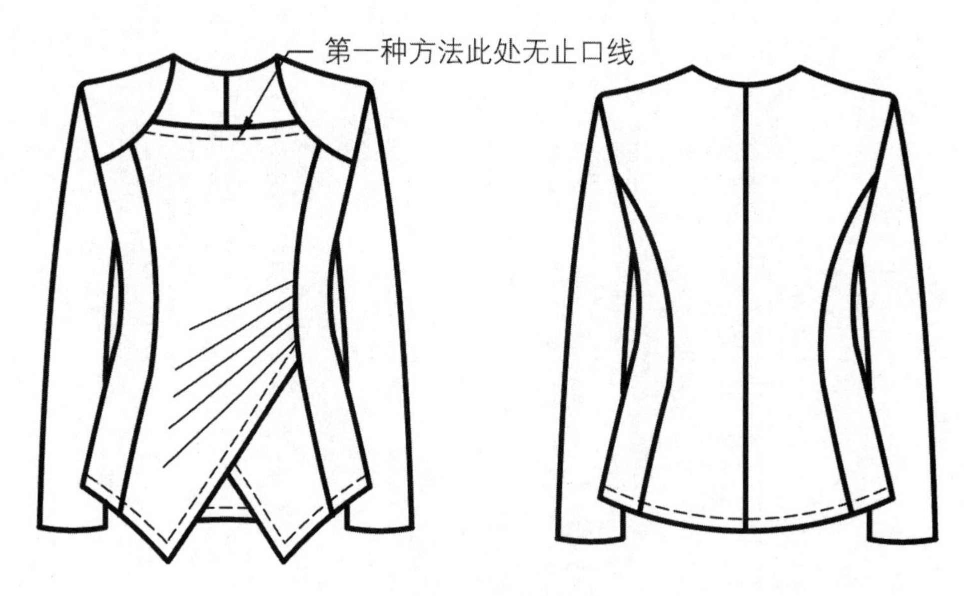

图 3-30 上衣款式图

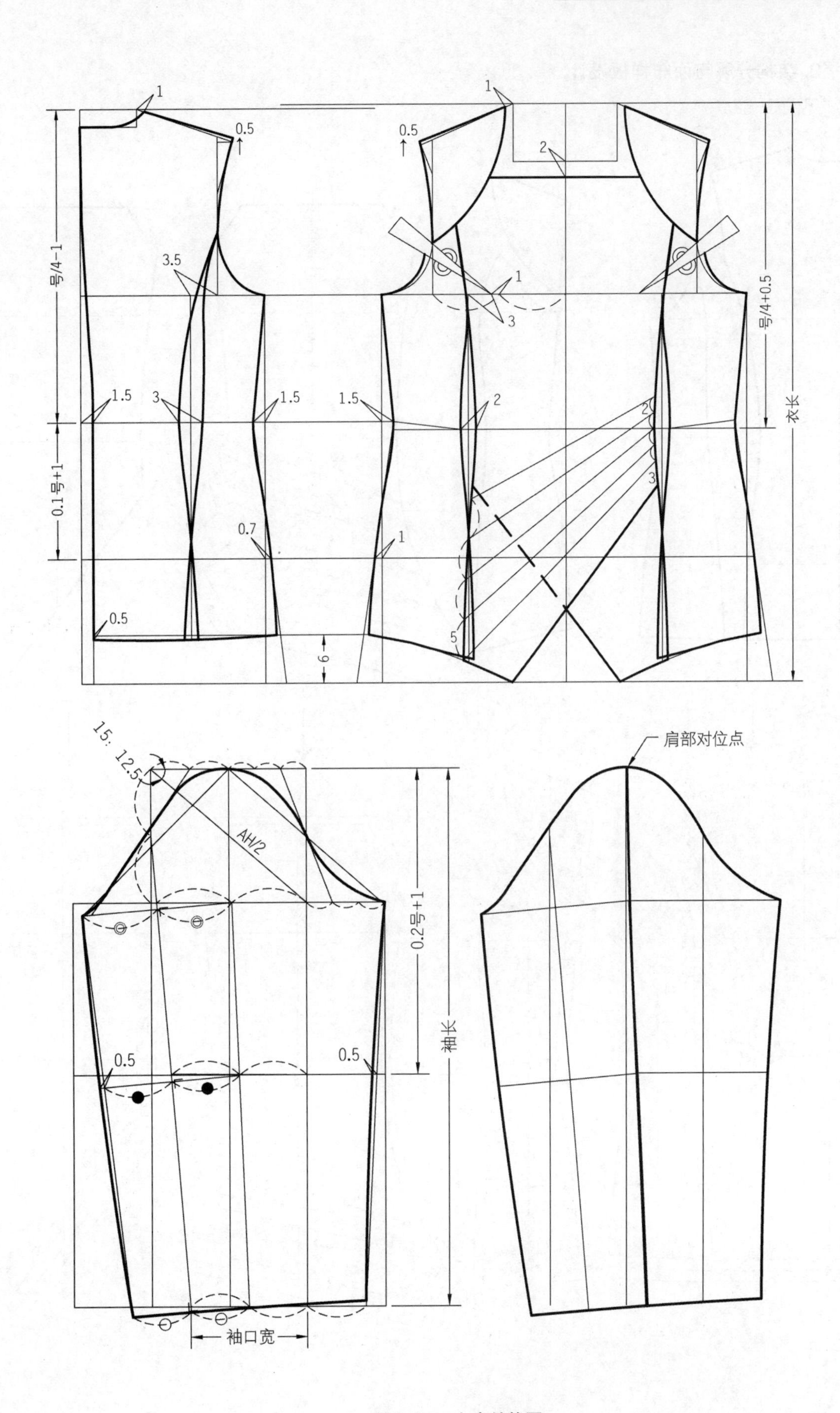
1
0.5
0.5
1
2
号/4-1
3.5
1
3
号/4+0.5
1.5
3
1.5
1.5
2
2
衣长
0.1号+1
3
0.7
1
0.5
5
6
15
12.5
肩部对位点
AH/2
0.2号+1
袖长
0.5
0.5
袖口宽

图 3-31　上衣结构图

2. 结构分解与面布样板设计

见图 3-32。

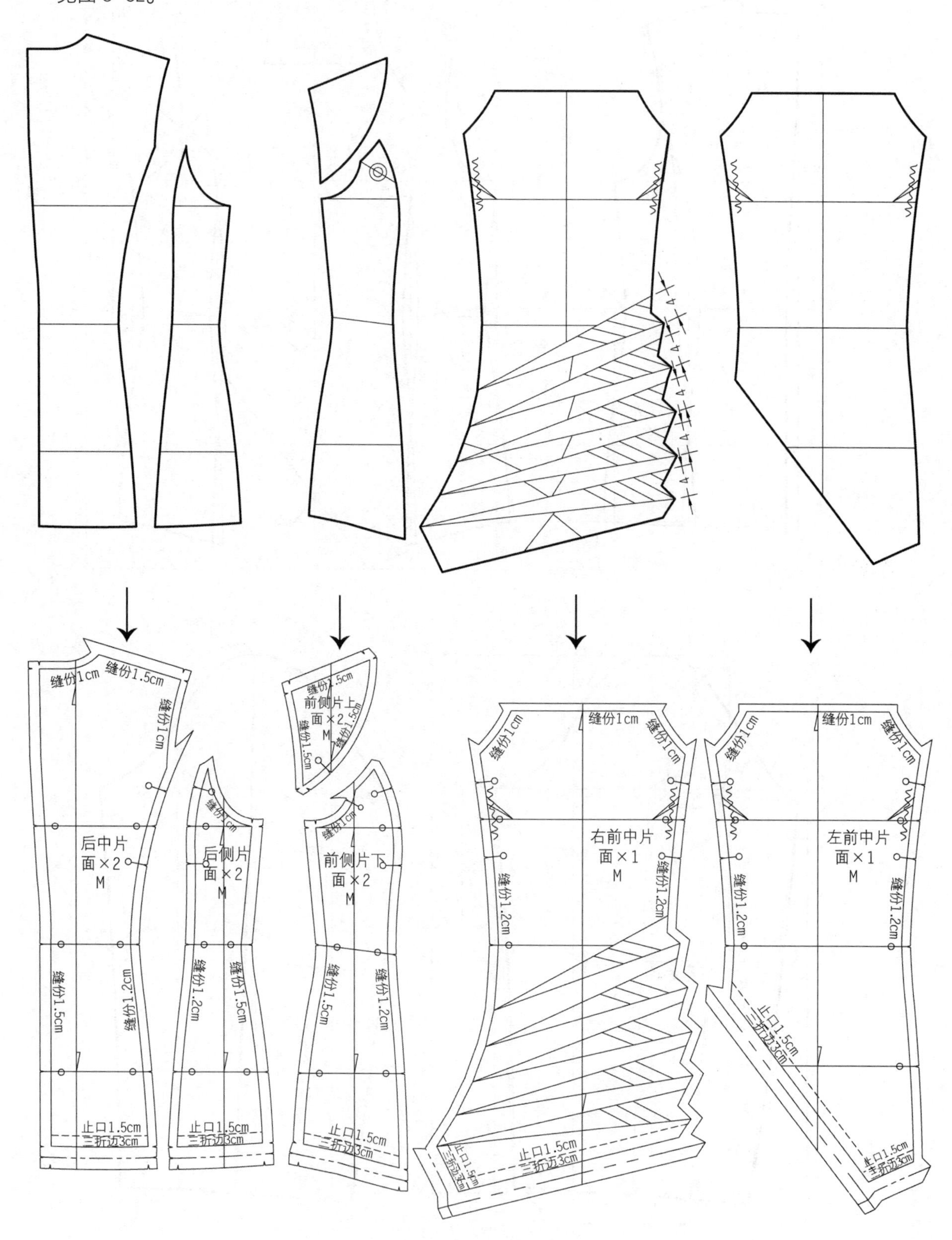

图 3-32　结构分解图与面布样板设计

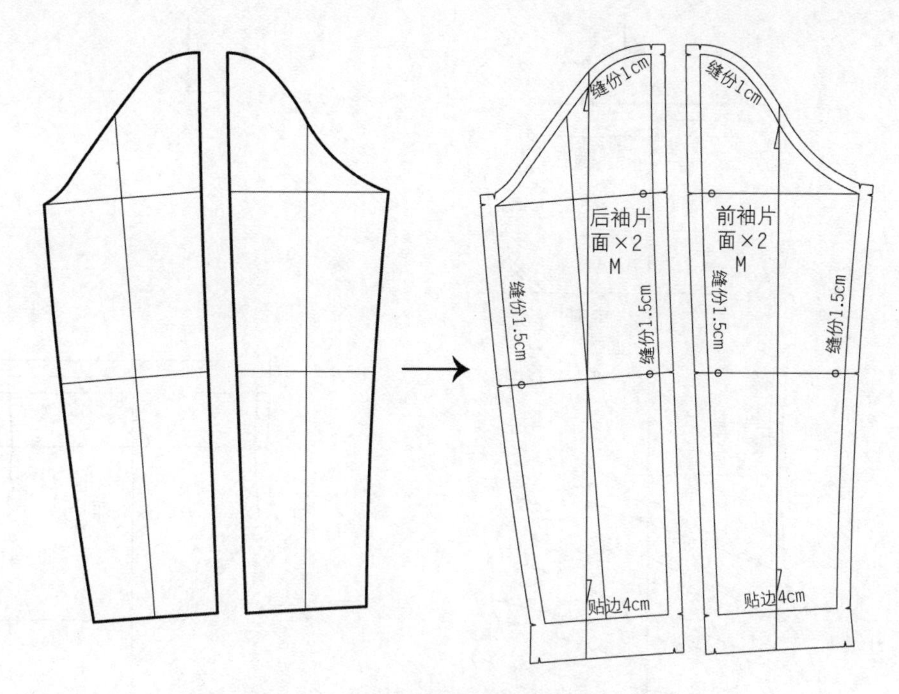

图 3-32　结构分解图与面布样板设计(续)

3. 前中衣片结构分解图与面布样板设计方法二

见图 3-33。

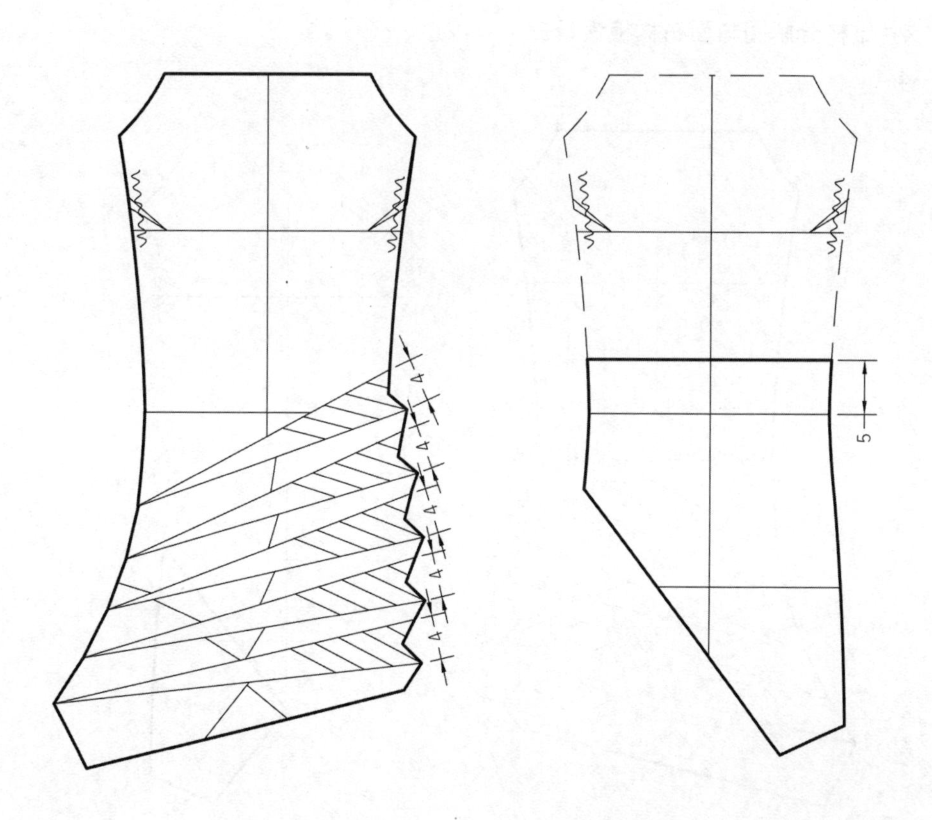

图 3-33　前衣片结构分解图与面布样板设计方法二

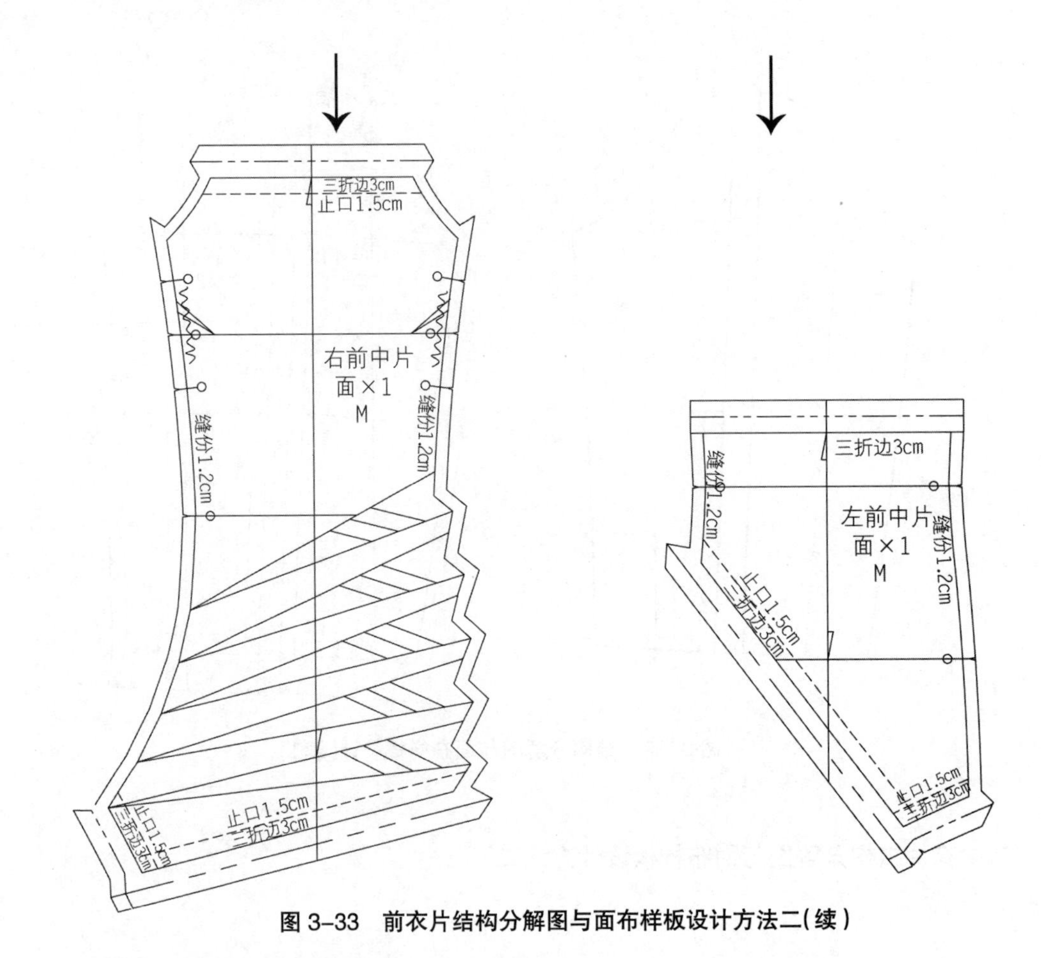

图 3-33 前衣片结构分解图与面布样板设计方法二(续)

4. 前中衣片结构分解图与面布样板设计三

见图 3-34。

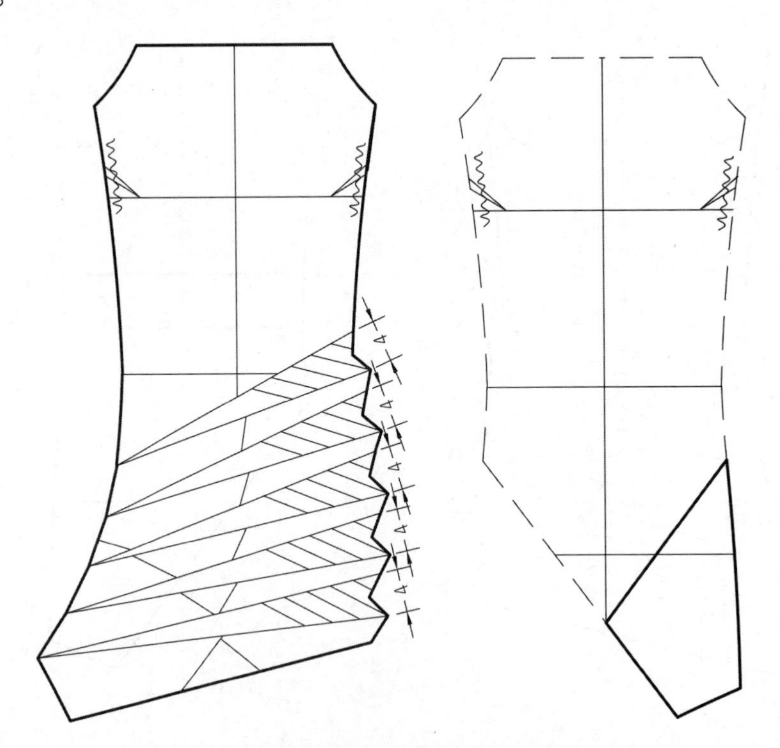

图 3-34 前中衣片结构分解图与面布样板设计方法三

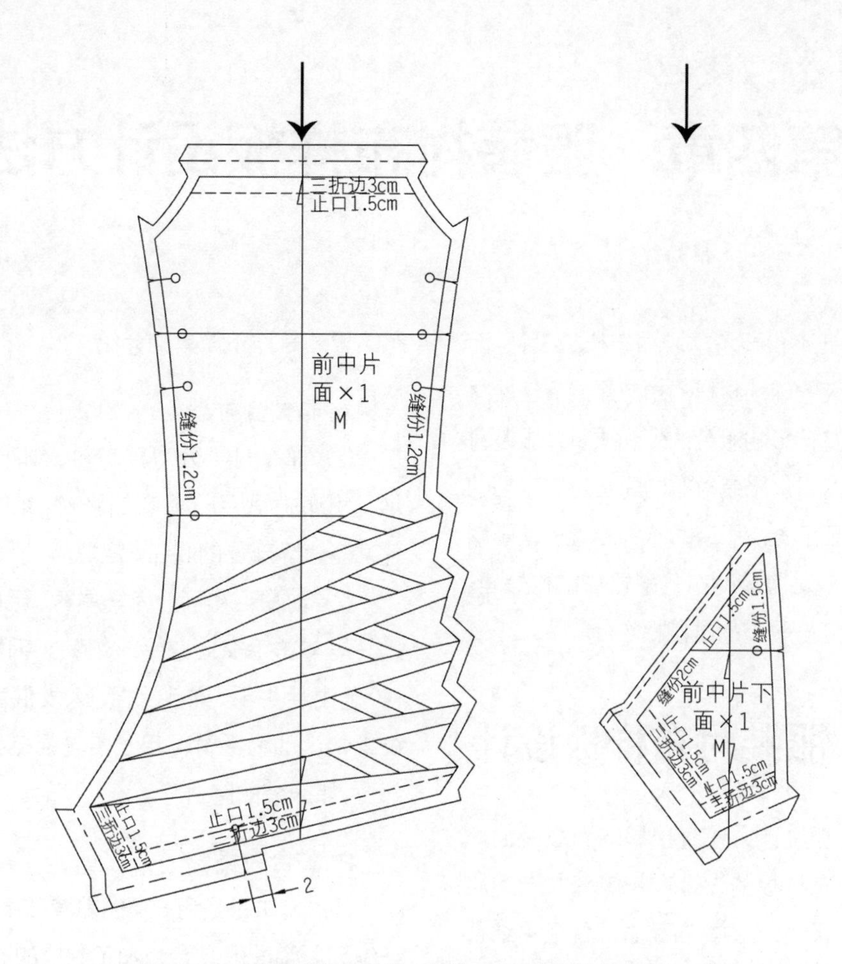

图 3-34 前中衣片结构分解图与面布样板设计方法三(续)

思考题:

1. 服装面布样板设计与哪些因素有关?
2. 服装款式是由哪些部分所构成的?
3. 服装结构配置方法与服装面布样板设计的关系?
4. 服装加工方法与服装面布样板设计的关系?

第四章 服装衬布样板设计方法

服装样板设计不仅要考虑到面布样板设计，而且也不能忽视服装的辅助材料的相应配置。辅助材料的相应配置将直接影响服装的外观质量。服装衬布是服装的辅助材料。服装衬布的配置是中高档的外衣类服装的必要配置。服装衬布的配置有助于增强服装的外形美观。服装衬布的配置在结构处理、衣料特性等方面应与服装的面料相吻合。

第一节 服装衬布样板设计

服装衬布样板设计方法直接影响到服装的外形美观。服装衬布样板的设计应与服装面布的质地性能相匹配，选择相应的衬布配置部位还需综合考虑配置部位、款式及面布与衬布的相应配置等，才能达到服装的整体美观。

一、服装衬布的作用

服装衬布对于服装来说，就像钢筋对房屋起到了骨架支柱的作用一样，在服装上起到了衬托服装外观造型的作用，增强了服装的外形美观。它的作用大致有：①赋予服装理想的曲线与造型；②增强服装的挺括度和弹性；③改善服装的悬垂性，增强立体感；④保持服装造型不走样；⑤加固服装的局部部位；⑦提高缝制效率。

二、服装衬布的分类

服装衬布使用的材料有两大类：黏合衬类、非黏合衬类。黏合衬类是目前大量使用的衬料，而非黏合衬类的使用仅限于少量的、定制加工类服装。虽然非黏合衬类衬布使用不太广泛，但作为一种衬布这里还是作下简单的介绍。

1. 非黏合衬类

(1) 棉布衬可分为粗布衬、细布衬，属平纹织物。粗布衬可用于上衣的胸衬；细布衬可用于服装某些边缘部位的收缩、定型。

(2) 动物毛衬可分为马尾衬、毛鬃衬。马尾衬是马尾与羊毛交织的平纹织物。毛鬃衬又称黑炭衬，是由牦牛毛、羊毛、棉、人发混纺的交织的平纹织物。动物毛衬可用于需增强挺括度与弹性的部位，如服装的胸衬等。

2. 黏合衬类

(1) 无纺衬是用80%的黏胶纤维与20%的涤纶纤维和丙烯酸酯黏合剂加工制成的。无纺衬分厚、中、薄三种，一般用于薄料衬衫的衣领、挂面、袋口、袖口等。

(2) 有纺衬是以机织物或针织物为底布并在底布的一面均匀地涂上热溶胶，大多呈点子状(热溶胶选用聚乙烯、聚酰胺等原料)。它分厚、中、薄三种，一般用于外衣类服装的衣领、前片、挂面及需要加固的局部部位。

(3) 树脂衬是用纯棉布或涤棉布经六羟树脂浸渍处理而得到的一种比较硬挺的衬布。树脂衬多以白色为主，分纯棉树脂衬与涤棉树脂衬两种，一般用于男衬衫的衣领、袖克夫、裙、裤腰等。

三、服装衬布的选配

服装衬布的选配适当与否，直接关系到服装的外观质量。服装衬布的选配主要与服装的衣料特性有关。选配非黏合衬类衬布时，应注意衬布与衣料的缩水率。选配黏合衬类衬布时，应注意了解黏合衬材料的结构和性能、衣料的特性，从中选择最合适的搭配，以达到两者结合的最佳状态。

1. 衣料的纤维成分

(1) 羊毛织物的含水率较高，在黏合前应尽可能地控制衣料的含水率。选配衬布时，应选择具有跟随面料改变的性能的衬布，并要有较高的黏合强度。

(2) 丝绸织物在加热和压力作用下，容易产生表面结构的破坏，因此在熔合时，必须避免使用高温、高压，尤其是缎面结构的衣料，应选配熔点低，胶粒细微的黏合衬布。

(3) 棉织物具有较高的耐热性，在黏合过程中比较稳定，但若未经缩水处理，通常都有较高的缩水率。因此应选配衣料与衬布两者之间的缩水率一致或接近。

(4) 麻织物的织造工艺和后整理的处理不同，会产生不同的缩水率。应选配衣料与衬布两者之间的缩水率一致或接近。同时，麻织物的黏合力较差，应选配黏合力较强的胶种。

(5) 人造丝织物一般表面细洁光亮，它的黏合温度、压力应较低，越细越亮的人造丝衣料，更要选配低熔点的黏合衬布，以防损坏衣料。

(6) 人造棉织物一般相当敏感，加热、加压后很容易产生光面和手感变硬，因此应尽量采用低熔点的黏合衬布。

2. 衣料的组织结构

(1) 薄和半透明的衣料，如细缎绸、乔其纱等，容易产生渗胶现象。有时虽未渗胶但出现胶粒的反光，形成衣料的色差感。应选配细的底布组织和细微的胶粒，同时注意颜色的选配应与衣料颜色接近，能避免由胶粒引起的反光和色差现象。

(2) 弹性衣料应选配具有相同弹性的衬布，注意经纬向的不同弹性，服装的不同部位，根据实际需要合理控制弹性，否则服装就容易变形。

(3) 表面有立体花纹的衣料，如泡泡纱等，在高压下黏合时，很容易破坏衣料的表面特征，应选配低熔点的黏合衬布。

四、服装衬布的配置方法

黏合衬类是目前大量使用的衬料，而非黏合衬类的使用仅限于少量的、定制加工类服装。因此下面介绍的服装衬布的配置方法适用于黏合衬类。

1. 服装衬布配置部位

(1) 服装整体黏衬部位：

① 裙装—裙腰、里襟等；

② 裤装—裤腰、门襟、里襟等；

③ 上衣——前片、挂面、领片、后领贴边、袋嵌线等。

(2) 服装局部黏衬部位：

① 裙装—装拉链部位、裙衩部位等；

② 裤装—裤袋口；

③ 上衣—后片上部、下摆贴边、袖口贴边、袖衩部位等。

说明：黏衬部位的确定与服装的款式关系密切，如上所述，仅指常规款式的常规部位。具体处理时，应根据具体的服装款式确定黏衬部位。

2. 服装衬布配置方法

要求在配置部位的范围内，凡边缘部位均往里缩进 0.3~0.5cm。见图 4-1。

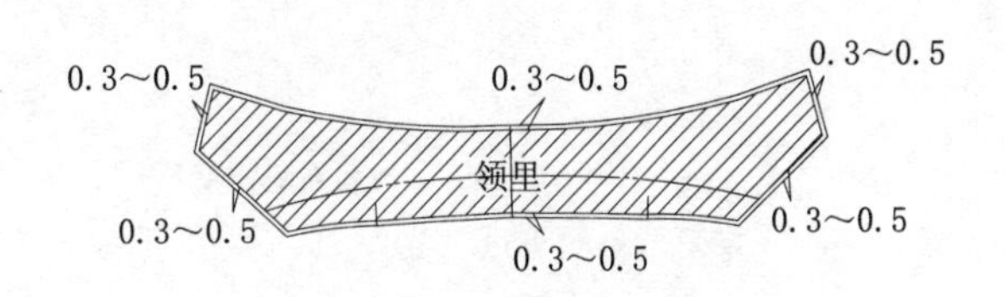

图 4-1　衬布配置示意图

衬布制板时，要求将黏衬类衬布边缘以面布偏进 0.3~0.5cm。因为目前所用的衬布多为无纺或有纺黏合衬，当黏衬与面布边缘大小一致或黏衬大于面布时，会造成黏合机或烫台上沾上黏衬，而沾上的黏衬不但影响了黏合机或烫台的整洁度，更会使服装的面布正面沾上黏衬，造成质量问题。见图 4-2。

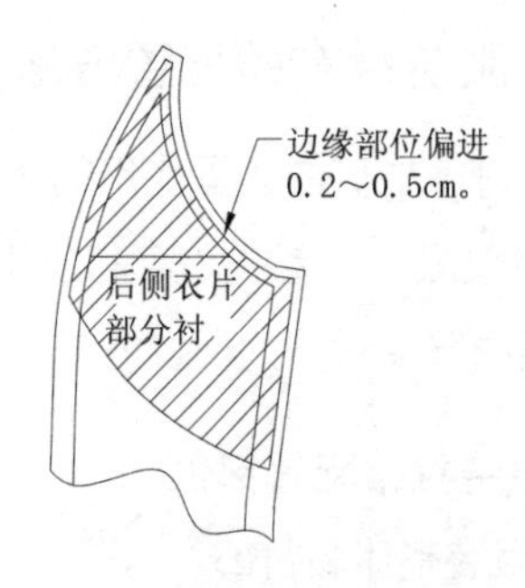

图 4-2　衬布边缘部位偏进量示意图

五、服装衬布的配置要求

(1) 服装衬布配置时，折叠线处要求以折叠线偏出 1cm。服装中的折叠线，具体地说有前中止口线、衩的边缘线、底边线、袖口线等，在以上折叠线部位衬布的配置中，均要求以折叠线偏出 1cm.。其原因是防止黏衬在上述线折叠后，出现黏衬虚空现象，影响折叠线处的平顺。见图 4-3。

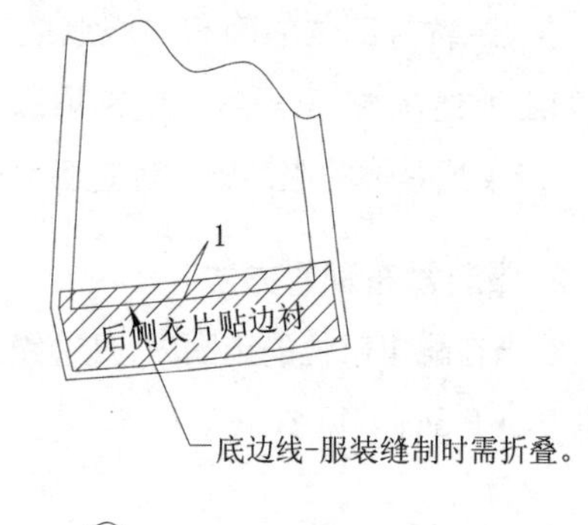

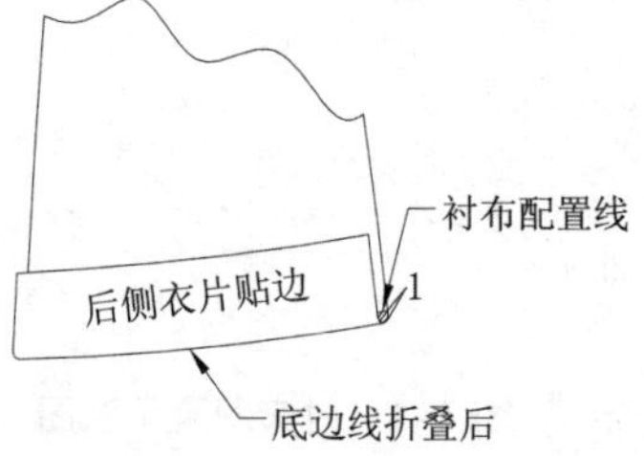

图 4-3　折叠线及折叠后衣片示意图

(2) 衬布丝缕线确定方法。一般情况下，衬布丝缕线与面布丝缕线一致，在本章中的图例均未作丝缕线的标记，是因为与面布丝缕设置一致。如有特殊要求，应加以标注。在衬布样板的正式制作中，均应加以标注。本章中因在这里加以说明，故省略。

(3) 树脂黏衬净样配衬方法说明。树脂黏衬应用于裙裤腰衬、男衬衫的领衬、旗袍领的领衬。在配置树脂黏衬这类质地较硬的黏衬时，考虑到缝份翻折时需要一定的翻折量，因此，在树脂黏衬净样配置的基础上，应以净样线偏进 0.1~0.2cm 的量，以满足缝份翻折平顺的需要。见图 4-4。

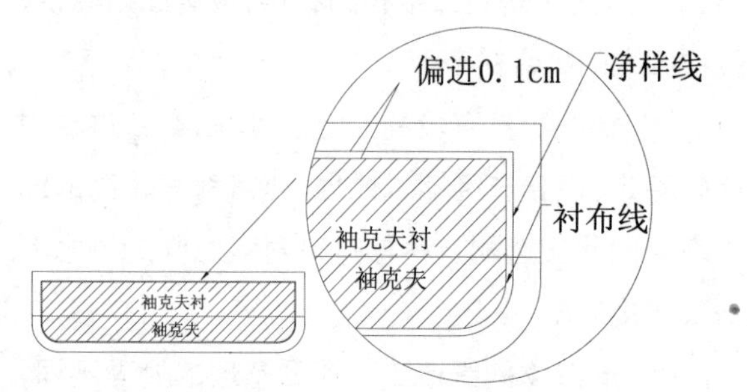

图 4-4　树脂黏衬净样配衬方法示意图

第二节　服装衬布样板设计实例

一、裙装衬布样板设计

裙装衬布制板为局部黏衬。一般为受力部位，如装拉链位、开衩位、里襟及裙腰。具体制板方法如下：

(1) 装腰型裙腰衬衬布应选用树脂黏衬：面布裙腰制板时，一般为裙腰面里合一，衬布制板时仅配置腰面衬布即可，腰里一般不加衬。见图 4-5。

说明：阴影部分为加衬部分。以下均同，不再说明。

(2) 裙装腰部贴边加放。无腰式低腰型与连腰式高腰型裙腰的衬布加放在裙腰贴边，应选用有纺黏衬。见图 4-6、图 4-7。

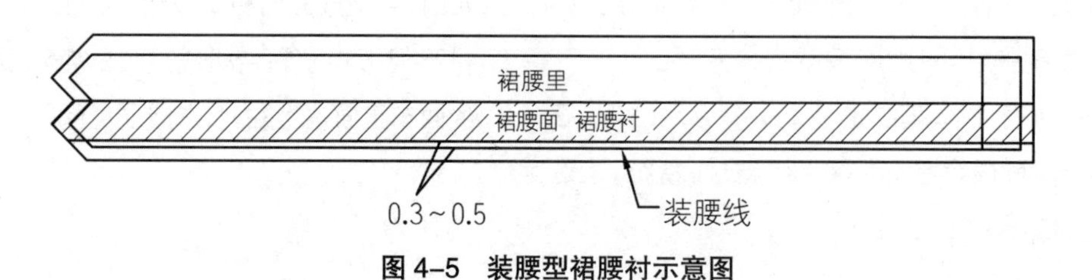

图 4-5　装腰型裙腰衬示意图

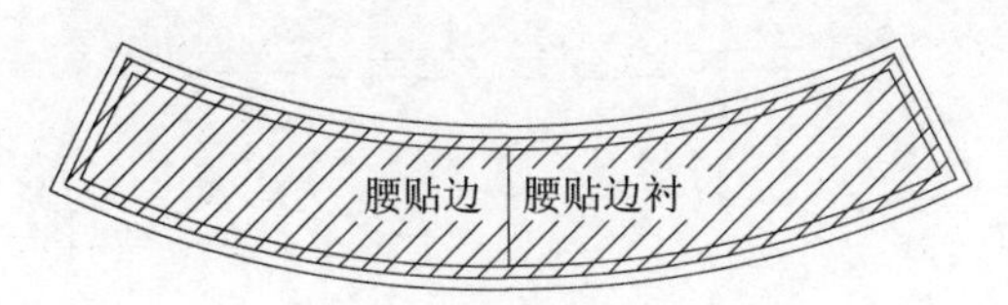

图 4-6　低腰型贴边裙腰衬示意图

图 4-7　高腰型贴边裙腰衬示意图

(3) 后衩衬衬布选用无纺黏衬。衬布制板时，注意在后中线偏出 1cm，以保证后中线折转时，衬布不会虚空。见图 4-8。

(4) 侧衩衬衬布选用无纺黏衬。衬布制板时，注意在侧线偏进 1cm，以保证侧线折转时，衬布不会虚空。见图 4-9。

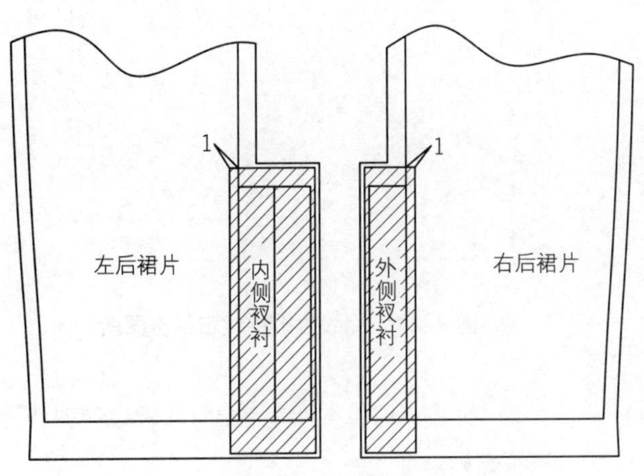

图 4-8　后衩位衬布示意图

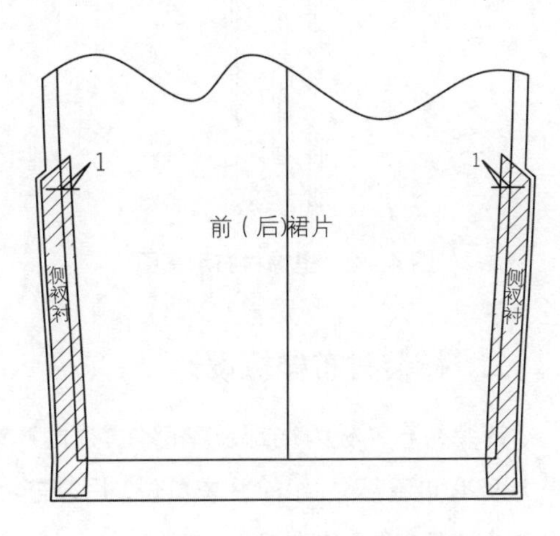

图 4-9　侧衩位衬布示意图

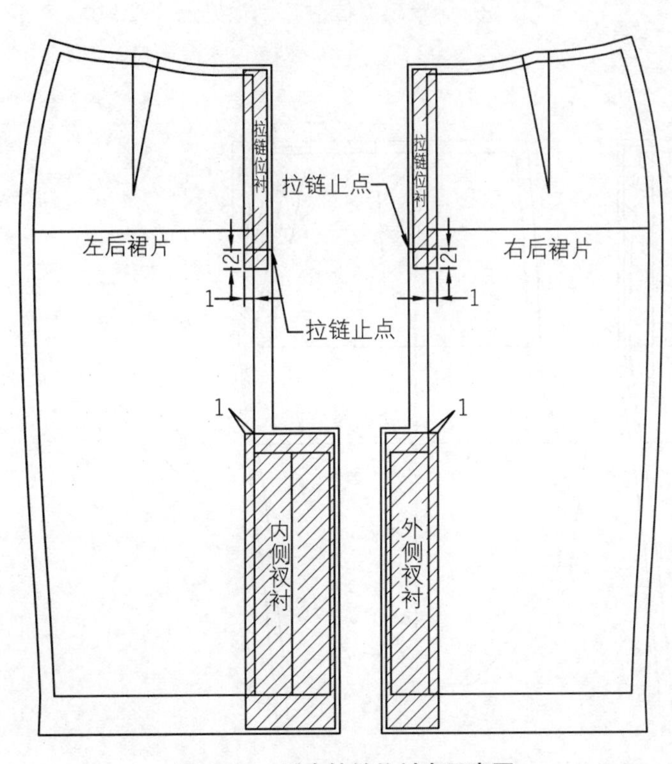

图 4-10　后中拉链位衬布示意图

(5) 后中拉链位衬布选用无纺黏衬。衬布制板时，注意在后中线偏进 1cm，以保证后中线折转时，衬布不会虚空。见图 4-10。

(6) 侧线拉链位衬布选用无纺衬布。衬布制板时，注意在侧线偏进1cm，以保证侧线折转时，衬布不会虚空。见图4-11。

(7) 里襟衬布选用无纺黏衬。衬布制板时，按里襟面板四周偏进0.3~0.5cm。见图4-12。

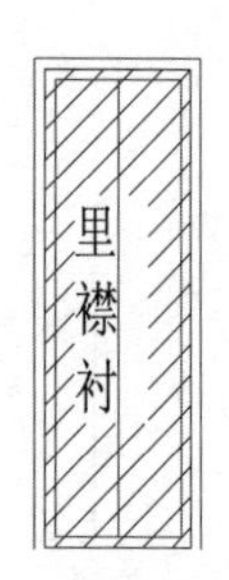

图4-12 里襟衬布示意图

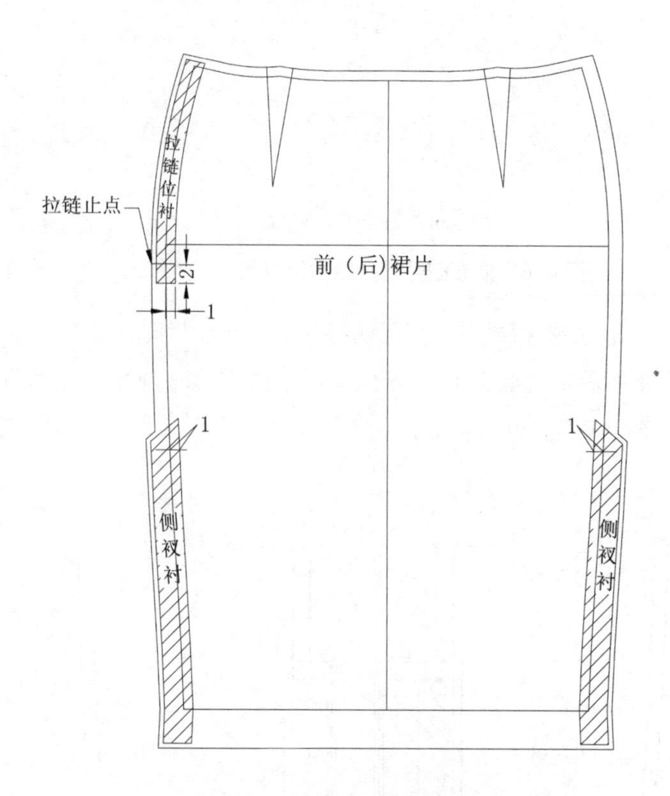

图4-11 侧线拉链位衬布示意图图

二、裤装衬布样板设计

裤装衬布制板为局部及零部件黏衬。一般为受力及易伸还部位，如前后袋口位、后袋嵌线、门里襟及裤腰。具体制板方法如下：

(1) 裤腰衬布制板：因裤腰衬布制板与裙腰衬布制板相同，可参看裙腰衬布制板。（见图4-5裙腰衬布制板。）

(2) 前后袋口位衬布制板：前后袋口位衬布选用无纺黏衬。

① 侧缝直袋袋口位衬布制板见图4-13(a)。

② 斜袋袋口位衬布制板见图4-13(b)。

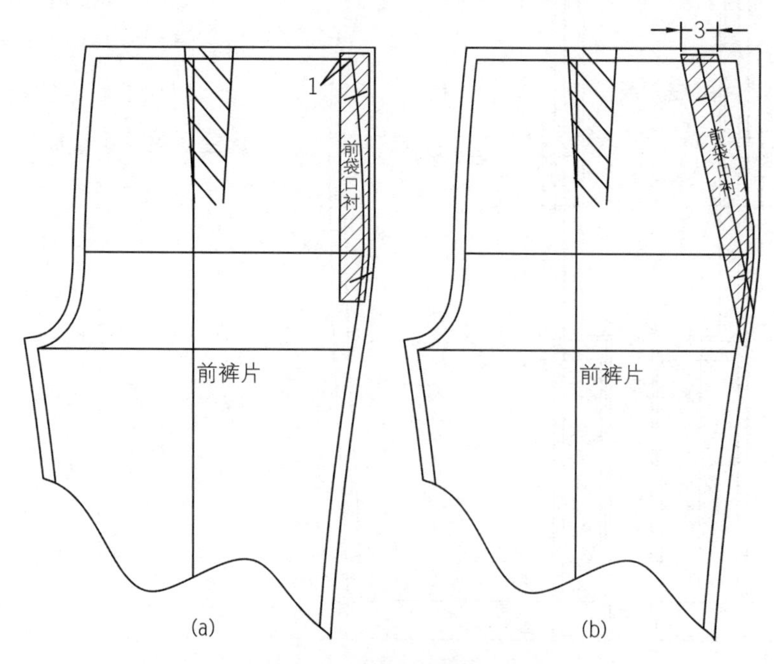

图4-13 前袋口位衬布示意图

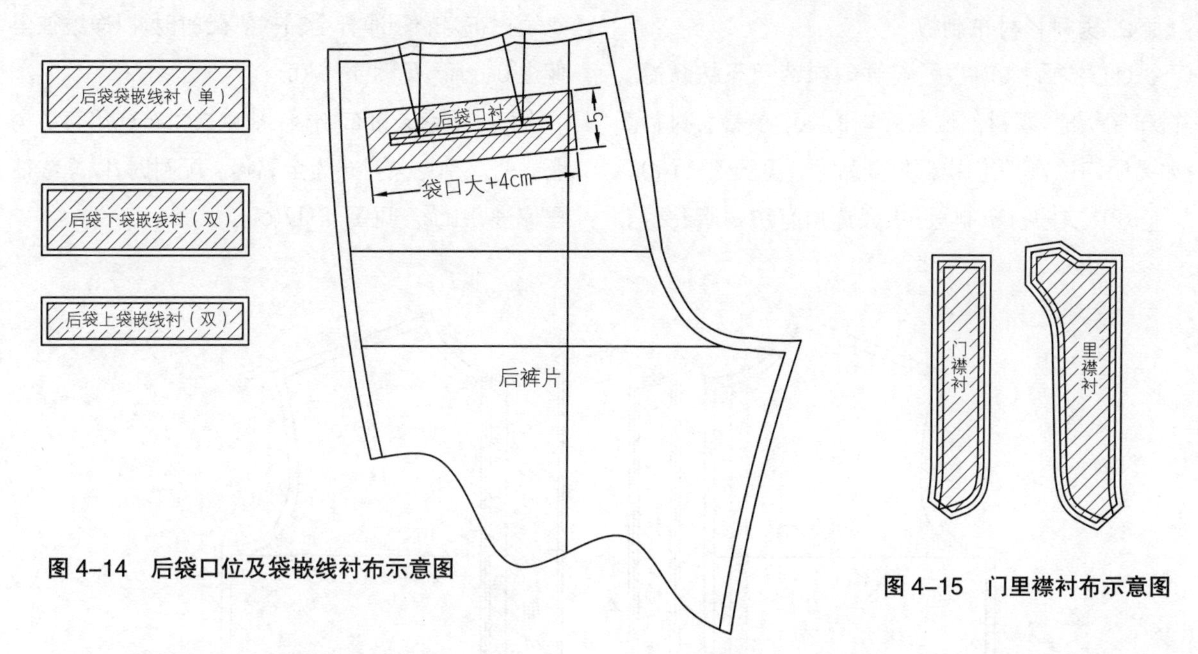

图 4-14　后袋口位及袋嵌线衬布示意图

图 4-15　门里襟衬布示意图

③ 后袋口位衬布及嵌线衬布制板。见图 4-14。

(3) 门里襟衬布制板。门里襟衬布均选用无纺黏衬。见图 4-15。

三、衬衫衬布样板设计

衬衫衬布制板为局部及零部件黏衬。一般为受力及易伸还部位，如衣领、挂面、袖克夫。具体制板方法如下。

1. 女衬衫衬布制板

女衬衫衬布选用无纺黏衬。

(1) 衣领衬布制板。衣领衬布为全黏衬。见图 4-16(a)。

(2) 袖克夫衬布制板：袖克夫衬布为全黏衬。见图 4-16(b)。

(3) 挂面衬布制板：挂面衬布为部分黏衬。见图 4-16(c)。

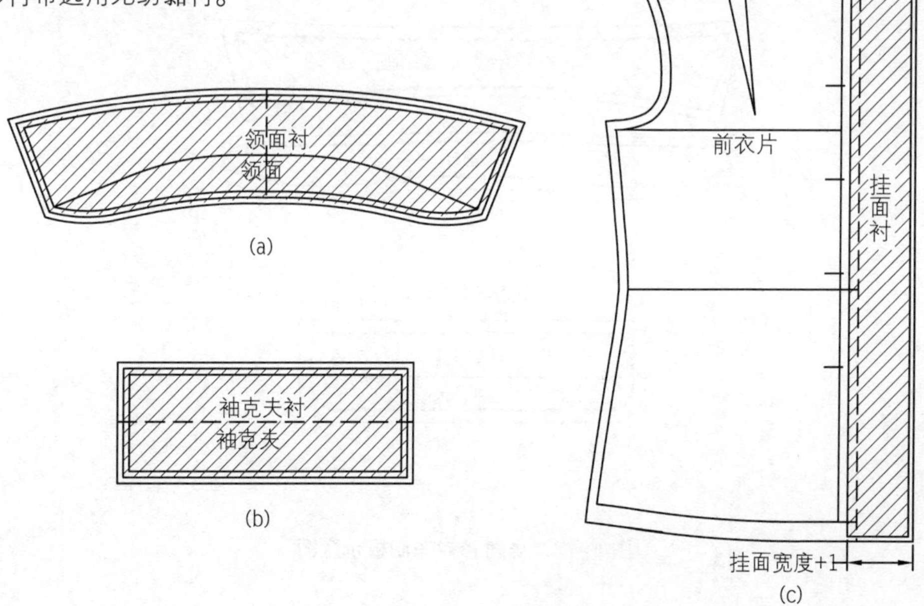

图 4-16　女衬衫衬布制板示意图

2. 男衬衫衬布制板

(1) 挂面衬布制板：挂面衬布选用无纺黏衬。衬布制板时，黏衬部位宽度与长度均参看女衬衫。如为明门襟，则明门襟部位全黏衬。见图 4-17(a)。

(2) 衣领衬布制板：衣领选用有纺树脂黏衬。衣领衬布为衣领净样全黏衬。配衬时，以净线往里偏进 0.1cm。见图 4-17(b)。

(3) 袖克夫衬布制板：袖克夫衬布选用有纺树脂黏衬。袖克夫衬布为全黏衬。配衬时，以净线往里偏进 0.1cm。见图 4-17(c)。

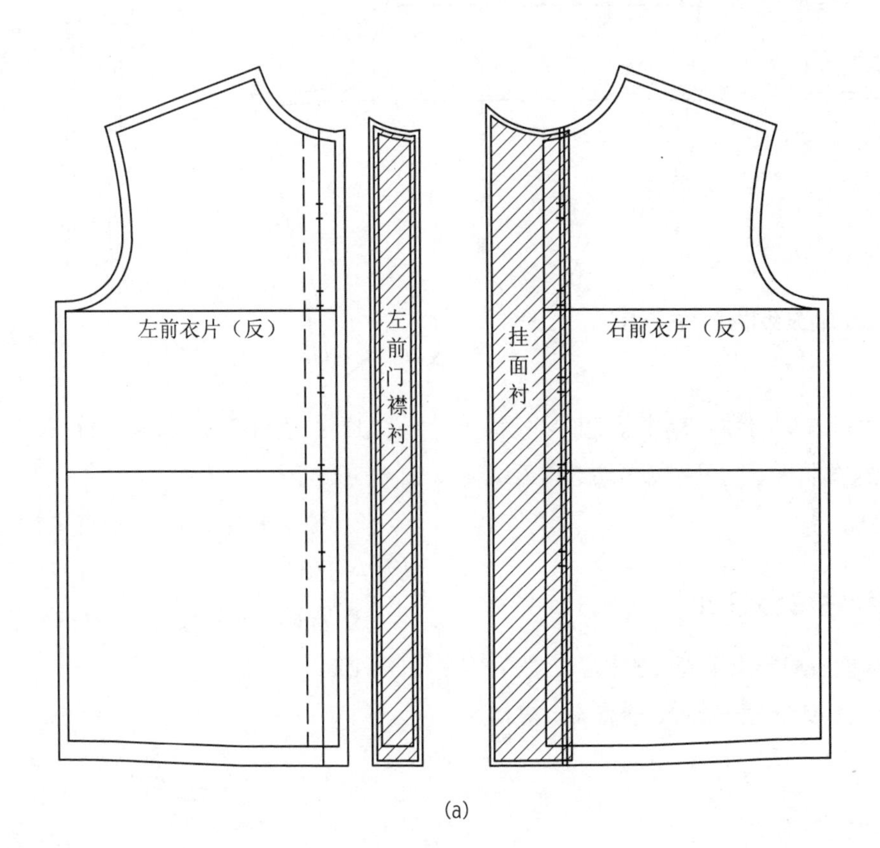

(a)

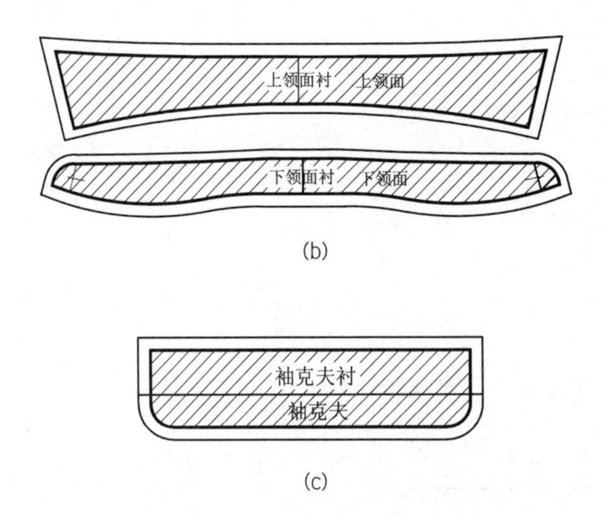

(b)

(c)

图 4-17　男衬衫衬布制板示意图

四、四片式衣片上装衬布样板设计

四片式衣片上装衬布制板分为全部黏衬与局部黏衬两种方式。四片式上装的领面、领里、挂面为全黏衬；其余为局部黏衬。女上装衬布选用有纺黏衬。见图 4-18。

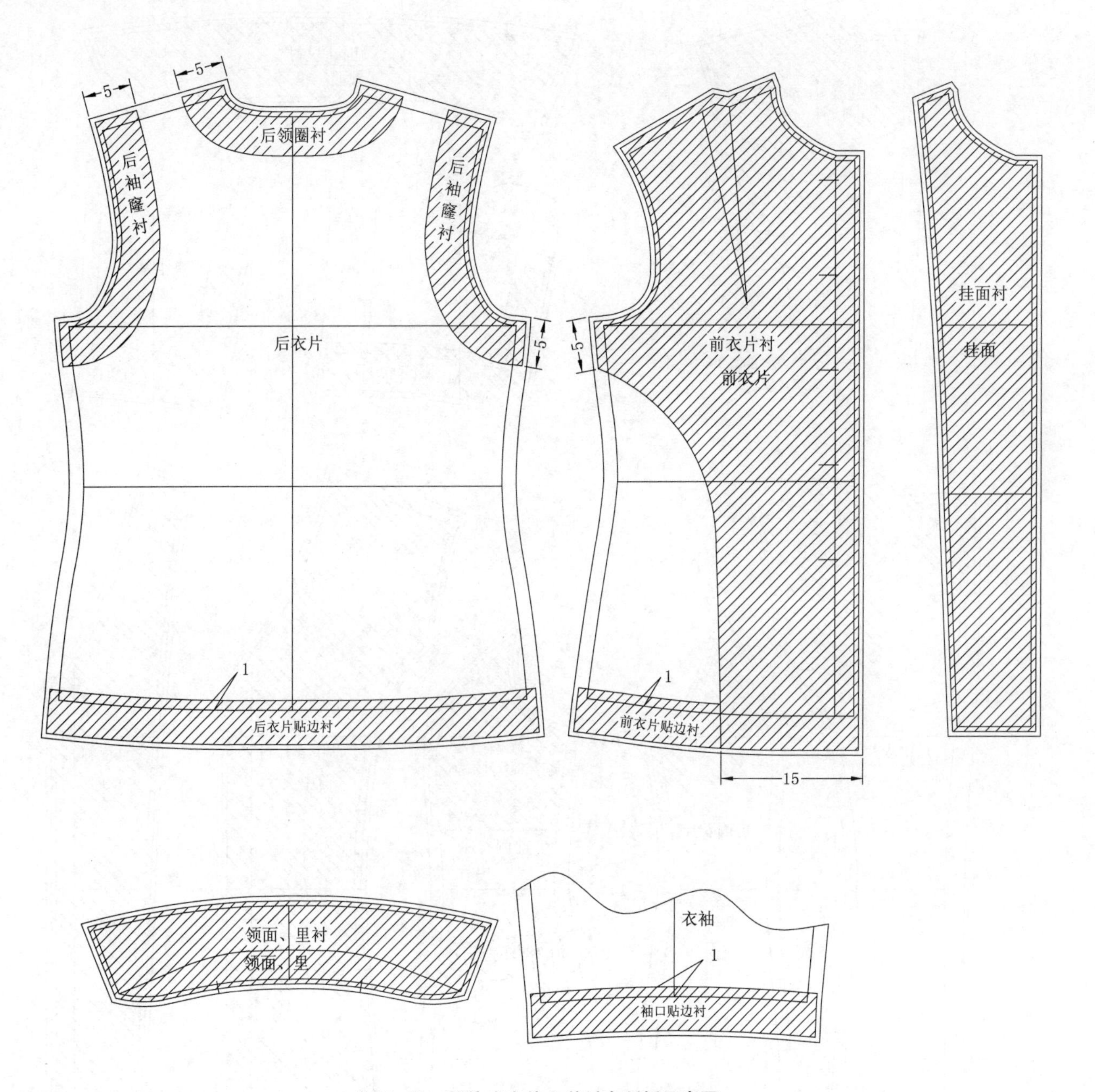

图 4-18 四片式衣片上装衬布制板示意图

五、分割式衣片上装衬布样板设计

分割式上装衬布制板分为全部黏衬与局部黏衬两种方式。分割式上装的前中片、领面、领里、挂面为全黏衬;其余为局部黏衬。分割式上装衬布选用有纺黏衬。见图 4-19。

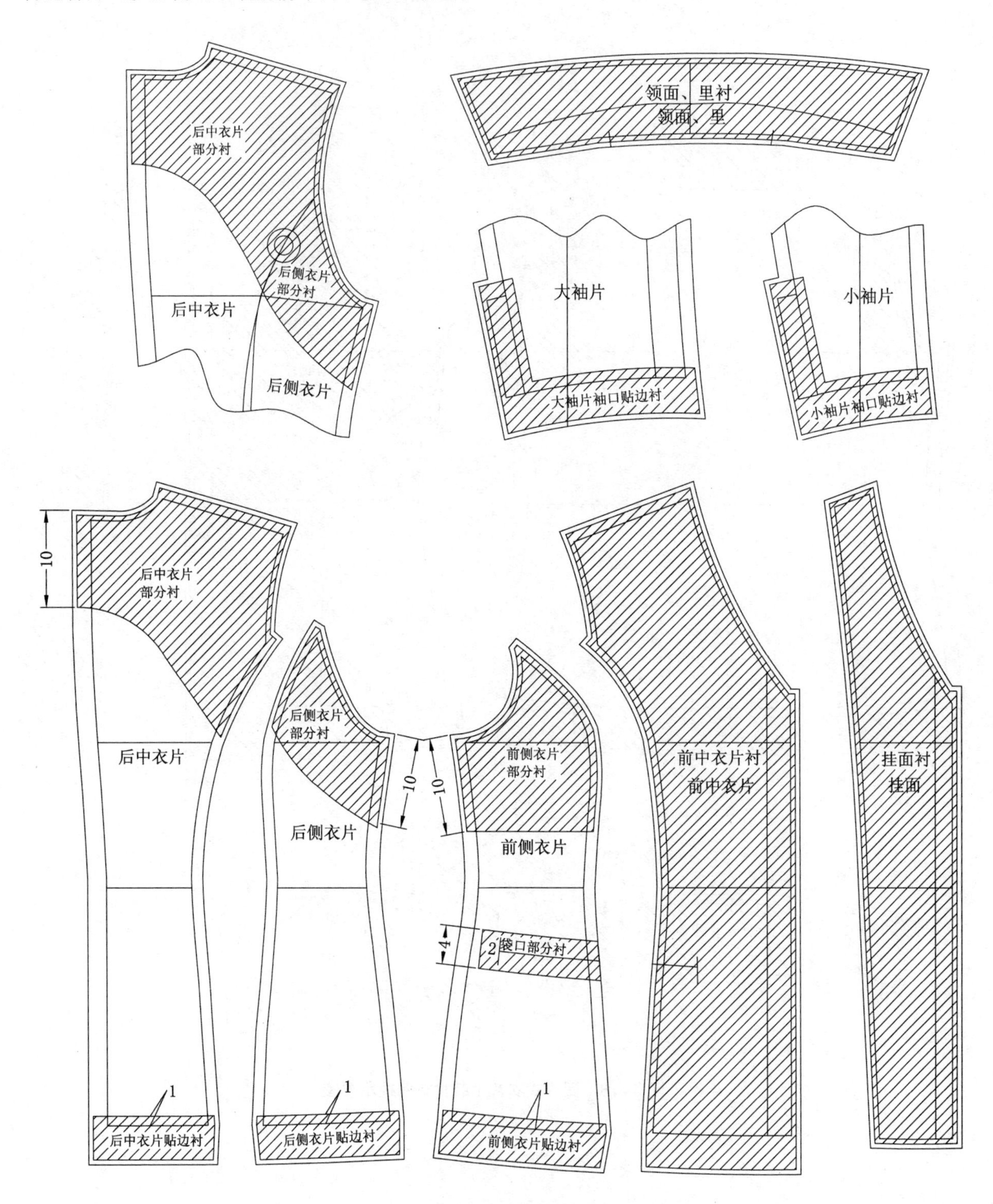

图 4-19 分割式衣片上装衬布制板示意图

六、花式分割上装衬布样板设计

分割式上装衬布制板分为全部黏衬与局部黏衬两种方式。分割式上装的前中片、领面、领里、挂面为全黏衬；其余为局部黏衬。花式分割式上装衬布选用有纺黏衬。见图 4-20。

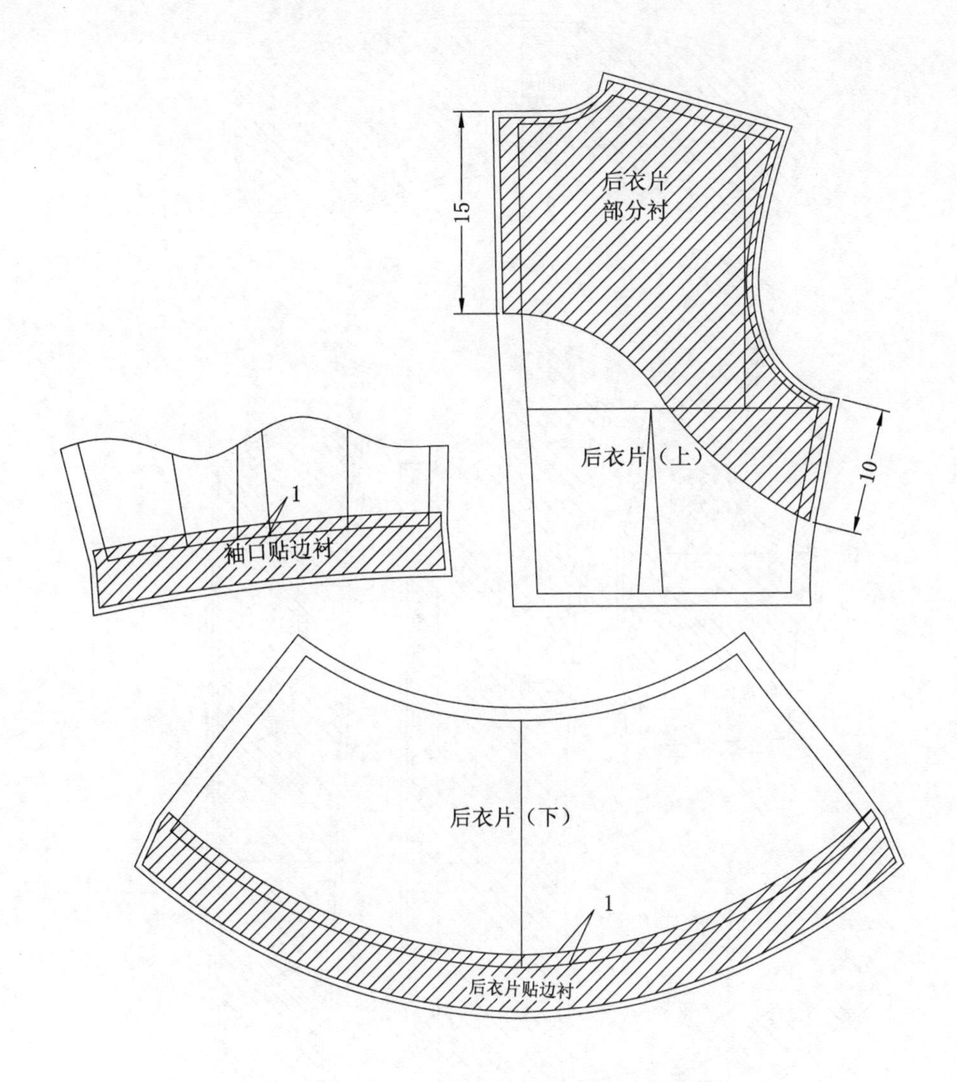

图 4-20　花式分割上装衬布制板示意图

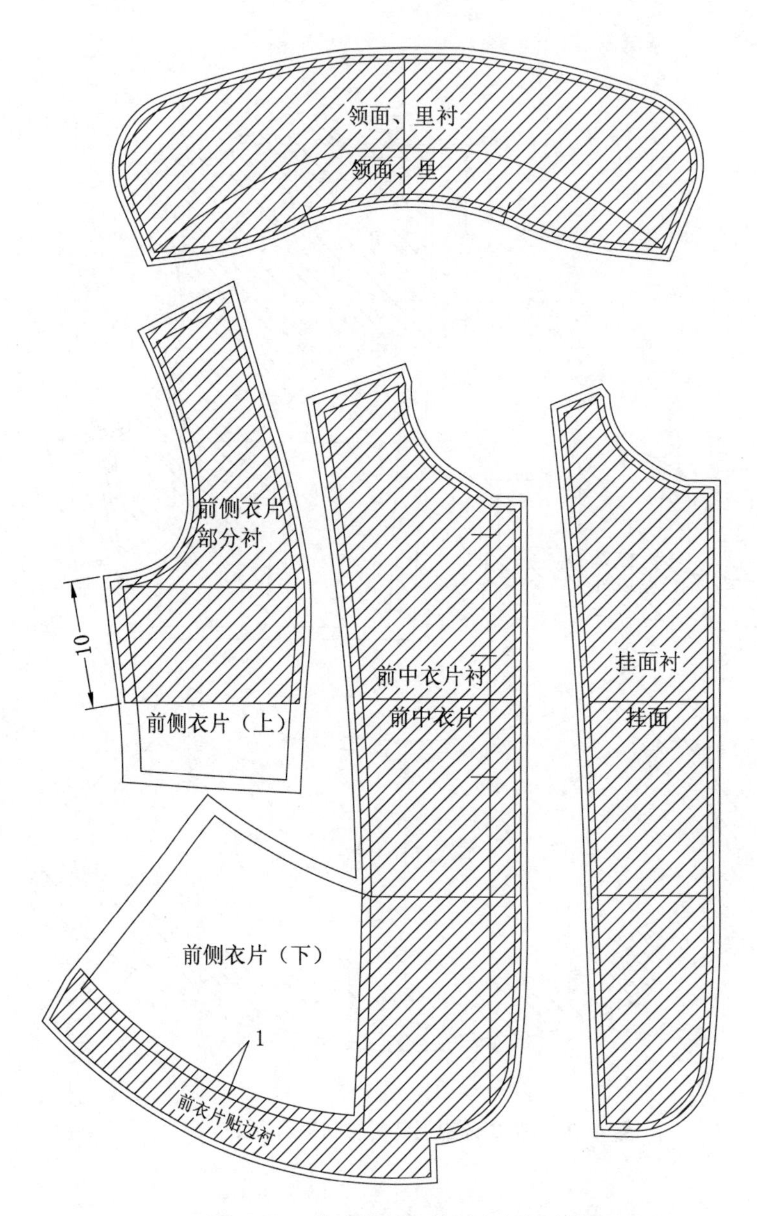

图 4-20　花式分割上装衬布制板示意图(续)

七、插肩袖上装衬布样板设计

插肩式上装衬布制板分为全部黏衬与局部黏衬两种方式。插肩式上装领面、领里、挂面为全黏衬；其余为局部黏衬。插肩袖上装衬布选用有纺黏衬。见图 4-21。

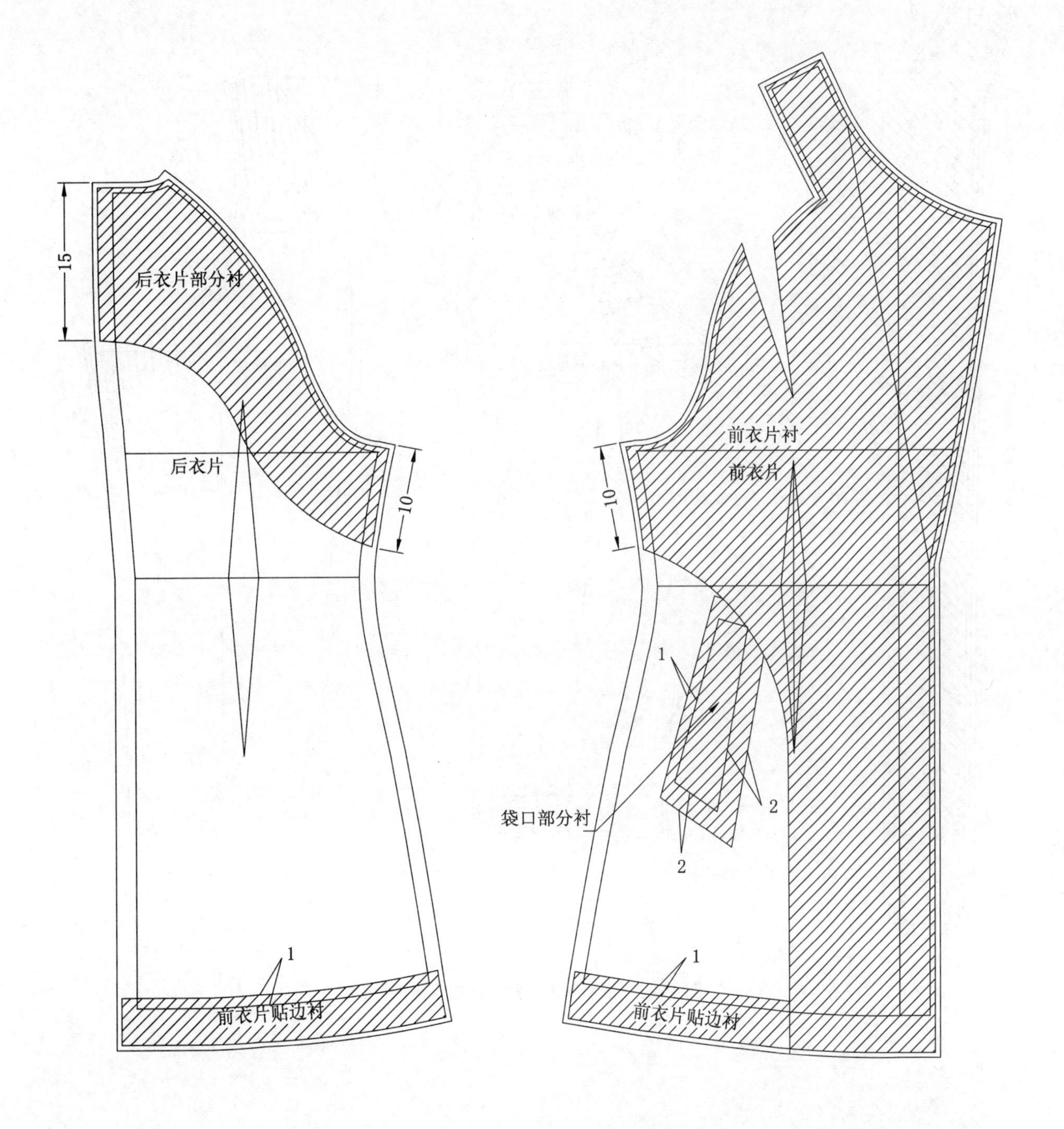

图 4-21　插肩袖上装衬布制板示意图

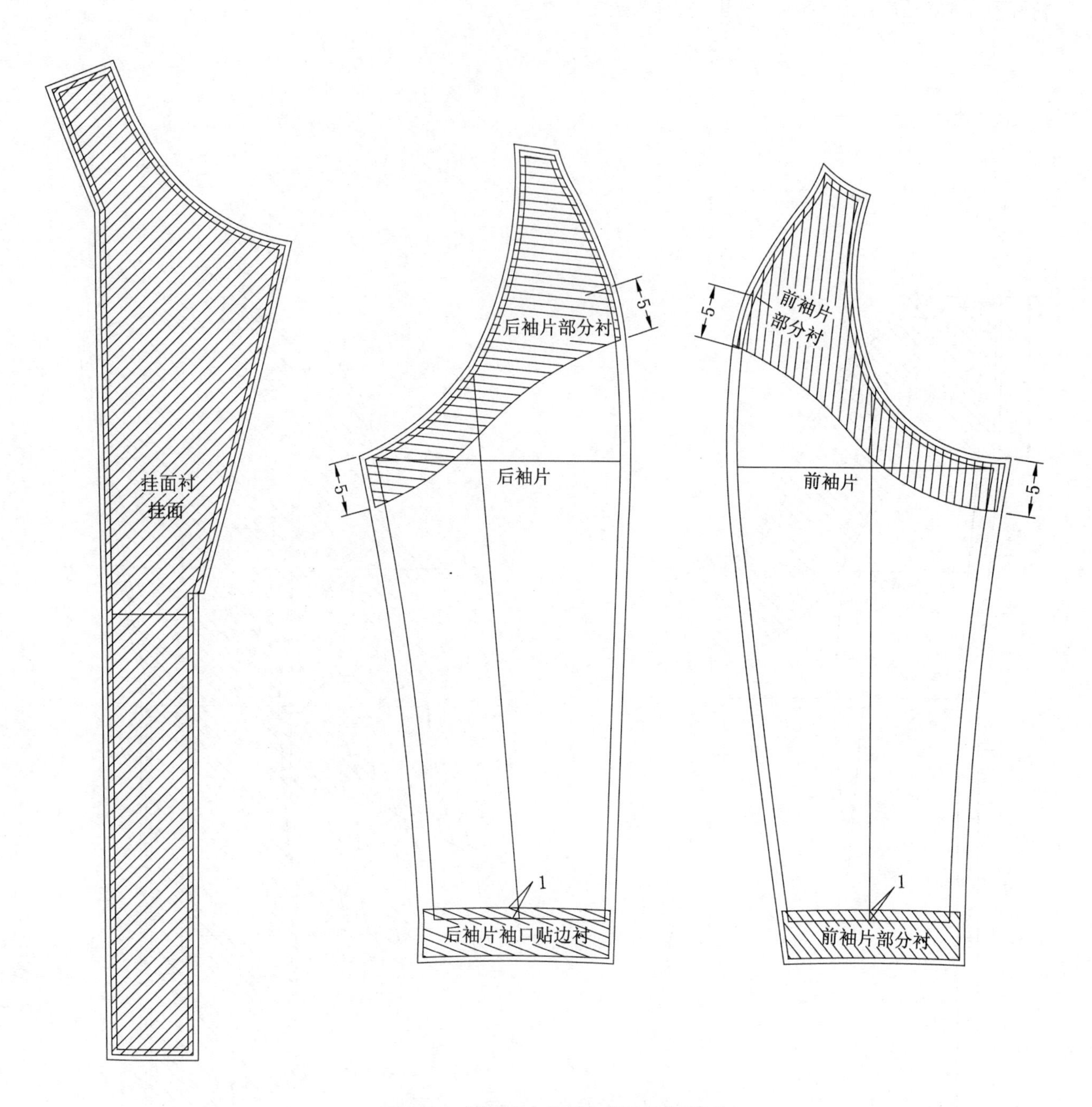

图 4-21 插肩袖上装衬布制板示意图(续)

八、连身袖上装衬布样板设计

连身袖式上装衬布制板分为全部黏衬与局部黏衬两种方式。连身袖式上装的前中片、领面、领里、挂面为全黏衬；其余为局部黏衬。连身袖上装衬布选用有纺黏衬。见图 4-22。

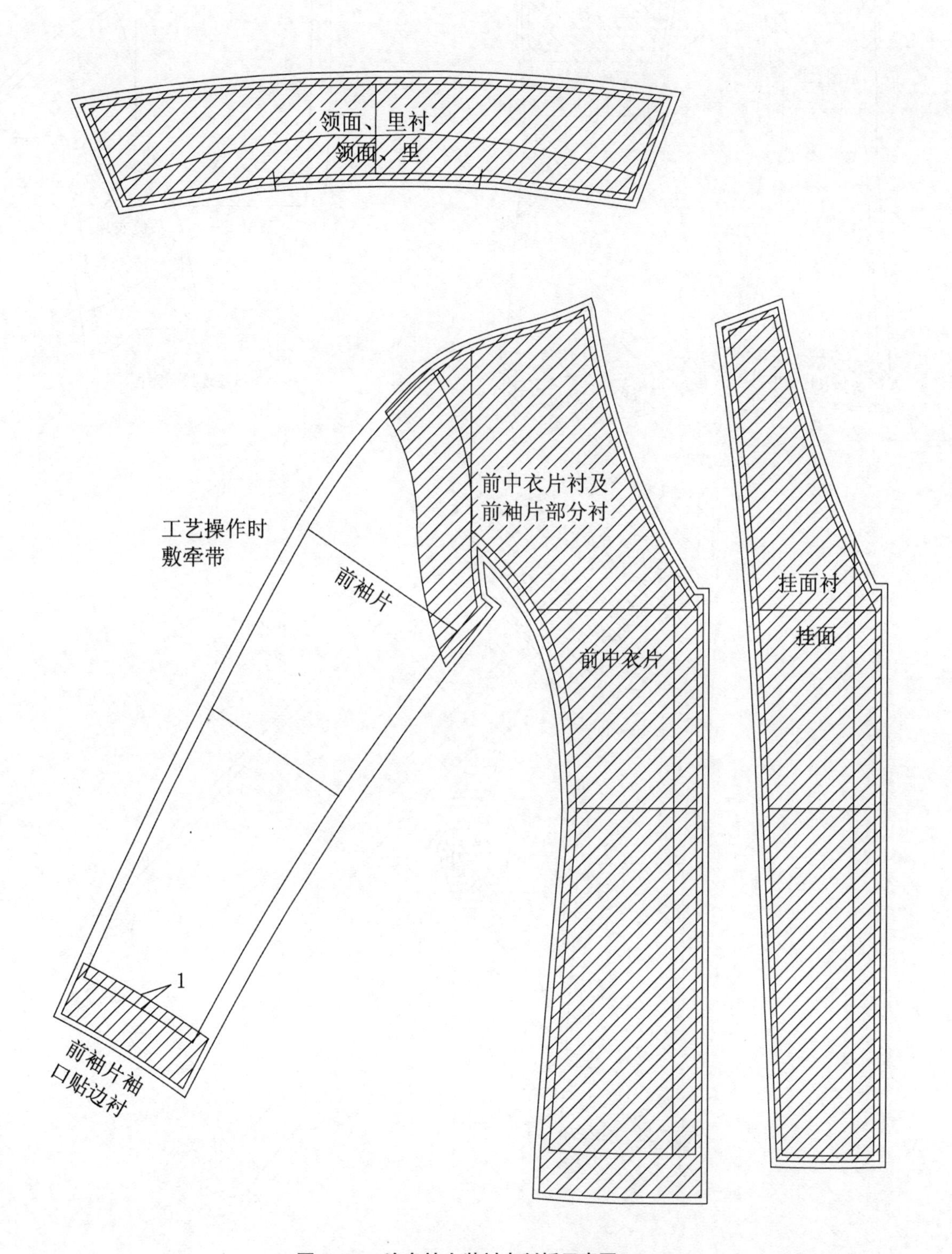

图 4-22 连身袖上装衬布制板示意图

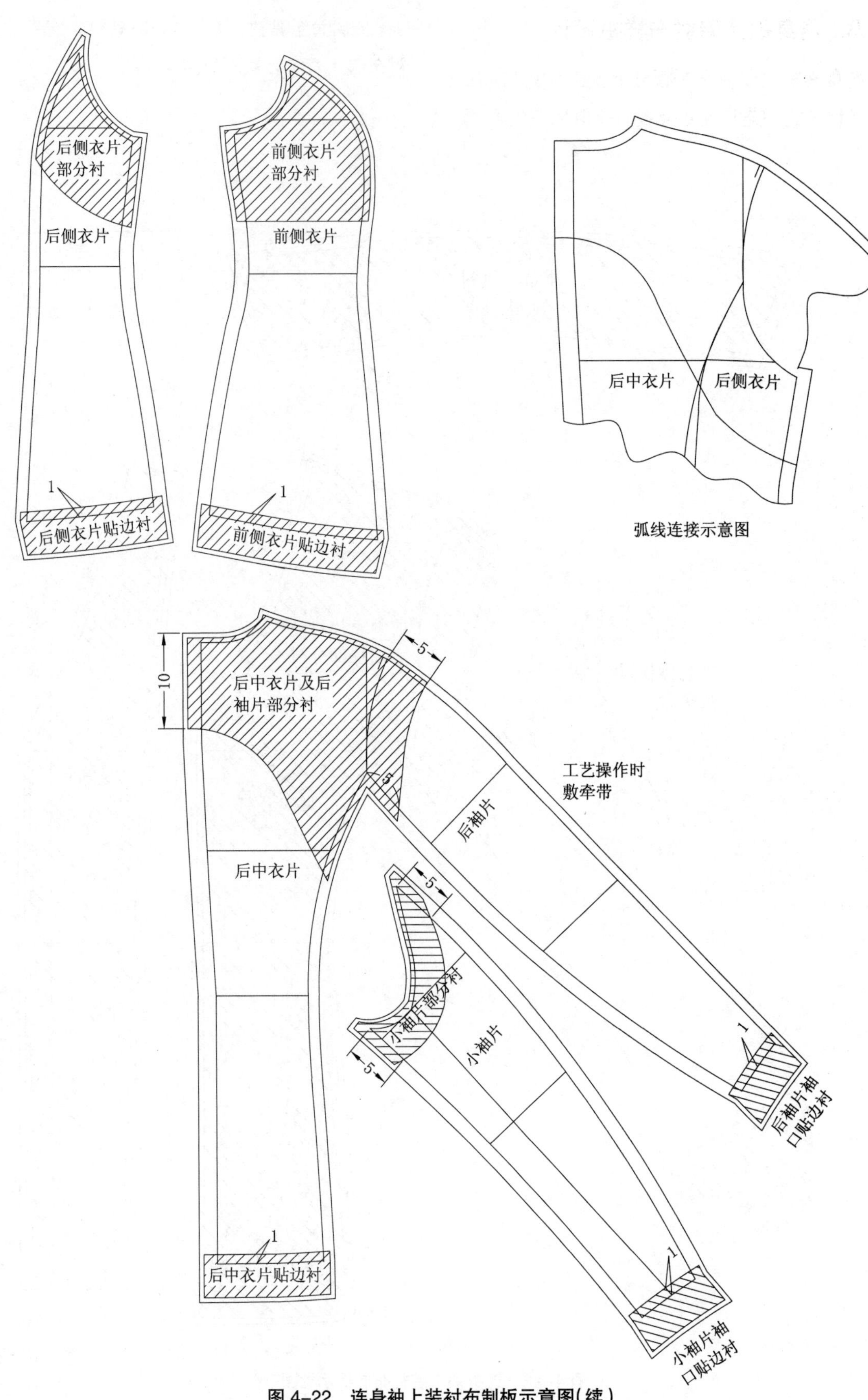

图 4-22 连身袖上装衬布制板示意图(续)

九、男西装上装衬布样板设计

男西装衬布制板分为全部黏衬与局部黏衬两种方式。男西装前衣片、领面、领里、挂面为全黏衬，其余为局部黏衬。此外，男西装由于工艺精致，要求在前胸部加挺胸衬。男西装衬布衣片选用有纺黏衬、挺胸衬选用黑炭衬、针刺棉。见图 4-23。

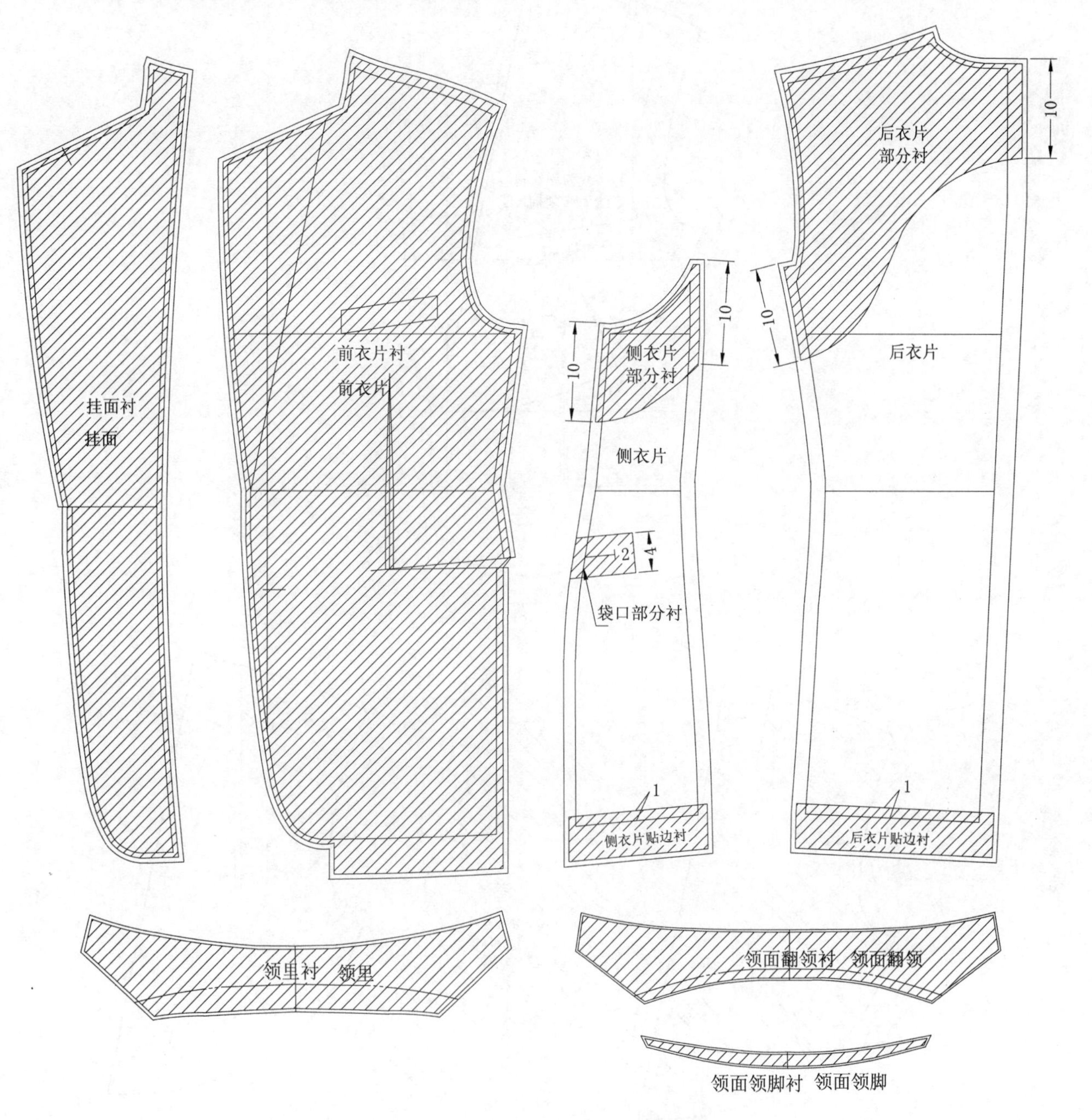

图 4-23　男西装上装衬布制板示意图

男西装挺胸衬是高档服装的必要配置，挺胸衬能使服装的前胸饱满，对于服装的外观起到了增强其造型美观的作用。挺胸衬所用的衬布分别为黑炭衬、针刺棉等。挺胸衬分别由挺胸衬与盖肩衬组成。具体制板方法如下：

(1) 挺胸衬。挺胸衬有两层组成，一层为黑炭衬，与衣片贴合；一层为针刺棉，与里布贴合。黑炭衬令前胸挺起，针刺棉令挺胸衬与里布之间减少了活动量，使挺胸衬能更好地贴合于面部与里布。其配置的具体方法见图 4-24(a)。

(2) 盖肩衬。盖肩衬是在挺胸衬的基础上配置于挺胸衬的肩部，起到加强肩部平挺的作用。其配置的具体方法见图 4-24(d)。

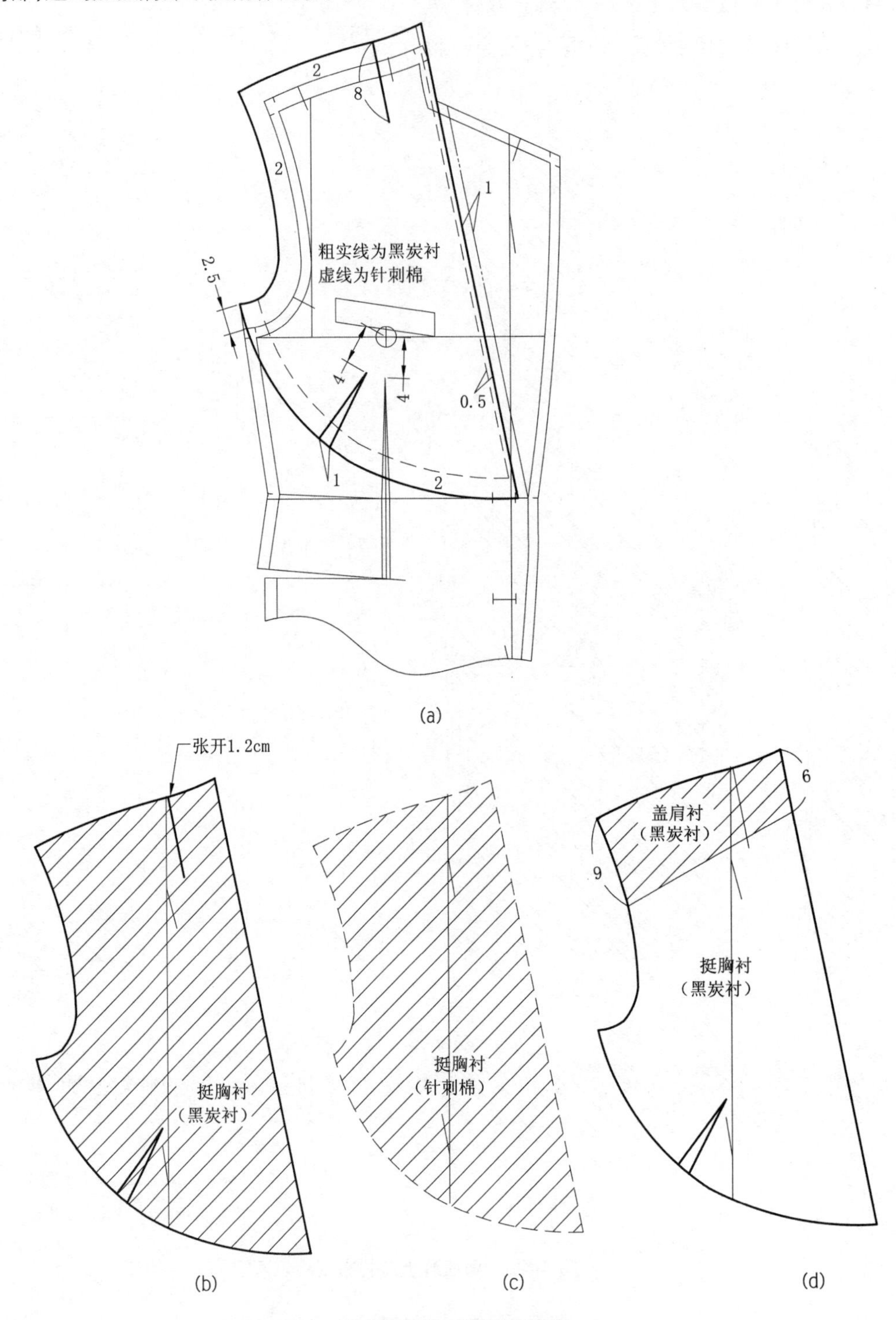

图 4-24 男西装挺胸衬制板示意图

思考题：

1. 服装衬布样板设计与哪些因素有关?
2. 服装衬布的配置方法有哪些?
3. 服装衬布的配置要求有哪些?

第五章　服装里布样板设计方法

服装裁剪样板设计不仅要考虑到面布样板设计，而且也不能忽视服装的辅助材料的相应配置。辅助材料的相应配置将直接影响服装的外观质量。服装里布是服装的辅助材料。服装里布的配置是中高档的外衣类服装的必要配置。服装里布的配置有助于增强服装的外形美观。服装里布的配置在结构处理、衣料特性等方面应与服装的面料相吻合。

第一节　服装里布样板设计

服装里布样板设计方法直接影响到服装的外形美观。服装里布样板的设计应与服装面布的质地性能相匹配，选择相应的里布配置部位及配置要求，还需考虑部位、款式及面布与里布的相应配置等，才能达到服装的整体美观。

一、服装里布的选配

服装里布的选配适当与否，直接关系到服装的质量。服装里布的选配要注意以下几点：

① 里布与面料的缩水率要相当；

② 里布的色牢度要好，以免搭色；

③ 里布的透气性、吸湿性要好；

④ 里布薄于面料；

⑤ 里布表面光滑，易于穿脱；

⑥ 里布的颜色与面料的颜色要匹配。

二、服装里布的配置部位

(1) 服装里布的整体配置部位：裙装—前后裙片；裤装—前后裤片；上衣—前后衣片、大小袖片等。

(2) 服装里布的部分配置部位：裤装—前裤片；上衣—前衣片；前后衣片；前衣片全里、后衣片半里。

说明：里布配置部位的确定与服装的衣料、款式关系密切。上述内容，仅指常规衣料、款式的常规部位。具体处理时，应根据具体的服装衣料、款式来确定里布配置部位。

三、服装里布的配置要求

1. 要求在配置部位的范围内，里布均松于面布

里布在结构图基础上加放一定量的松度是为了满足面布平服的要求。在服装的面里组合中始终强调里布略松于面布，以防面布出现起皱的现象。里布各部位加放的松度虽然很微量，但在中高档服装的制作中能起到保证工艺质量的作用。

里布松度的加放，可分为纵向与横向的加放。关于纵横向的定义：从线条本身位置的角度看，胸围线、腰节高线均为横向线；从展开的实际效果看，横向线展开的效果体现在纵向的长度上。反之，纵向线也是如此。

(1) 纵、横向展开的方法：

① 纵向展开的方法：以横向线平行展开。

② 横向展开的方法：以纵向线与底边线(袖口线)的交点为旋转点，在上部边界线展开。因人体腰节以下的活动量小，因此腰节以下加放量渐小直至消失。见图 5-1。

(2) 纵、横向加放效果的说明：

① 纵向的加放通过前后衣片的胸围线、腰节高线展开的松度，加长了后中线、分割线、侧线、挂面拼接线。通过袖片的袖肘线、袖山高线展开的松度，加长了前后袖侧线。

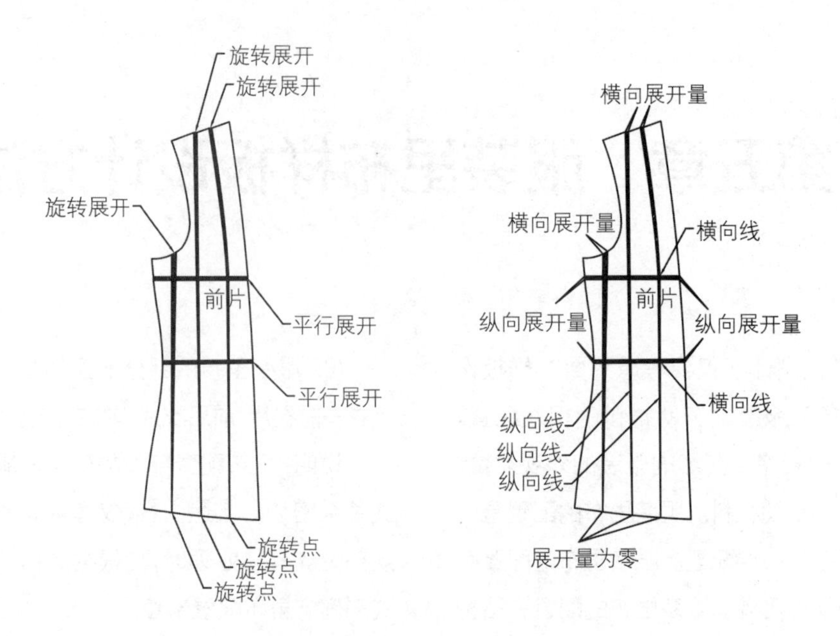

图 5-1 里布展开方法示意图

② 横向的加放通过前后衣片的后横开领、前后肩线、袖窿宽线展开的松度，加宽了后横开领、前后肩线、袖窿宽度。通过袖片的袖中线展开的松度，加宽了袖肥的宽度。加宽量从上至下逐渐消失。见图 5-2。

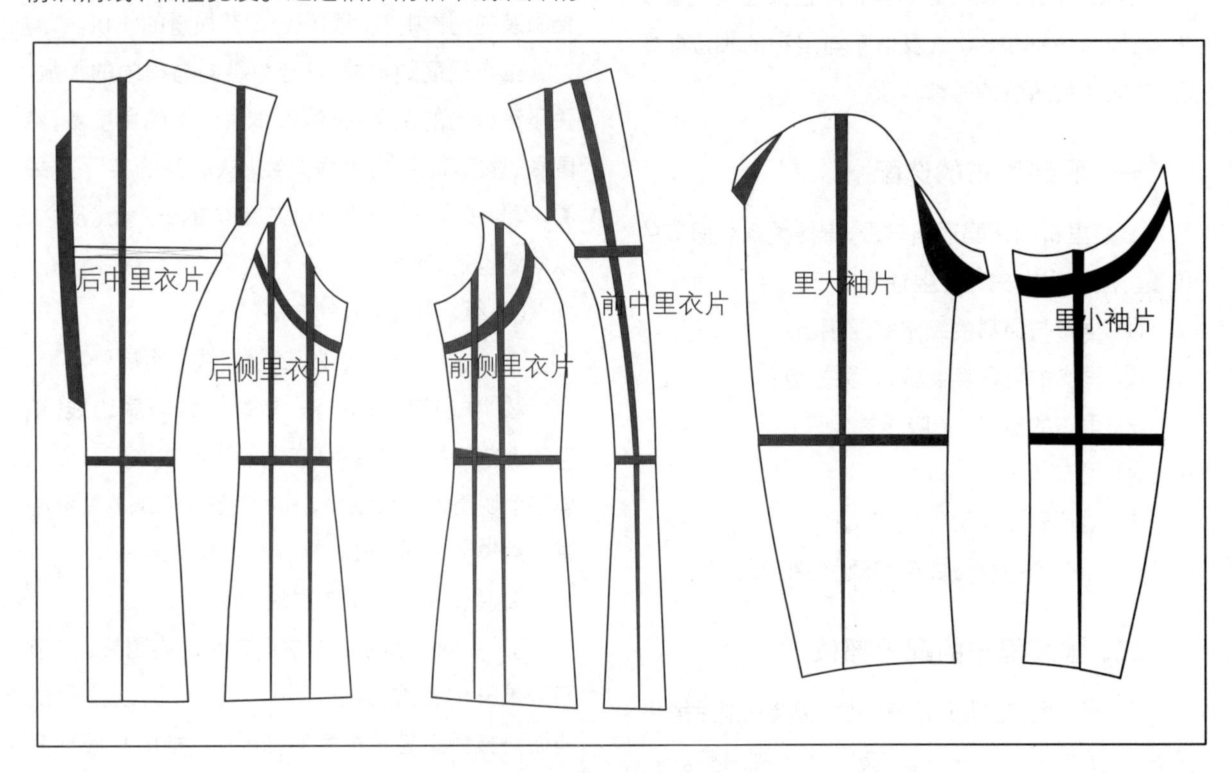

图 5-2 纵横向加放效果示意图

(3) 里布缝份处加放松量的说明：里布缝份的处理有别于面布，在里布缝份内侧的处理中，后中线、分割线、侧线、肩线、底边线及前后袖侧线、袖口线均加放了一定的松量。其松量的作用是加强活动量。具体的处理方法是：

① 松量的控制数值：分割线与底边线加放松量为 0.2cm，其余各线为 0.5cm。

② 缝份的控制数值：1cm。

③ 折烫线的控制数值：缝份＋松量。见图 5-3。

根据以上的处理方法，折烫后当人体处于静止状态时，松量不显示；当人体处于活动状态时，松量的作用就会显示出来。松量就相当于在缝份里收了微量的折裥，从而有效地达到了加强活动量并保证面布平服的目的。见图 5-4。

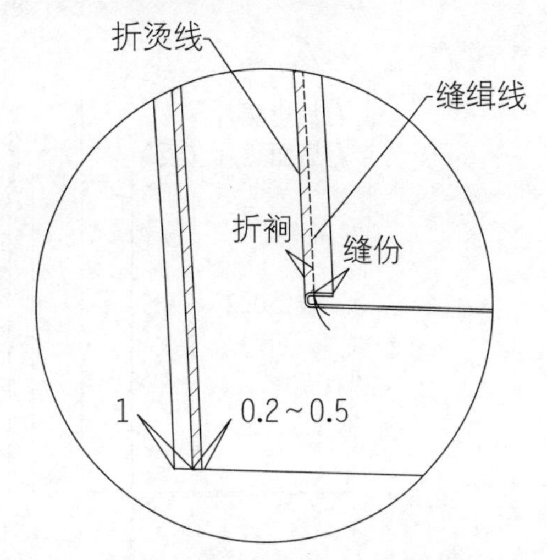

注：图中阴影（斜线）部分为松量。

图 5-3　里布缝份处理示意图

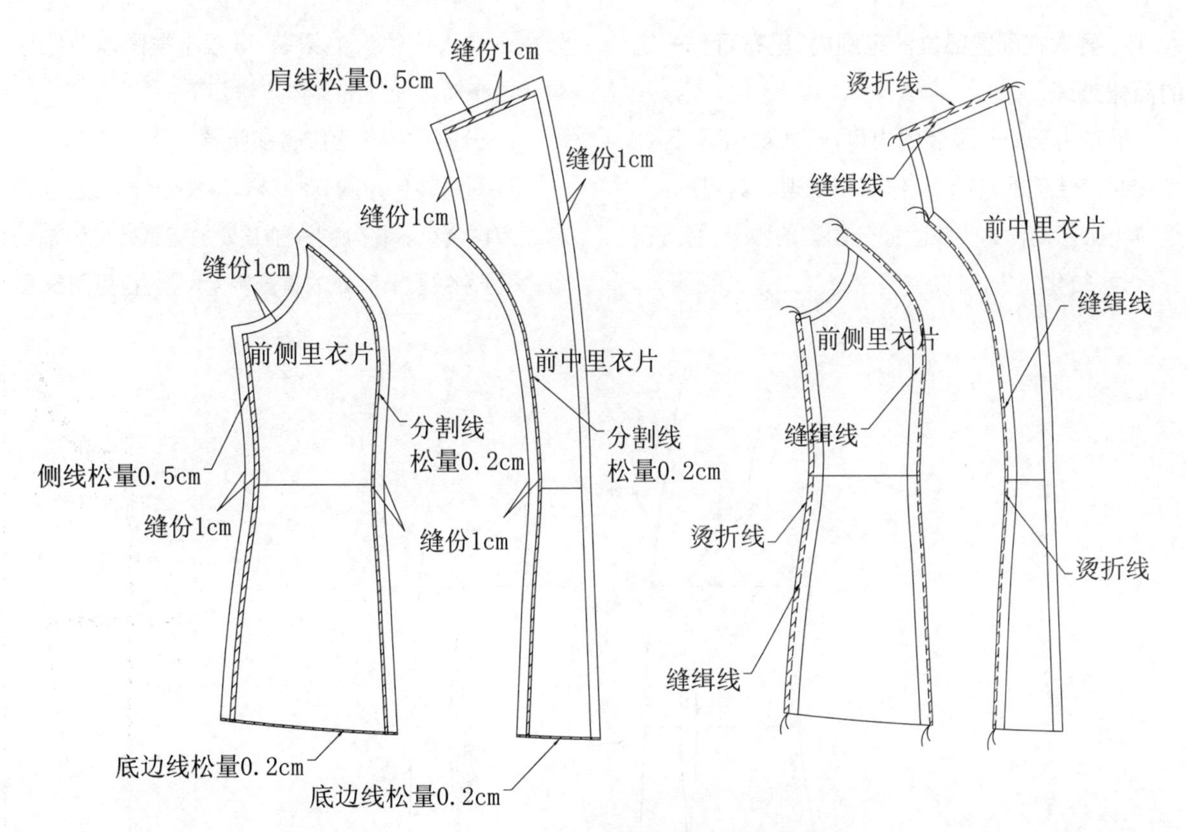

注：阴影(斜线) 部分为松量。

图 5-4　里布缝份内侧松量处理示意图

(4) 一步裙一般在后中线下端开裙衩，因裙衩部位要面、里合缉，因此必须考虑里布加放一定的松量，才能满足面、里平服的要求。其加放量一般控制为 0.5~0.7cm。见图 5-5。

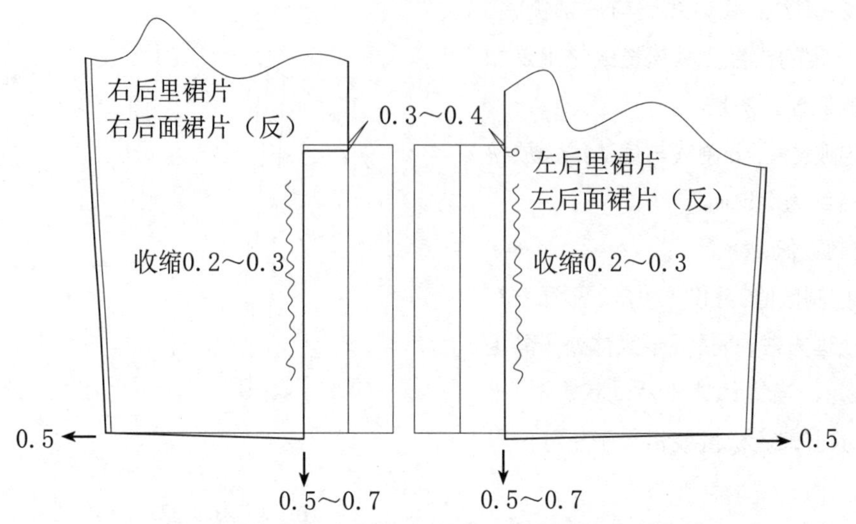

图 5-5 一步裙里布裙衩示意图

2. 要求在配置部位的范围内，里布可作一定的简化处理

里布由于处于服装的内侧，于外观无碍，因此可在面布结构的基础上，作简化处理。其目的：一是简化工艺操作的步骤。如分割型的服装，将分割线合并，转化为省，可以省略拼缝。二是节约原料。如摆围较大或很大的裙装，可缩小摆围以节约原料。里布简化处理的具体方法如下：

1) 分割线转化为胸省和腰省

分割线转化为胸省和腰省。拼合分割线，以胸高点为拼合点。将分割线袖窿处的省量转化为袖胸省；将分割线腰节高处的省量转化为腰省。见图5-6。

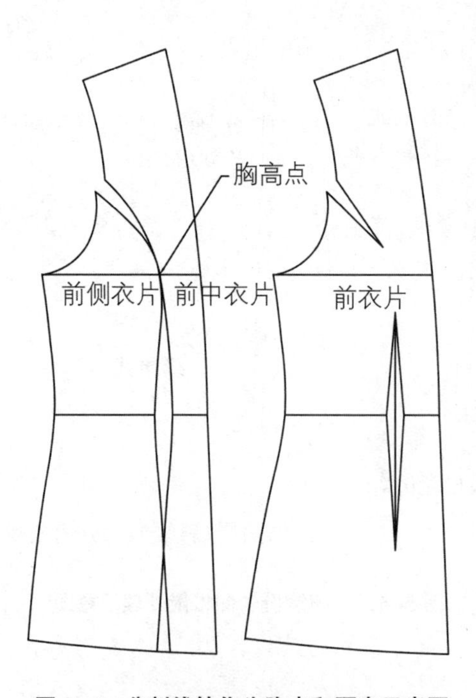

图 5-6 分割线转化为胸省和腰省示意图

2）分割线转化为胸腰省

分割线转化为胸腰省。拼合分割线，以胸高点为拼合点。将分割线肩线处的省量转化为肩胸省；将分割线腰节高处的省量转化为腰省。将肩胸省转化为腰胸省，与原有的腰省合并为一省。见图5-7。

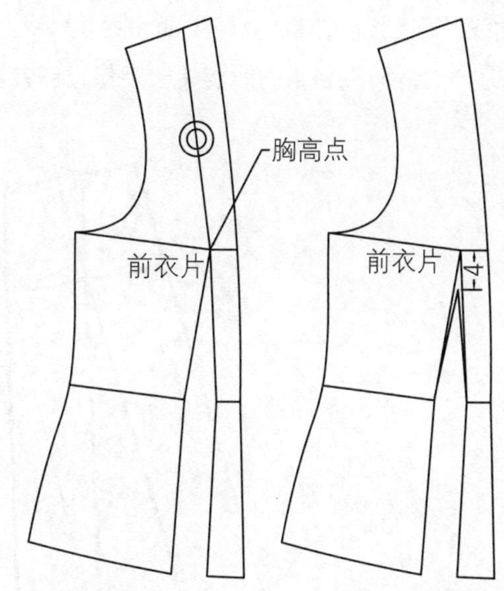

图 5-7　分割线转化为腰胸省示意图

3）裙装摆围缩小

(1) 非合体型裙摆围缩小，缩小后里布裙装仍为非合体型裙。

① 在结构图上裙腰口中点设置一条辅助线，在辅助线上确定腰省的省尖点，并以此点为旋转点。

② 通过旋转点将辅助线旋转一定量，旋转的控制量为腰口展开 2~3cm。

裙摆较大时，1/4 裙片添加一条辅助线，腰口展开为 2~3cm；裙摆很大时，1/4 裙片可添加两条辅助线。

③ 通过辅助线旋转可得到缩小的摆围。见图5-8。

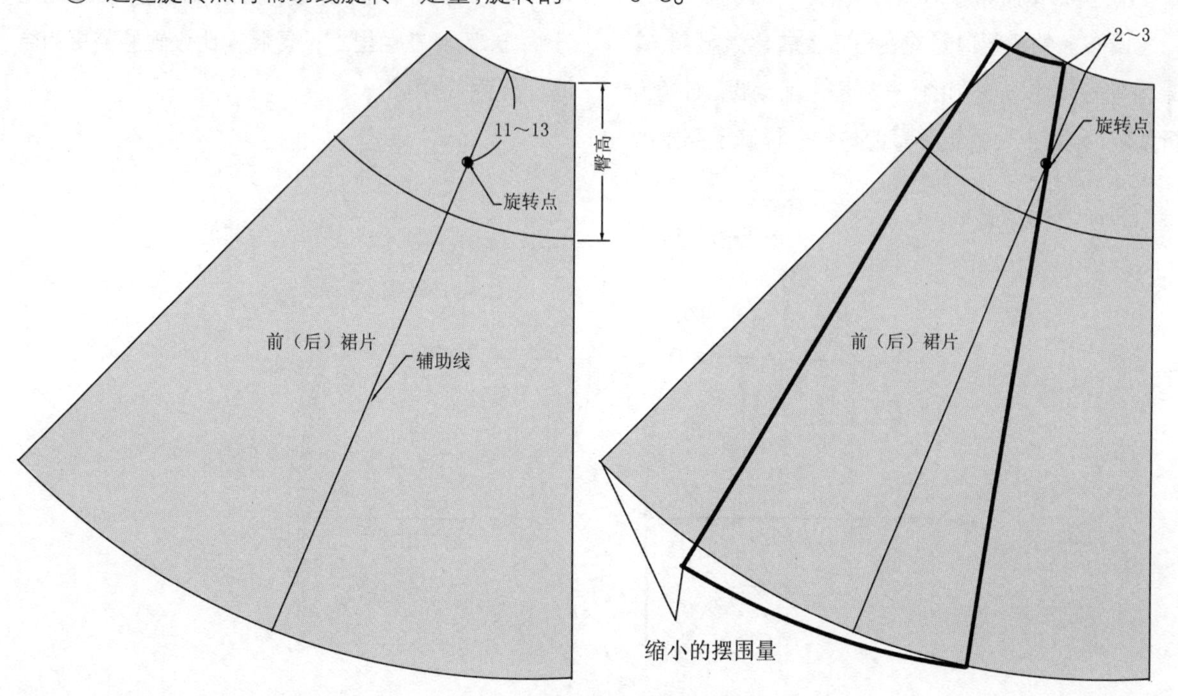

图 5-8　裙装摆围缩小示意图

(2) 非合体型裙摆围缩小，缩小后里布裙装为合体型裙。

① 在结构图上裙腰口三等分设置二条辅助线，在辅助线上确定腰省的省尖点，并以此点为旋转点。

② 通过旋转点将辅助线旋转一定量，旋转的控制量为腰口展开 2~3cm。

③ 通过辅助线旋转可得到缩小的摆围。

④ 进一步缩小摆围，将摆围控制为小于臀围 4~8cm。由于摆围缩小量较大，应在侧线开衩，以避免人体活动受限。见图 5-9。

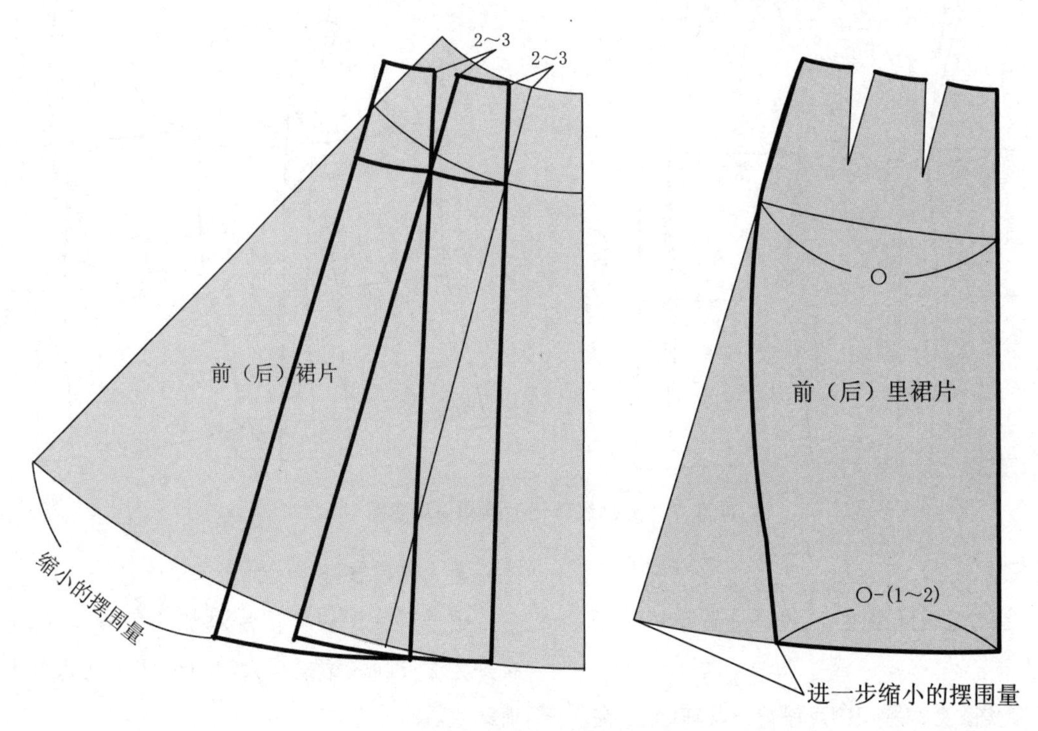

图 5-9 裙装摆围缩小示意图

4) 里布裙腰口省转化为腰裥

面布上的裙腰口省应在里布上转化为腰裥，其原因是省为缉线缝制的，省部位无活动量，而裥为折叠的印痕，上口的折叠量能与省一样满足腰围的规格要求，其余均为活动的折痕，因里布要求略松于面布，因此在裙里上设置腰裥比设置腰省更为合理。见图 5-10。

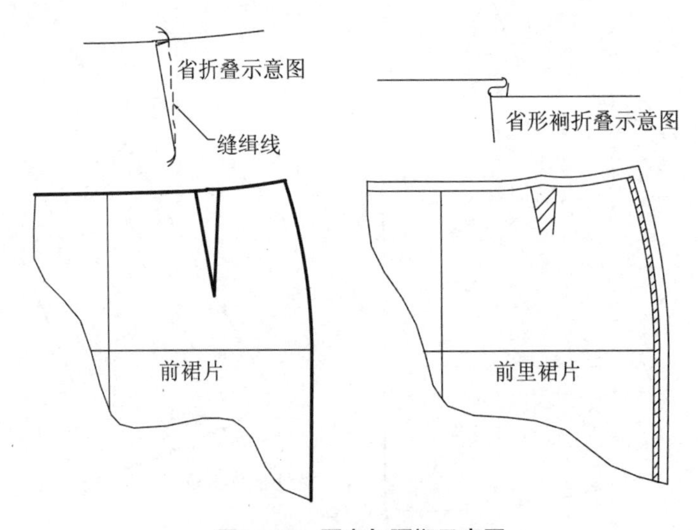

图 5-10 腰省与腰裥示意图

5）里布后片半里的制板方法

里布的配置可分为全里配置、部分配置。全里配置，即前后衣（裤）片与袖片全配置。部分配置可分为：① 仅配置前衣片、前裤片；② 前后衣片；③ 前衣片全里、后衣片半里。由于 ①、② 的配置方法可参照全里的配置方法，因此仅就后片半里的制板方法作一介绍。

（1）后片半里制板方法（四片式）：胸围线以上部分与全里制板方法相同，具体数据及加放位置如图 5-11 所示。胸围线以下部分与全里制板方法不同。

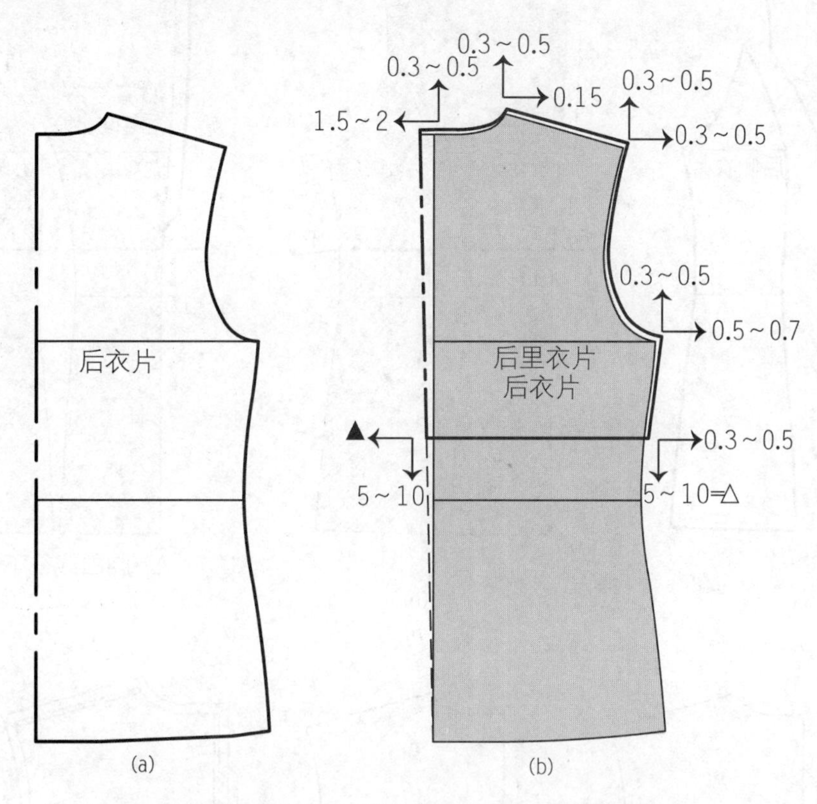

注：▲ =后中省形裥在后里下口线上自然形成的交点所产生的量
△ =胸围线往下的控制量

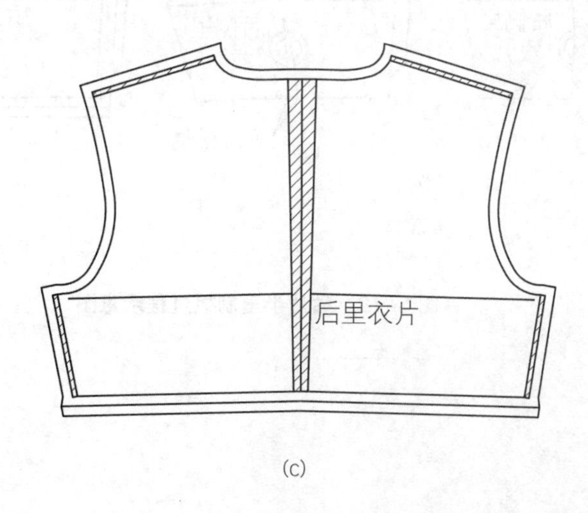

图 5-11　后片半里制板过程示意图

(2) 后片半里制板方法(分割式)：见图 5-12。

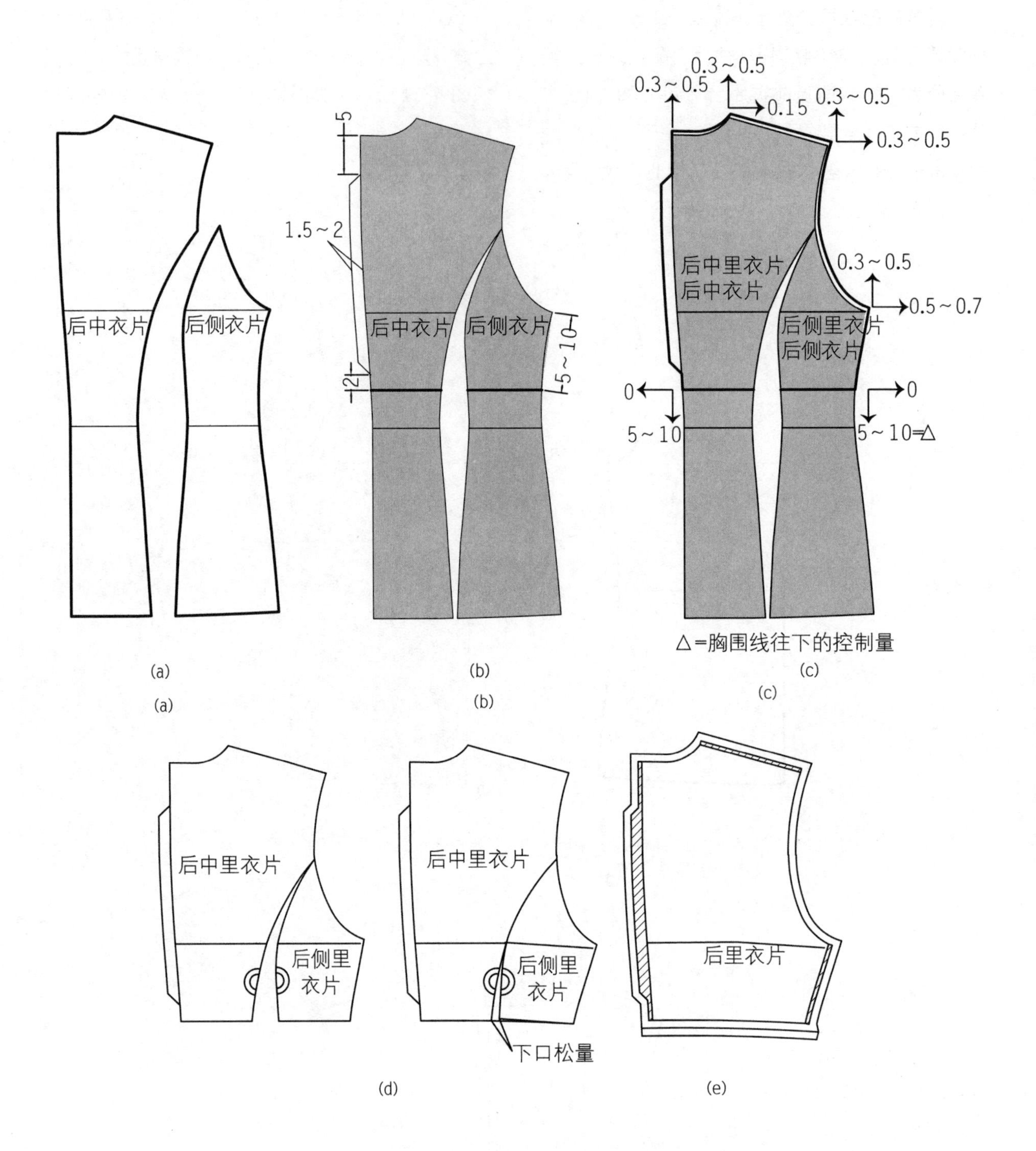

图 5-12 后片半里制板过程示意图

3. 部位相同、款式不同状态下里布的相应配置

服装里布的配置与服装款式密切相关，同一部位但服装款式不同，里布的配置也就不同，如服装后中线的款式可有设置与不设置后中分割线两种。

里布后中线处于人体的受力部位。因人体手臂向前活动时，会使后中线部位受力，因此为了保证服装的外形美观，后中线部位应放出一定的活动量。里布后中线的结构处理方法根据服装款式的设置可有以下三种方法：

1）后中不设置分割线

① 后中不设置分割线时，可采用后中线收省形裥，即后中线在后领中点处设一定的裥量，裥量至底边线消失。裥量上口一般控制为 3~4cm。工艺操作时，在上口折叠裥量，然后从上口至下口烫出折痕。见图 5-13。此方法适用于服装的合体程度不高的款式，款式上的特点是无后中线。省形裥便于活动量的增加。

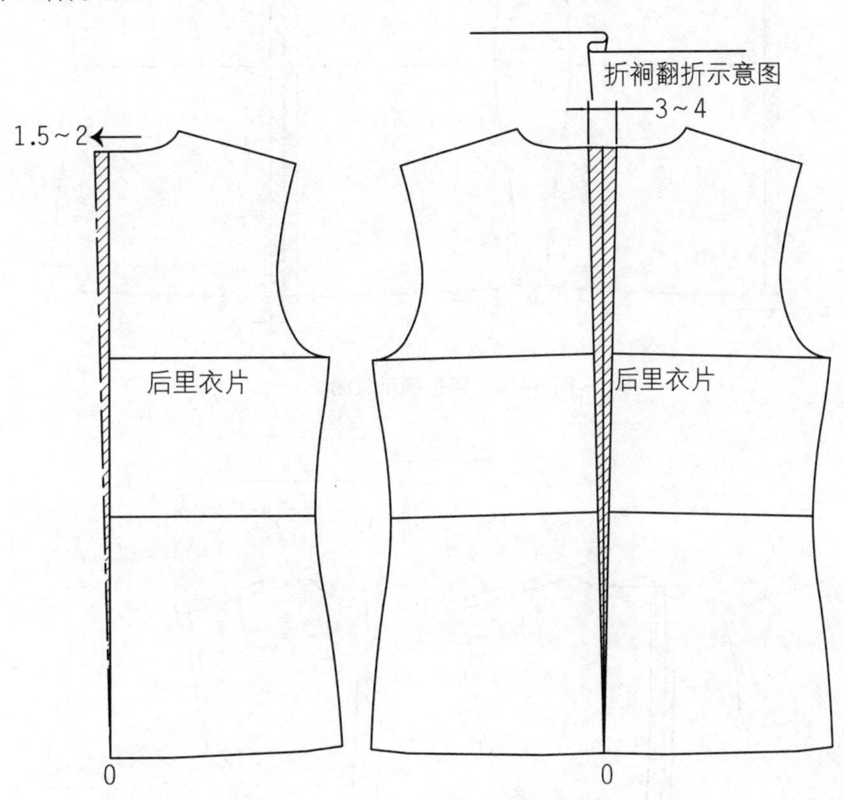

图 5-13 省形裥示意图

② 后中线收直形裥：后中线在后领中点处设一定裥量，裥量从上口至下口大小一致。裥量一般控制为 3~4cm。工艺操作时，在上口折叠裥量，然后从上口至下口烫出折痕。见图 5-14。此方法适用于服装的宽松程度高的款式，款式上的特点是无后中线，直形裥比省形裥更便于活动量的增加。

2）后中设置分割线

后中设置分割线时，一般可采用后中线中间段收裥，即后中线以后领中点与后中线的交点为起点下移 5cm 定点；以腰节高线与后中线的交点上移 5cm 定点，在两点之间偏出 1.5~2cm 作后中线的平行线。工艺操作时，如图 5-15 缉折形线，在背部自然就有了一定的活动量。此方法适用于服装合体程度较高或很高的款式，款式上的特点是有后中线，采用此方法在人体处于静态时，里布与面布同样大小，但人体处于动态时，就能较好地适应活动量的需要。

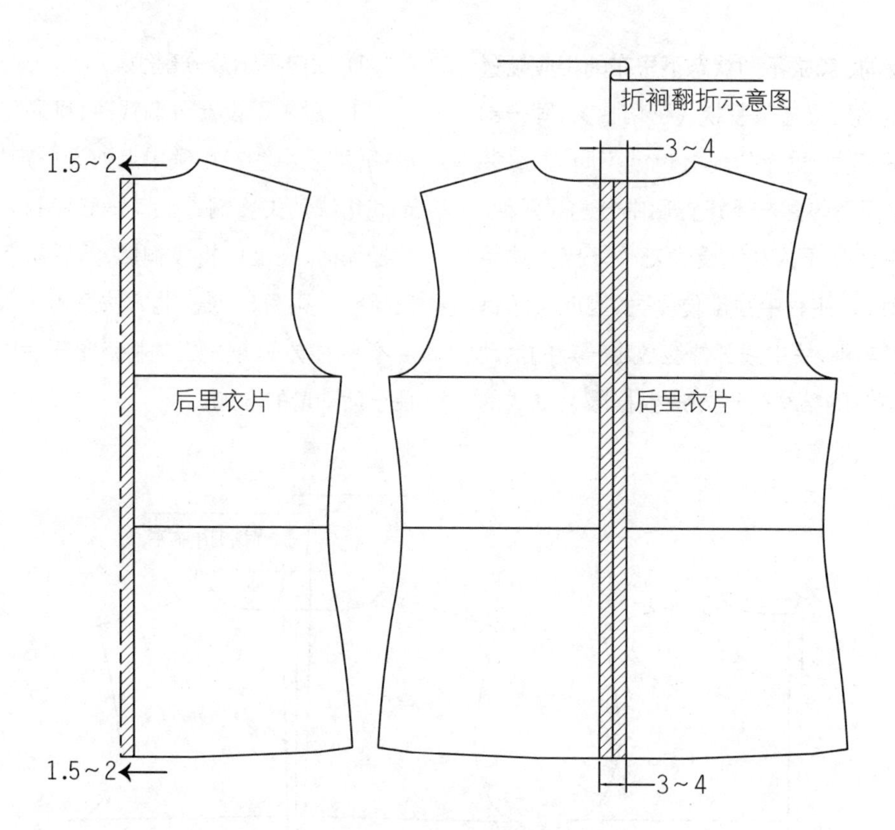

图 5-14　直形裥示意图

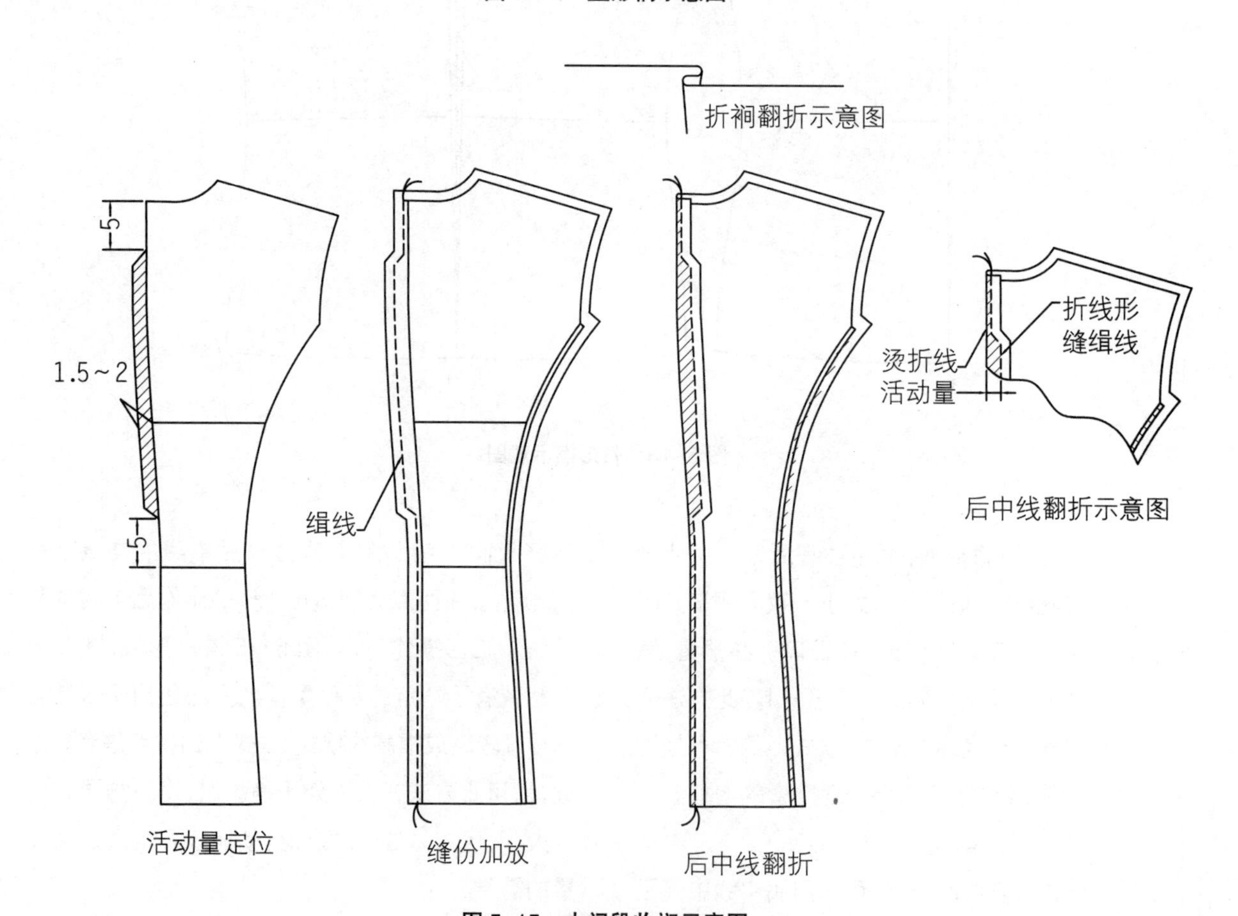

图 5-15　中间段收裥示意图

4. 部位及款式相同、面布配置不同状态下里布的相应配置

1）一步裙裙衩里布的配置

一步裙裙衩面布的配置方法有以下两种：

① 内侧衩（里襟格）与外侧衩（门襟格）裙衩宽配置量相同。其优点是面布用量节省。内侧衩里布的相应配置与面布相同。

② 内侧衩（里襟格）裙衩宽2倍于外侧衩（门襟格）。其优点是里布工艺操作难度低。内侧衩里布的相应配置则与面布不同。见图5-16(a)。

一步裙裙衩里布配置方法见图5-16(b)。

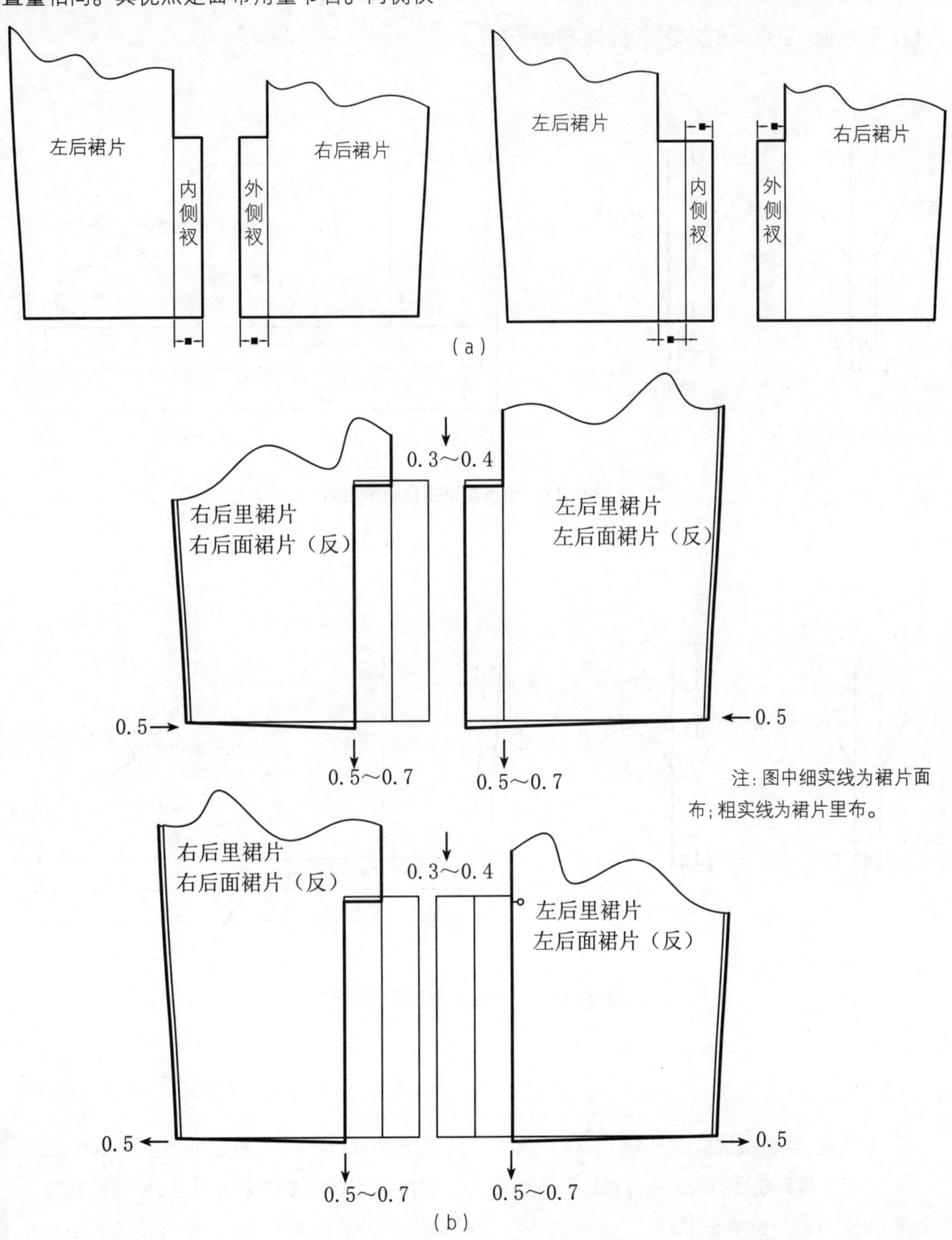

图5-16 一步裙面、里布裙衩示意图

2）下摆面、里合缉与分缉的里布的相应配置

下摆面、里的处理方法分为合缉与分缉两种。其设置的条件是按摆围的大小来确定。当摆围较小时，以合缉的方法处理；当摆围较大或很大时，以分缉的方法处理。合缉又称为“死里”；分缉则称为“活里”。

(1) 下摆面、里合缉的处理方法：里布的长度应以面布贴边的宽度为前提来确定。一般情况下，面布贴边的宽度为 3~4cm。里布贴边为二折边。

① 面布贴边宽度为 4cm 时里布的处理方法如图 5-17 所示。

② 面布贴边宽度为 3cm 时里布的处理方法如图 5-18 所示。

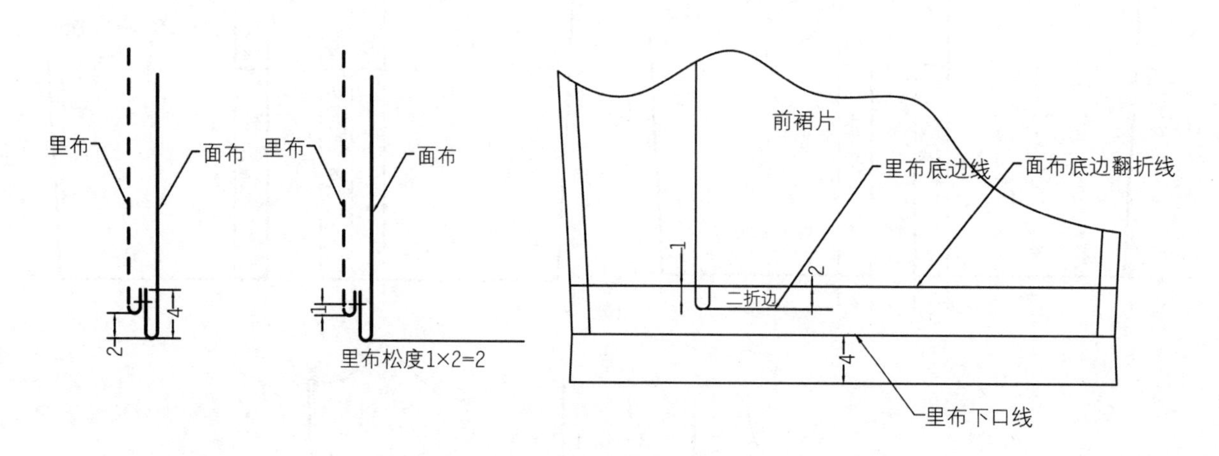

图 5-17　一步裙下摆合缉示意图一

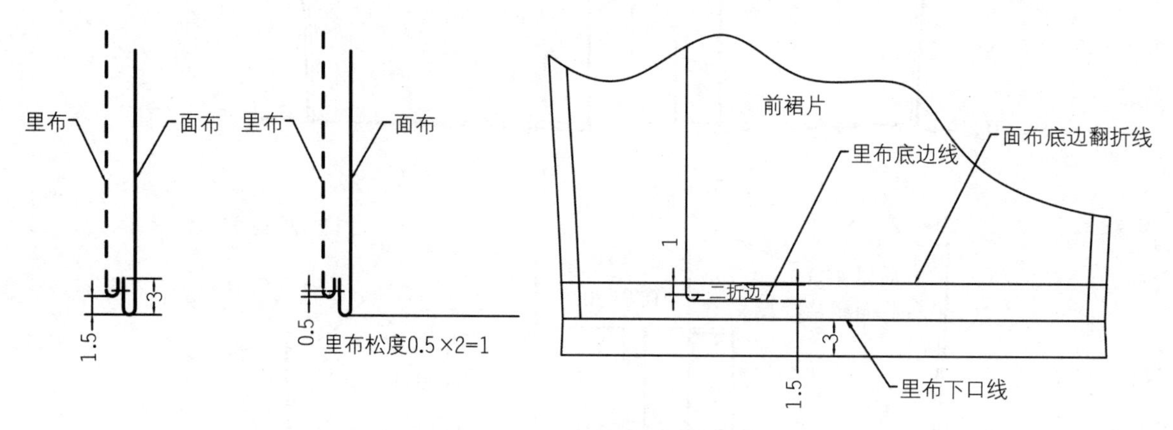

图 5-18　一步裙下摆合缉示意图二

(2) 下摆面、里分缉的处理方法：

① 里布下摆完成后的底边线位置处于面布底边翻折线低落 1cm。见图 5-19。

图 5-19(a)、(b) 中三折边的翻折宽度为 1.5cm；图 5-19(c)、(d) 中三折边的宽度为 1cm。三折边的宽度以翻折宽度的 2 倍确定：即翻折宽度为 1.5cm 时，贴边的宽度为 3cm；翻折宽度为 1cm 时，贴边的宽度为 2cm。

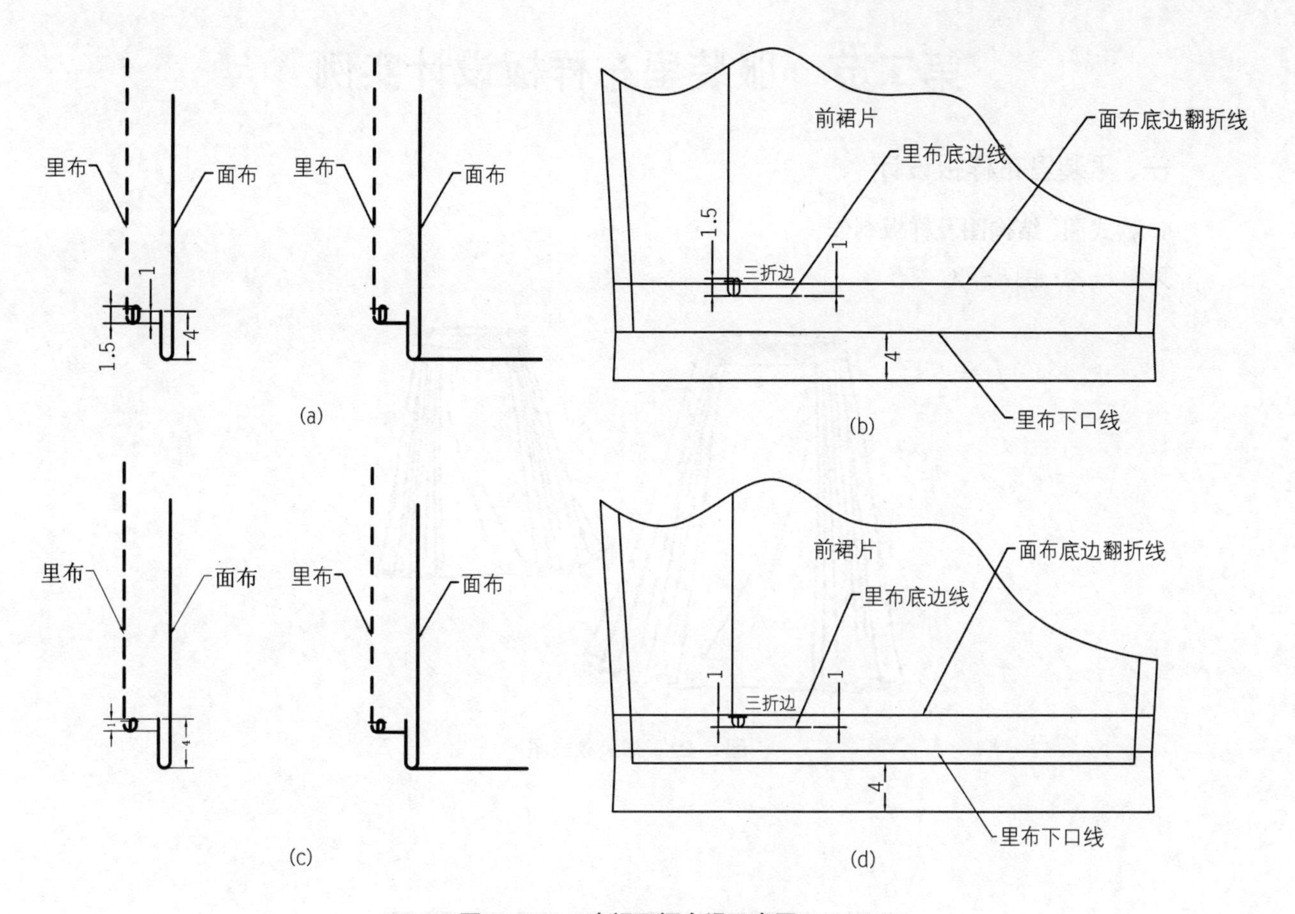

图 5-19 一步裙下摆合缉示意图三

② 里布下摆完成后的底边线位置处于面布底边向上 5~10cm。见图 5-20。面里分缉的里布贴边为三折边，缉 0.1cm 止口。

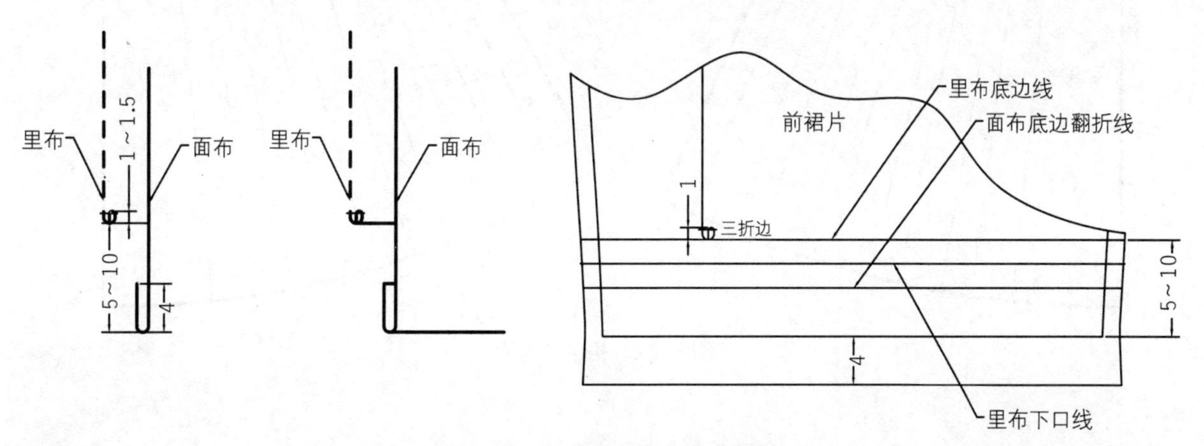

图 5-20 一步裙下摆分缉示意图

第二节 服装里布样板设计实例

一、裙装里布样板设计

1. 款式图、结构图及样板制作

见图 5-21~图 5-23。

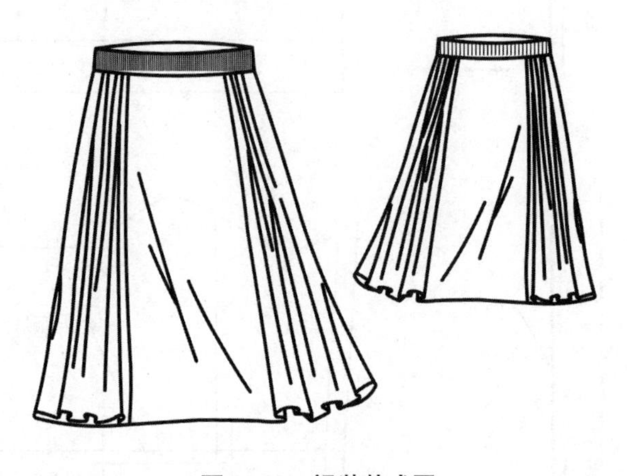

图 5-21 裙装款式图

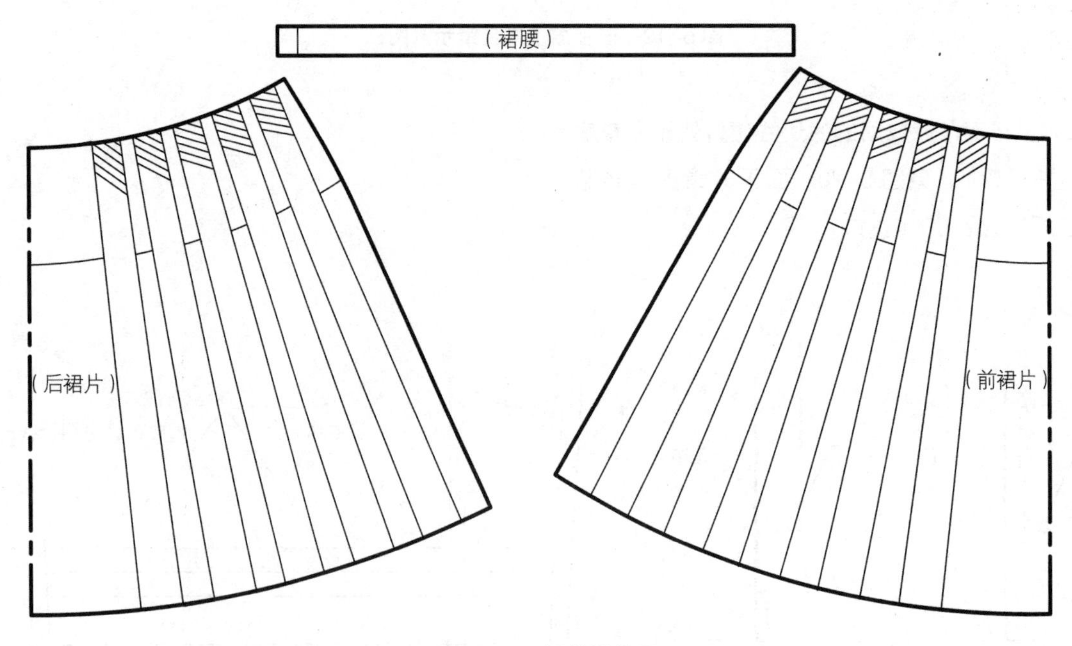

图 5-22 裙装结构图

(裙腰)
(后裙片)
(前裙片)

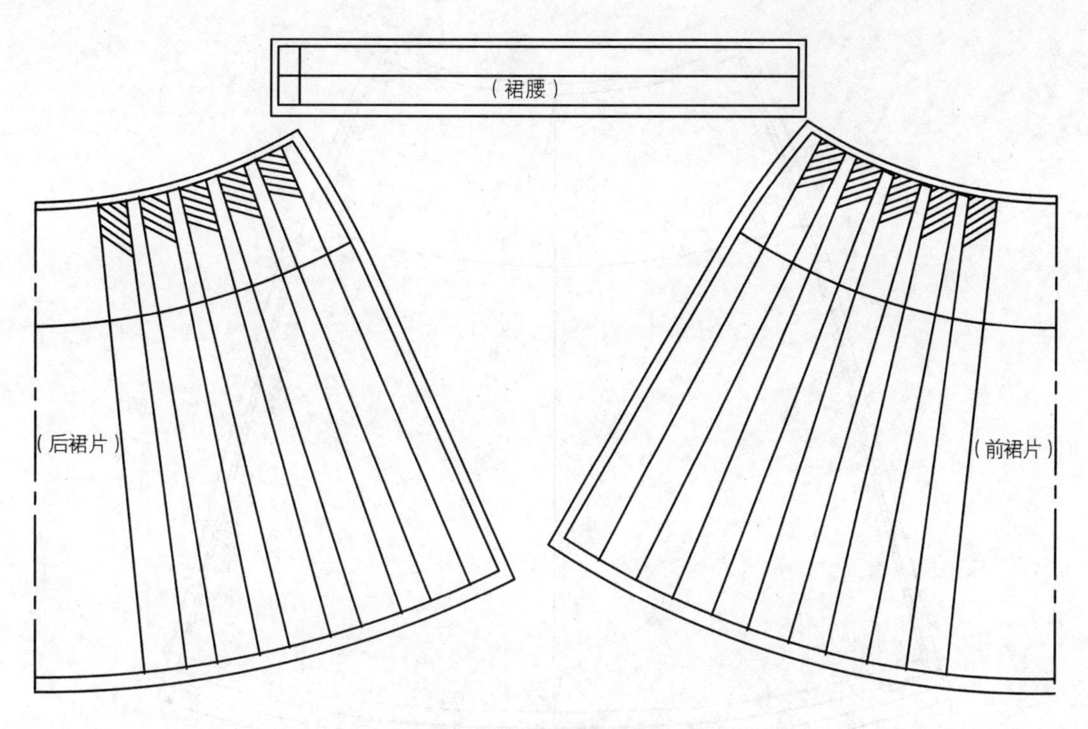

图 5-23 裙装样板制作示意图

2. 裙装里布样板设计一

(1) 裙装面布基础上以底边提高 5cm 配置里布的裙长,见图 5-24(a)。

(2) 裙装里布各部位细节结构处理方法,见图 5-24(b)。

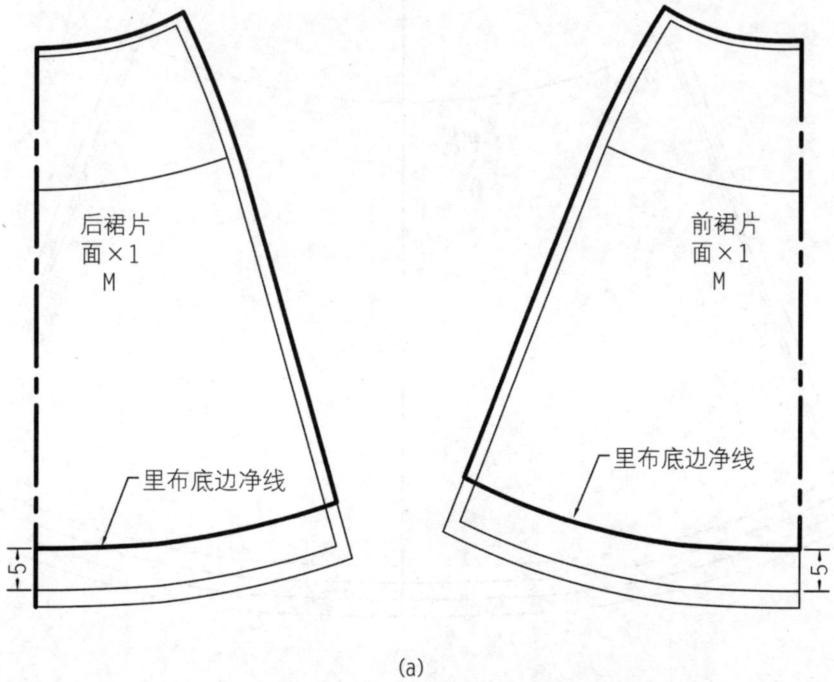

后裙片
面×1
M
前裙片
面×1
M
里布底边净线
里布底边净线
5
5

(a)

图 5-24 裙装里布样板设计一

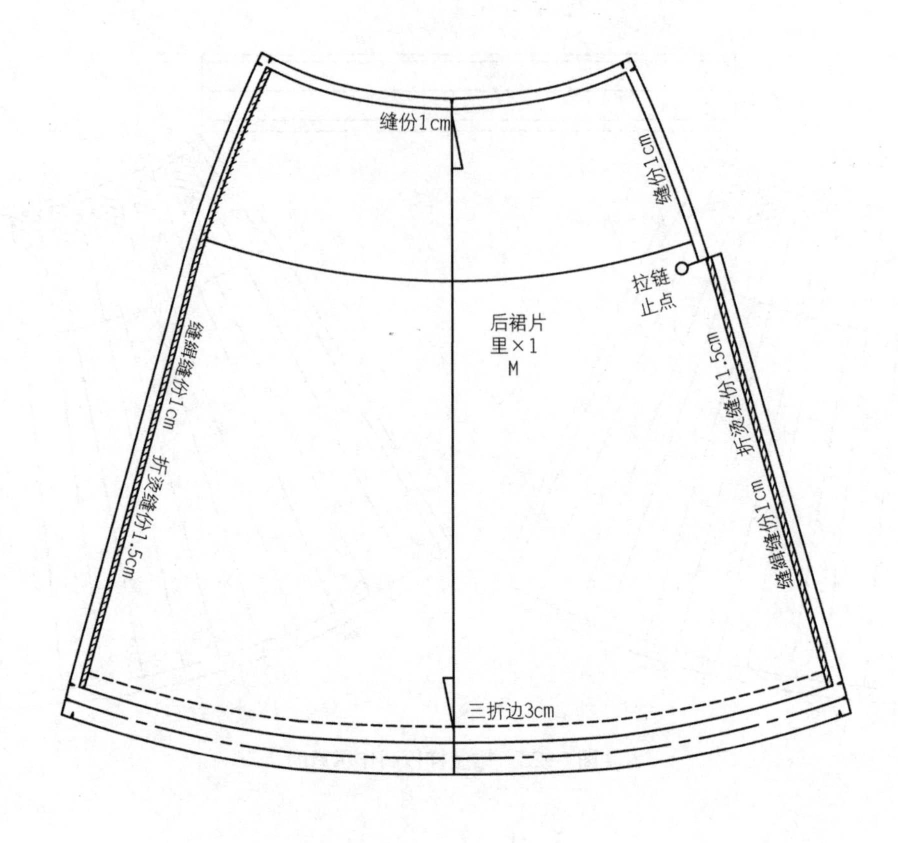

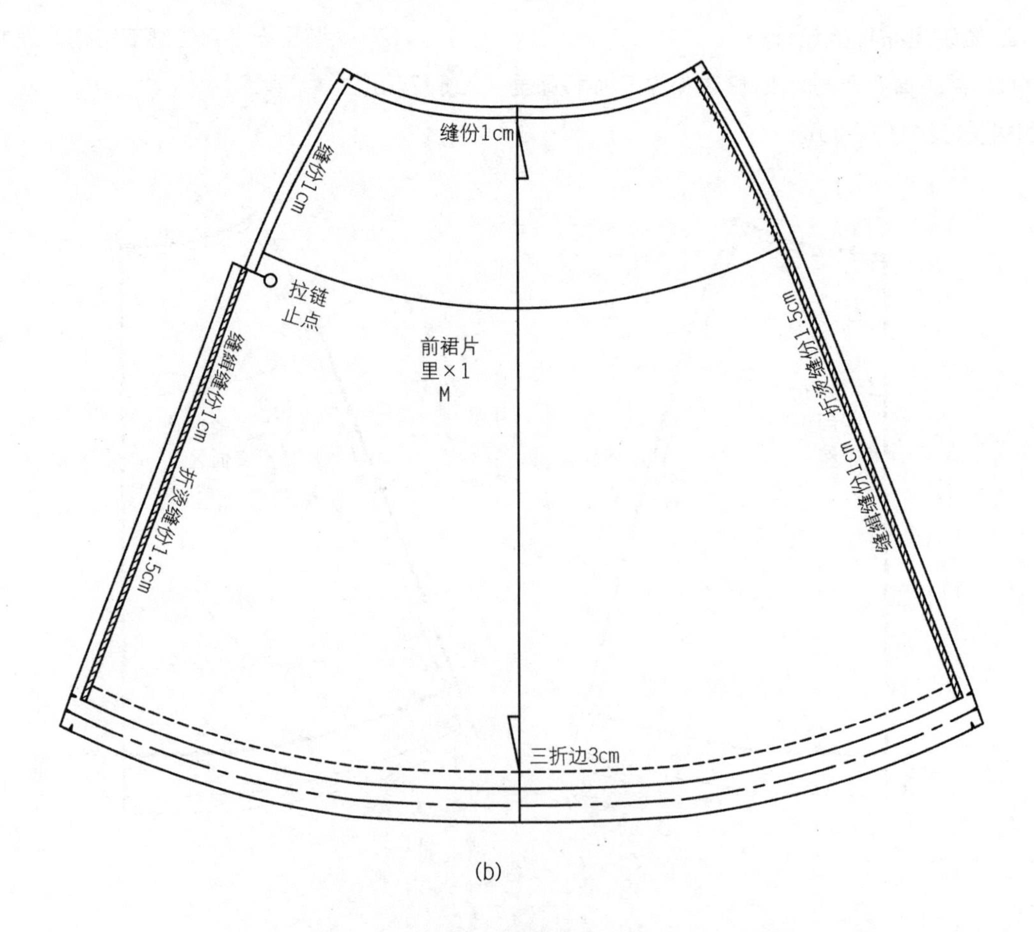

(b)

图 5-24 裙装里布样板设计一(续)

3. 裙装里布样板设计二

(1) 裙装在上述里布配置基础上,添加辅助线与旋转点。见图 5-25(a)。

(2) 旋转辅助线,缩小摆围,同时在裙腰口收裥。见图 5-25(b)。

(3) 裙装里布各部位细节结构处理方法。见图 5-25(c)。

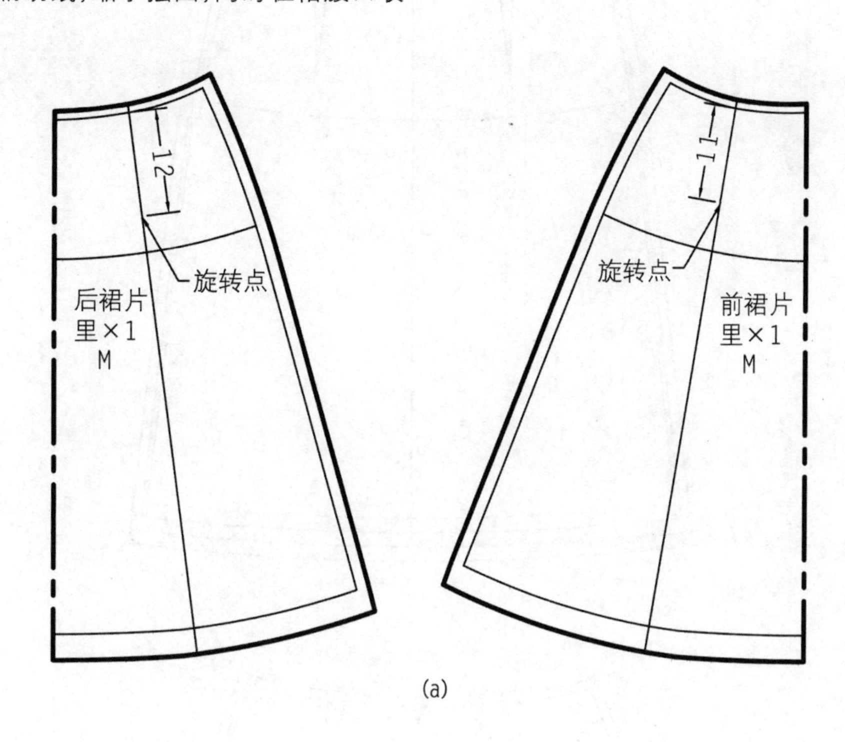

(a)

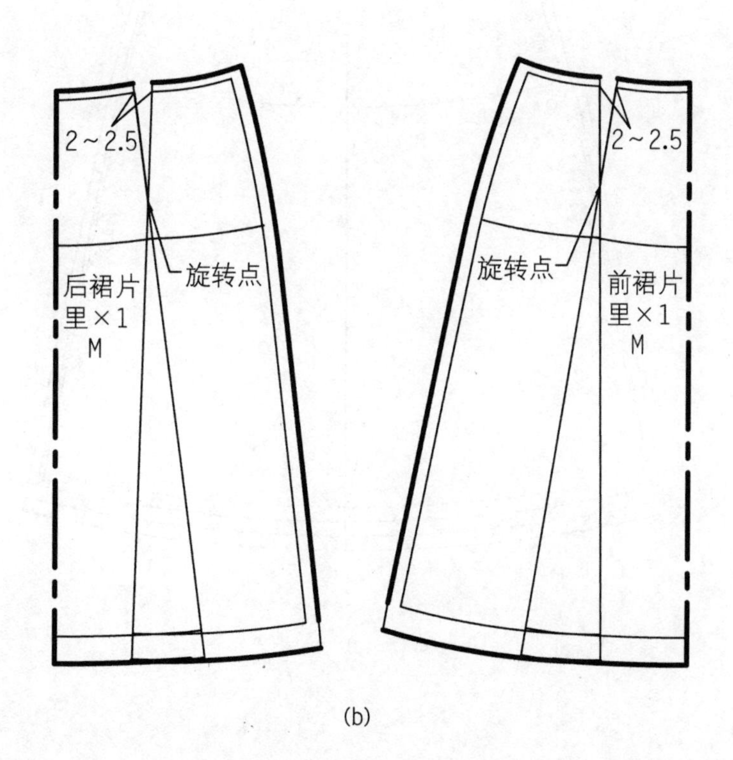

(b)

图 5-25 裙装里布样板设计二

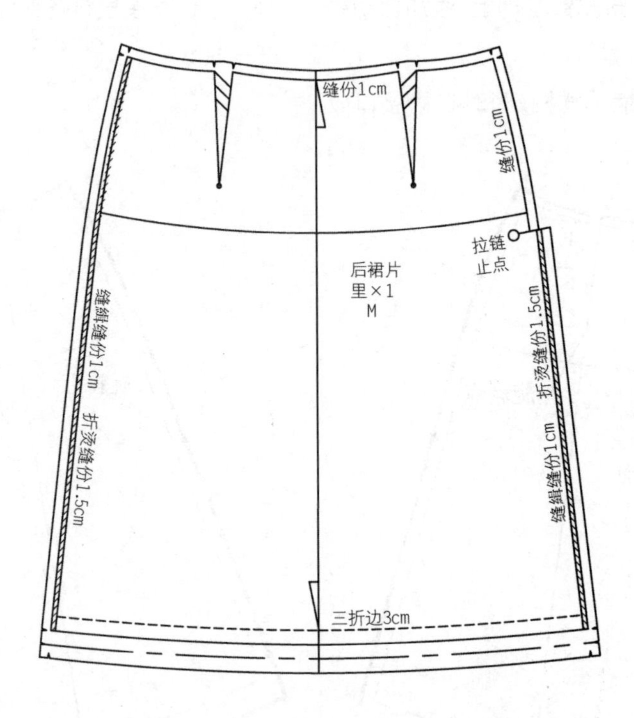

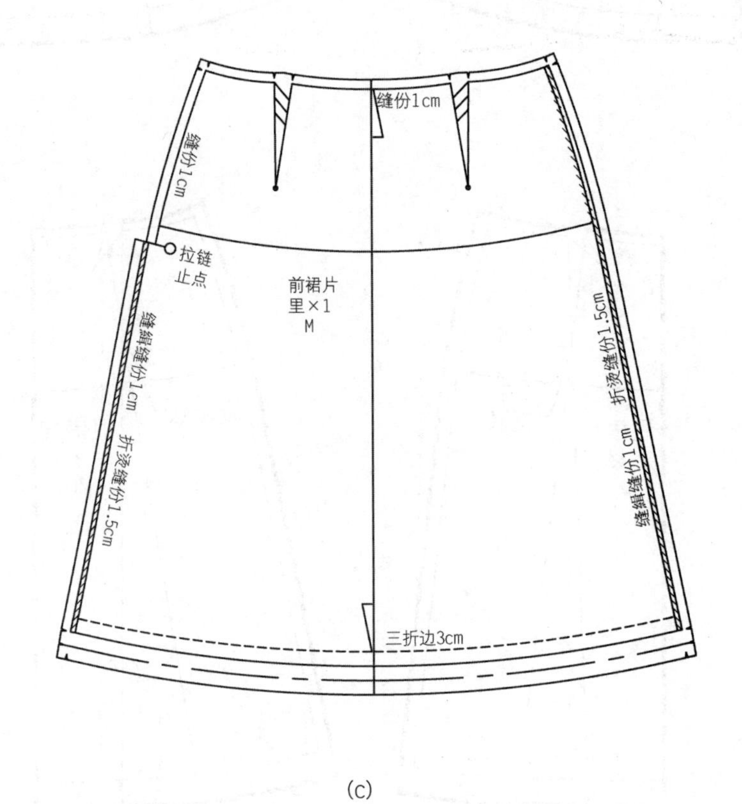

(c)

图 5-25 裙装里布样板设计二(续)

4. 裙装里布样板设计三

(1) 裙装在图 5-25(a)的基础上，添加辅助线与旋转点。见图 5-26(a)。

(2) 旋转辅助线，缩小摆围，同时在裙腰口由 1 个裥变化为 2 个裥。见图 5-26(b)。

(3) 进一步缩小摆围，使摆围小于臀围。见图 5-26(c)。

(4) 裙装里布各部位细节结构处理方法。见图 5-26(d)。

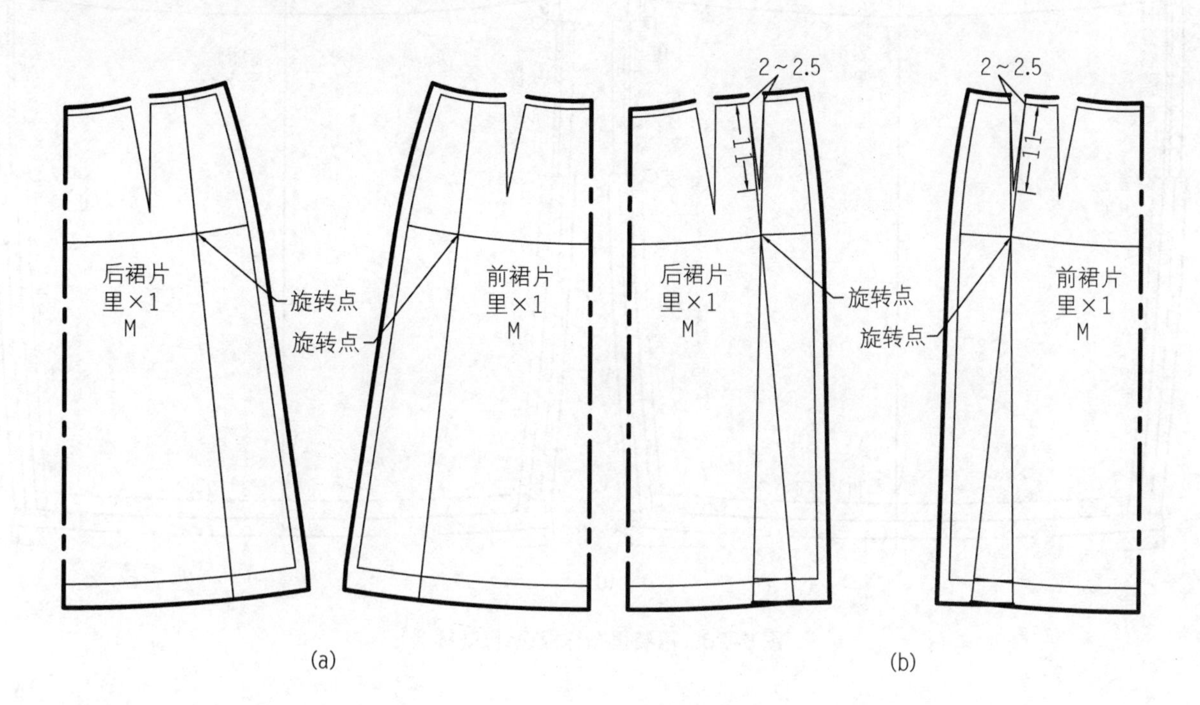

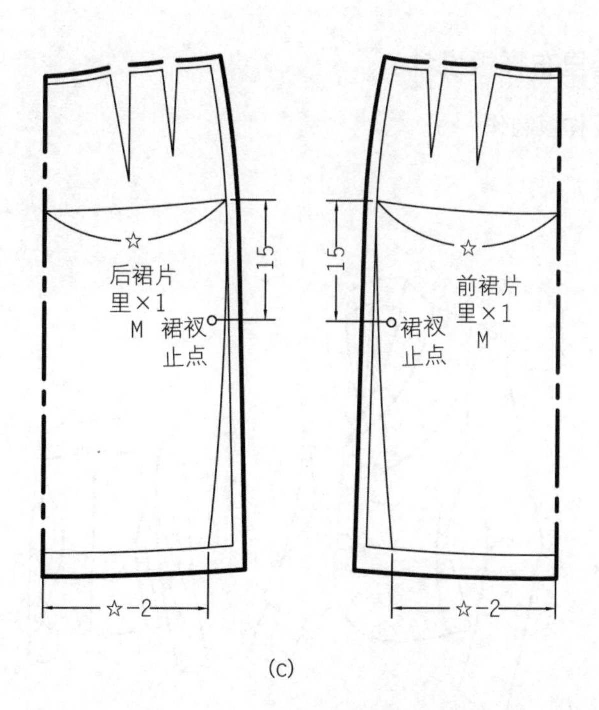

图 5-26 裙装里布样板设计三

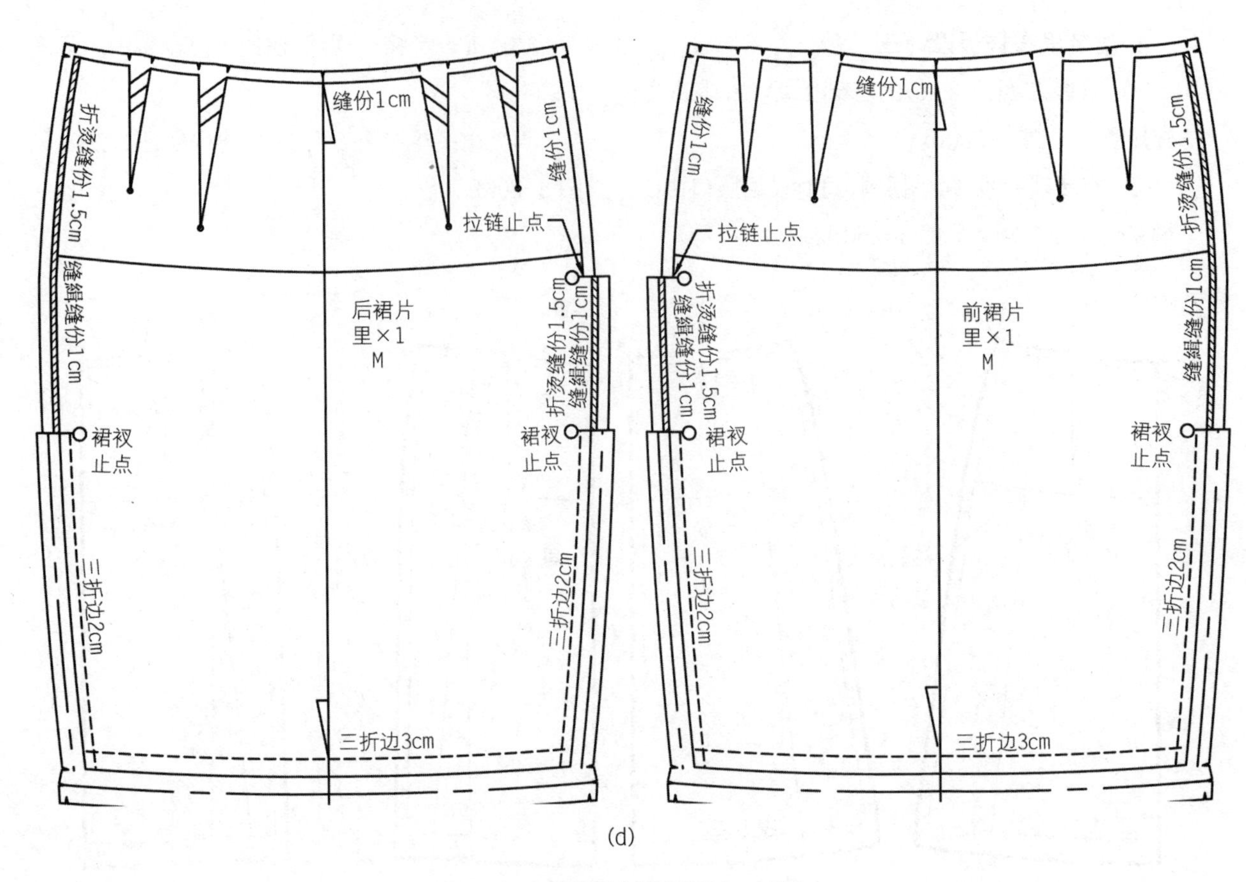

(d)

图 5-26 裙装里布样板设计三(续)

二、分割式女上装里布样板设计

1. 款式图、结构图及样板制作

见图 5-27~图 5-29。

图 5-27 分割式女上装款式图

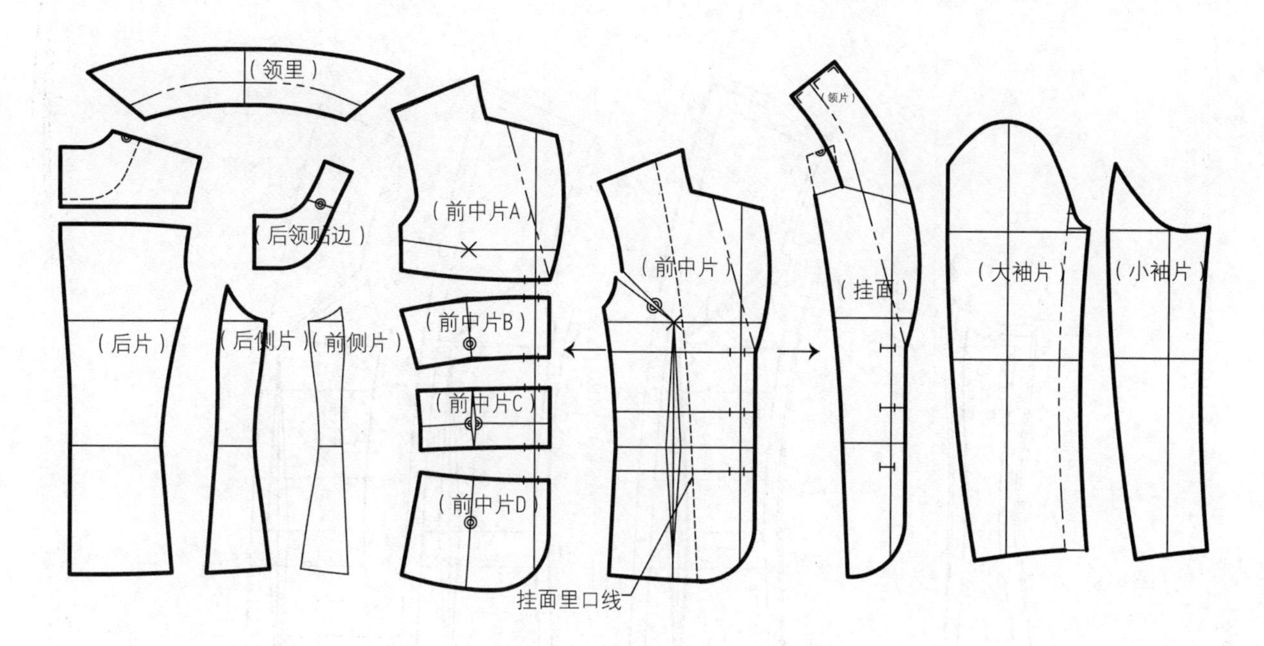

图 5-28　分割式女上装结构图

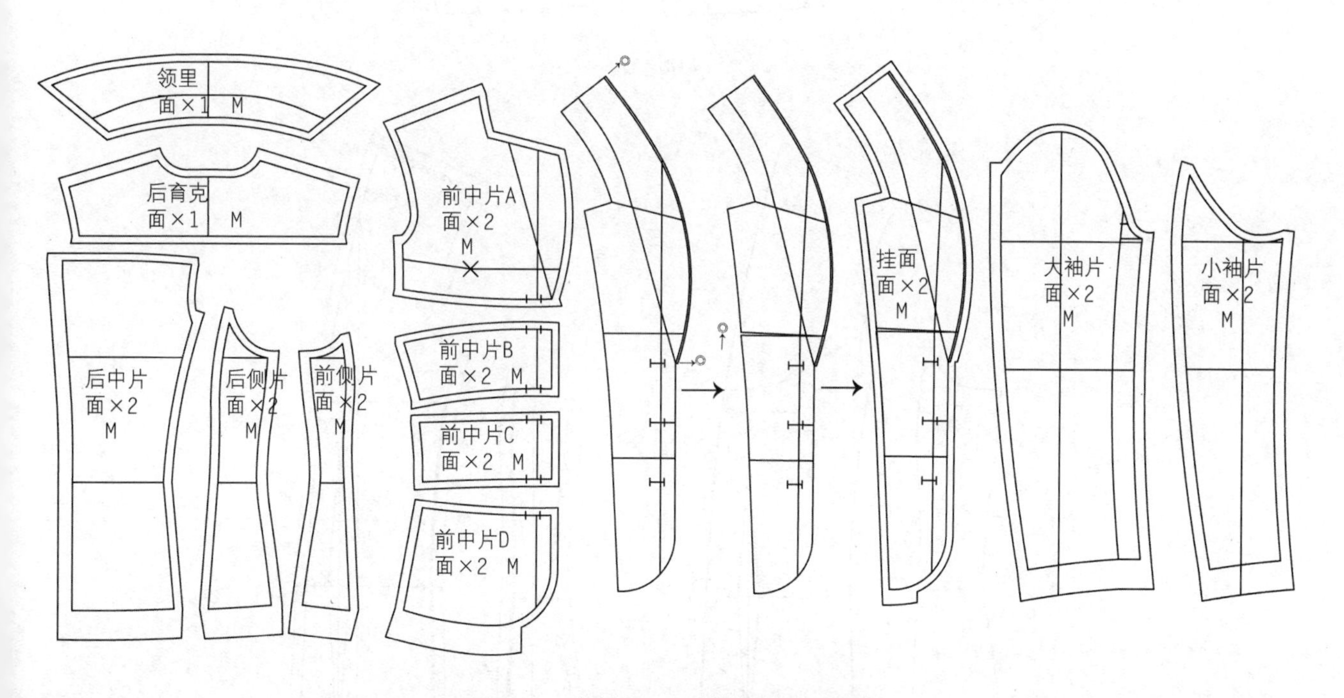

图 5-29　分割式女上装样板制作示意图

2. 分割式女上装前片里布样板设计一

(1) 前片里布在面布样板基础上的松量配置(图中的◎ =0.3~0.5)。见图 5-30(a)。

(2) 前片里布的毛样轮廓线。见图 5-30(b)。

(3) 前片里布缝份及贴边配置。见图 5-30(c)。

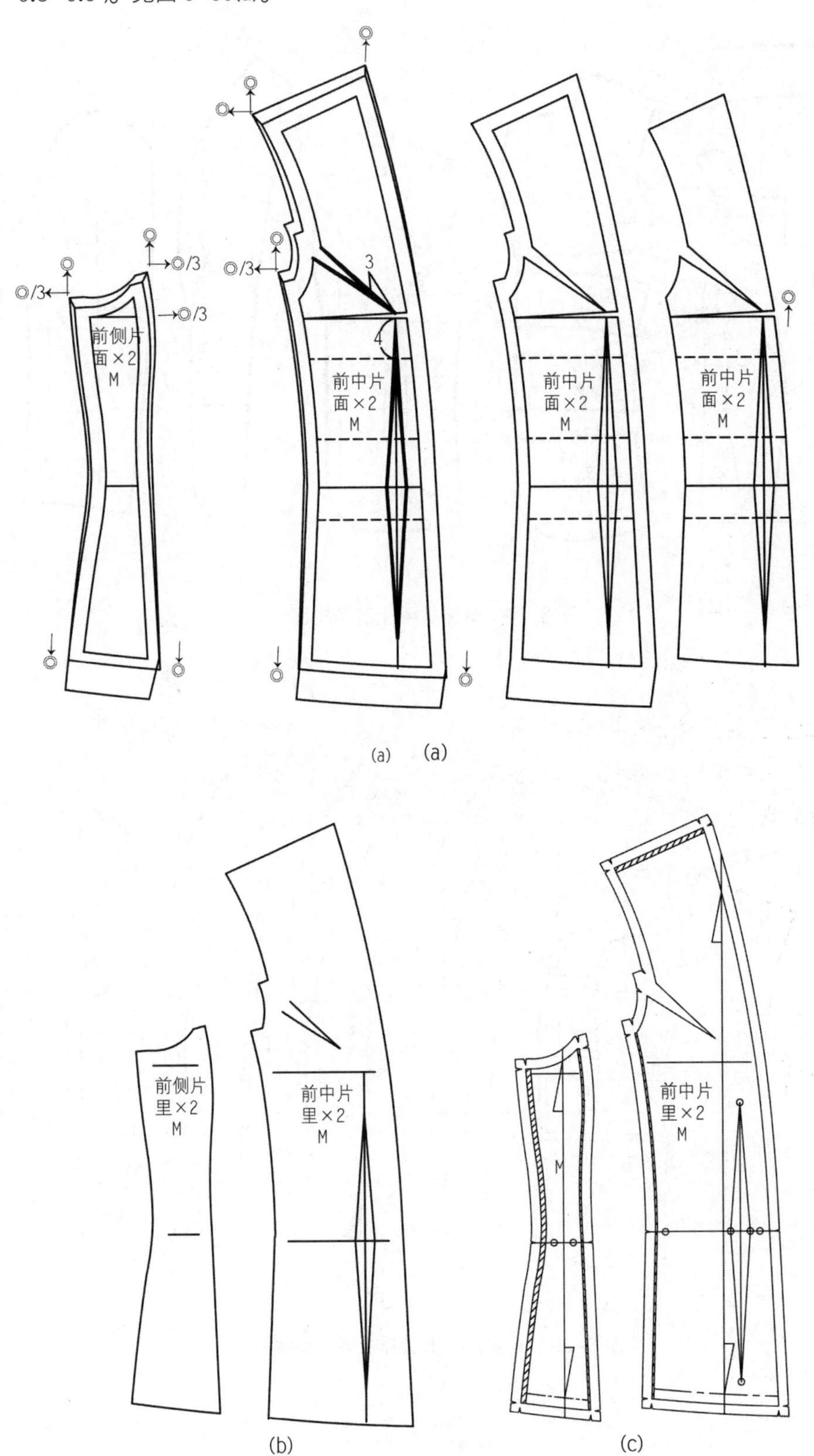

图 5-30 分割式女上装前片里布样板设计一

3. 分割式女上装前片里布样板设计二

(1) 前片里布在面布样板基础上转移胸省及松量配置。见图 5-31(a)。

(2) 前片里布的毛样轮廓线。见图 5-31(b)。

(3) 前片里布缝份及贴边配置。见图 5-31(c)。

前侧片见前片样板设计一。

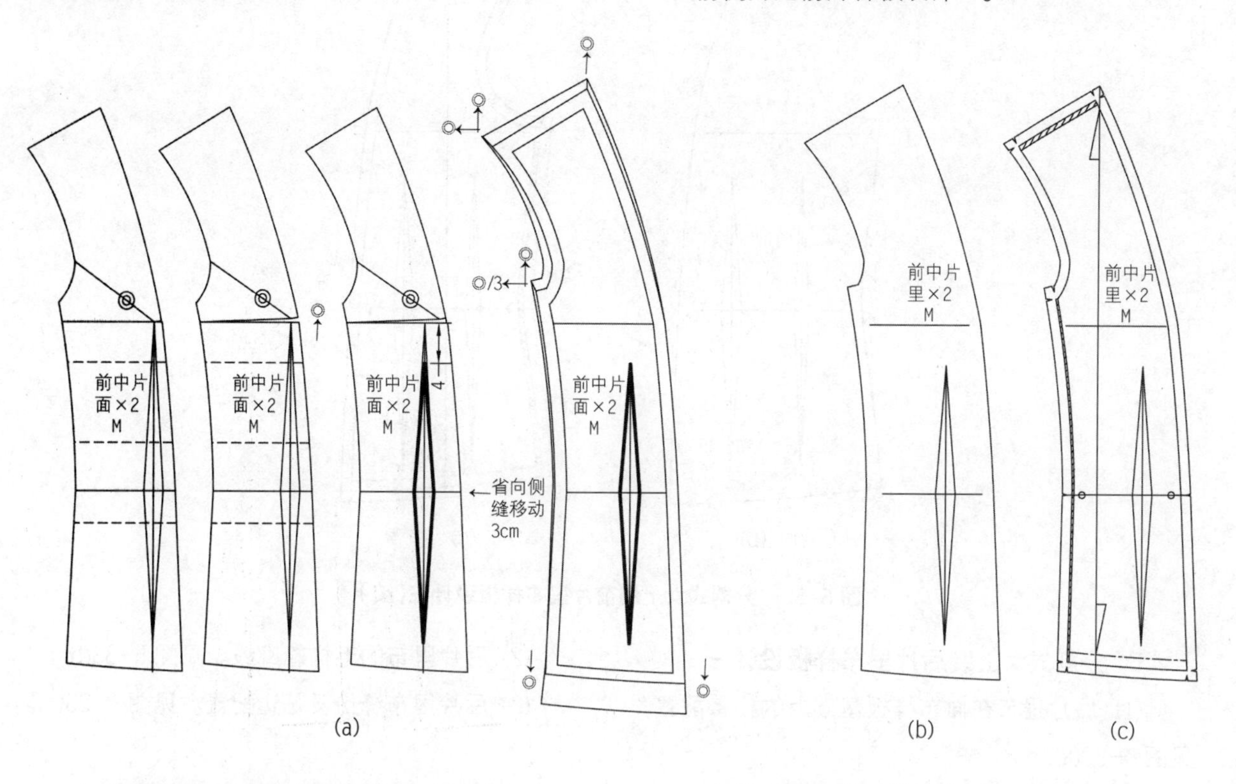

4. 分割式女上装前片里布样板设计三

(1) 前片里布在面布样板基础上合并前侧片至前中片及松量配置。见图 5-32(a)。

(2) 前片里布的毛样轮廓线。见图 5-32(b)。

(3) 前片里布缝份及贴边配置。见图 5-32(c)。

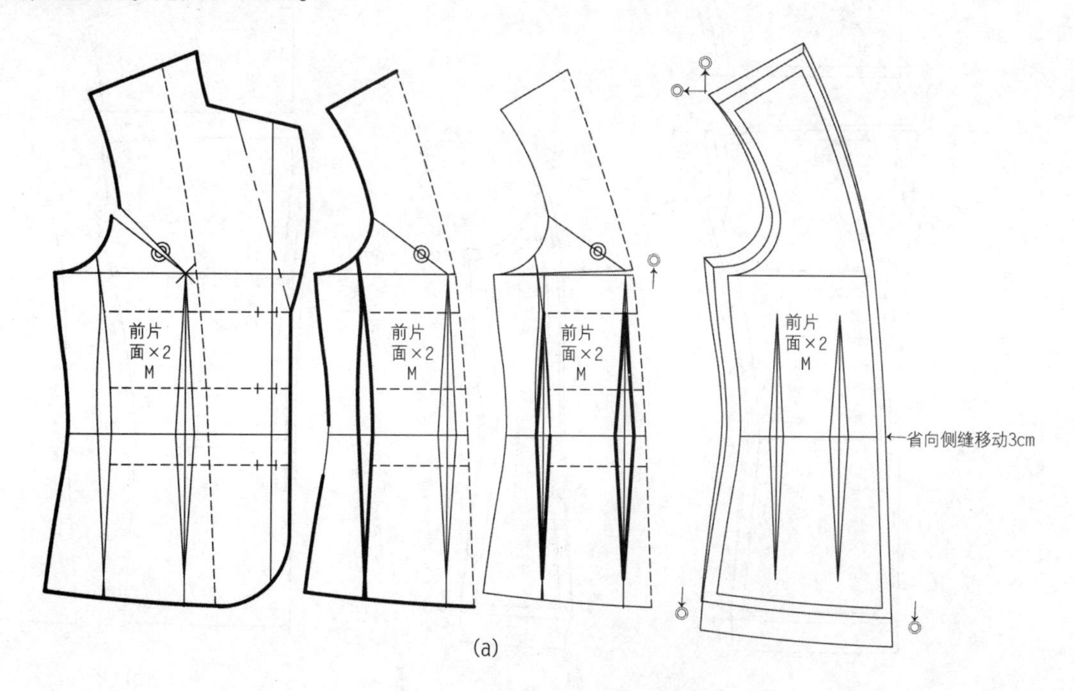

图 5-32 分割式女上装前片里布样板设计三

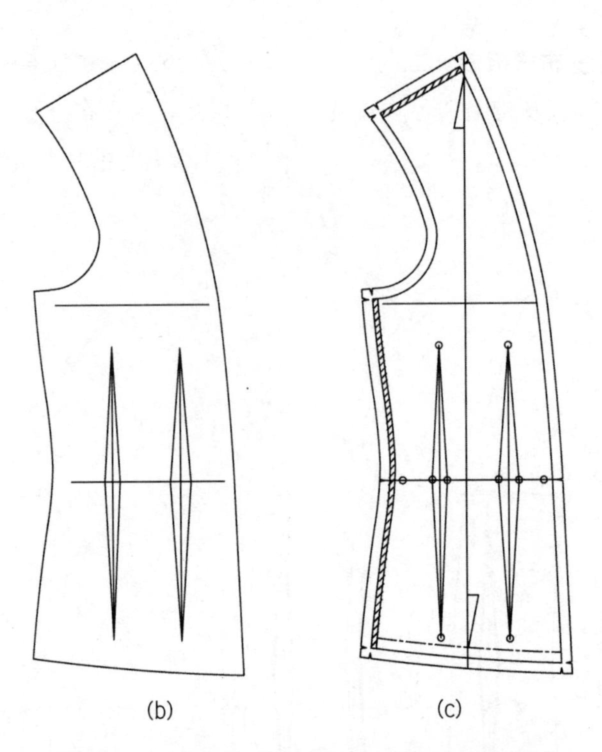

图 5-32　分割式女上装前片里布样板设计三(续)

5. 分割式女上装后片里布样板设计一

(1) 后片里布在面布样板基础上的松量配置。见图 5-33(a)。

(2) 后片里布的毛样轮廓线。见图 5-33(b)。

(3) 后片里布缝份及贴边配置。见图 5-33(c)。

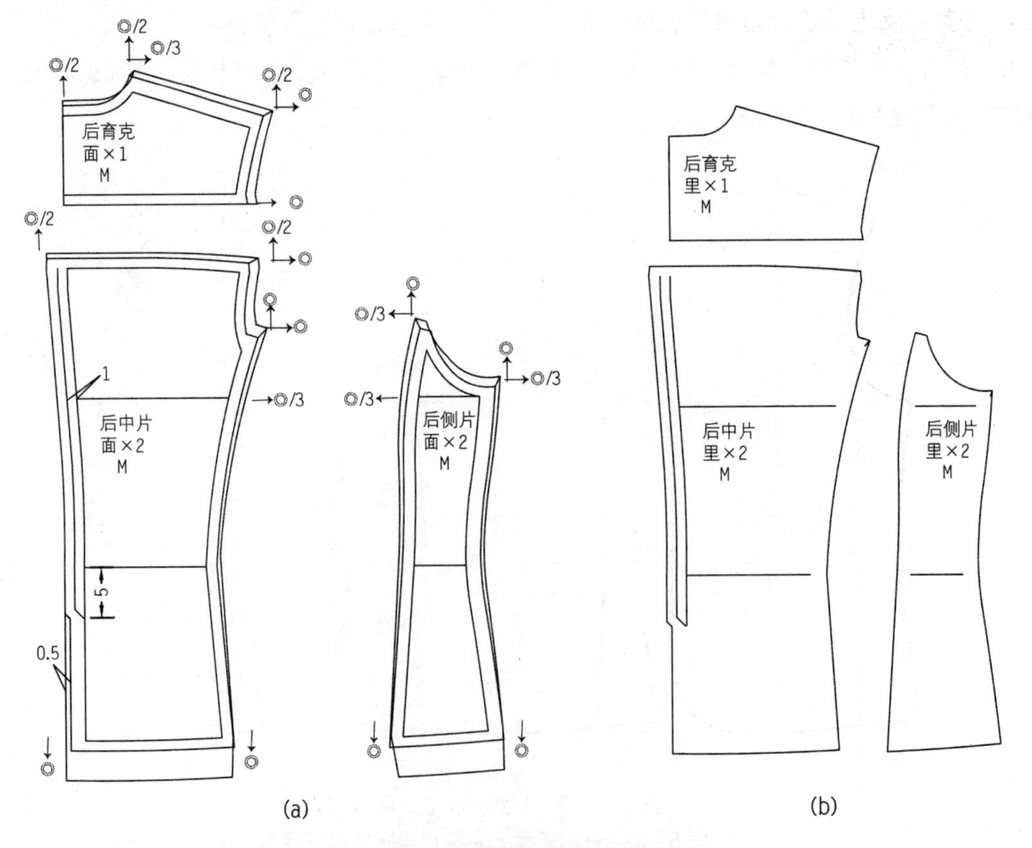

图 5-33　分割式女上装后片里布样板设计一

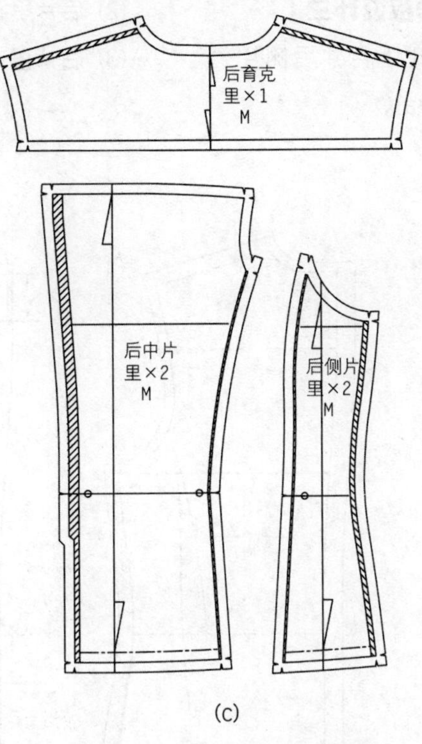

图 5-33 分割式女上装后片里布样板设计一(续)

6. 分割式女上装后片里布样板设计二

(1) 后片里布在面布样板基础上合并育克至后中片及松量配置。见图 5-34(a)。

(2) 后片里布的毛样轮廓线见图 5-34(b)。

(3) 后片里布缝份及贴边配置,见图 5-34(c)。后侧片见后片样板设计一。

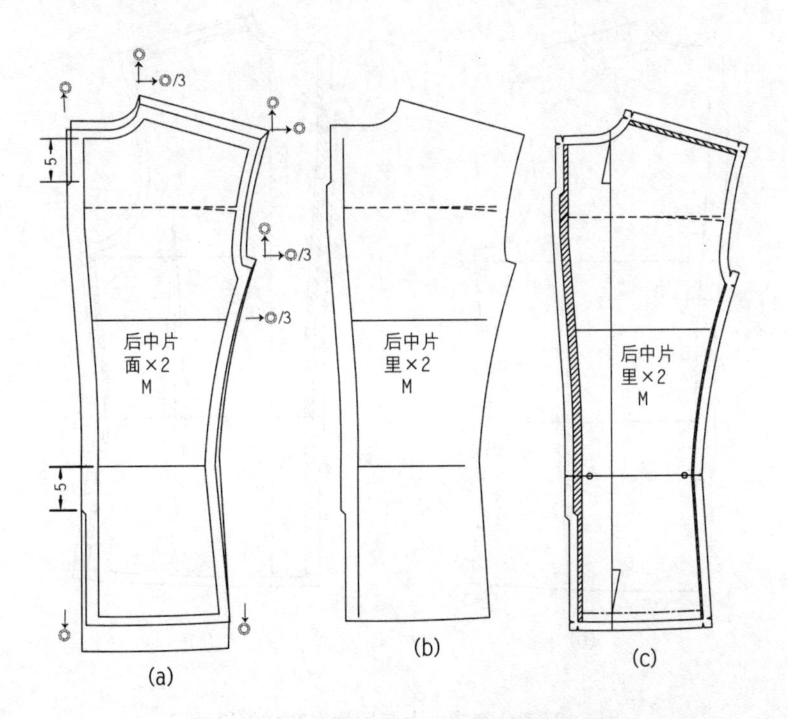

图 5-34 分割式女上装后片样板设计二

7. 分割式女上装后片里布样板设计三

(1) 后片里布在面布样板基础上合并后侧片至后中片及松量配置。见图 5-35(a)。

(2) 后片里布的毛样轮廓线见。图 5-35(b)。

(3) 后片里布缝份及贴边配置。见图 5-35(c)。

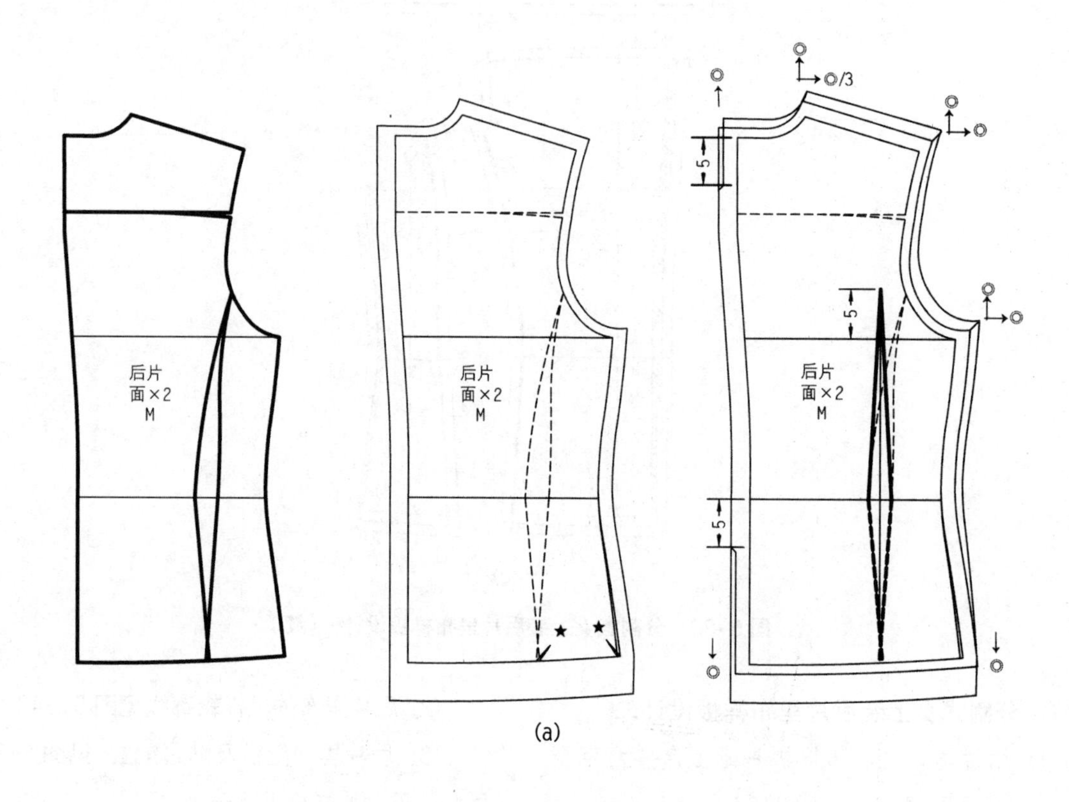

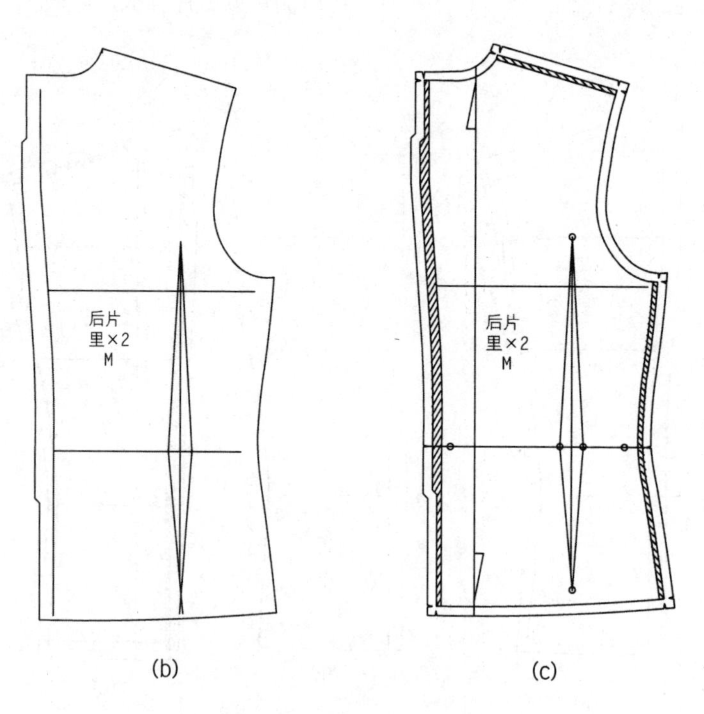

图 5-35 分割式女上装后片里布样板设计三

8. 分割式女上装袖片里布样板设计

(1) 袖片里布在面布样板基础上的松量配置。见图 5-36(a)。

(2) 袖片里布的毛样轮廓线。见图 5-36(b)。

(3) 袖片里布缝份及贴边配置。见图 5-36(c)。

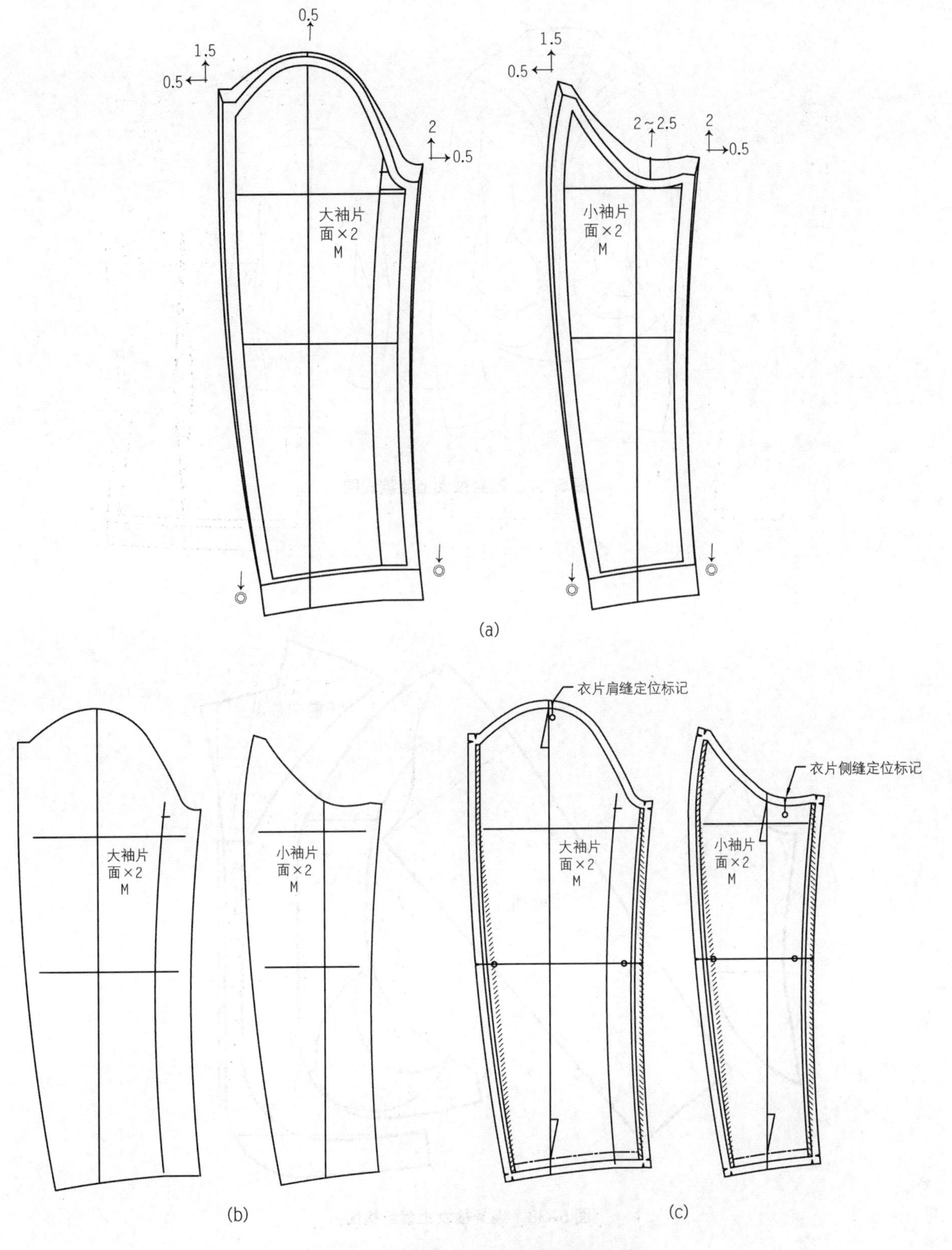

图 5-36 分割式女上装袖片里布样板设计

三、连身袖女上装里布样板设计

1. 款式图、结构图及样板制作

见图 5-37~图 5-39。

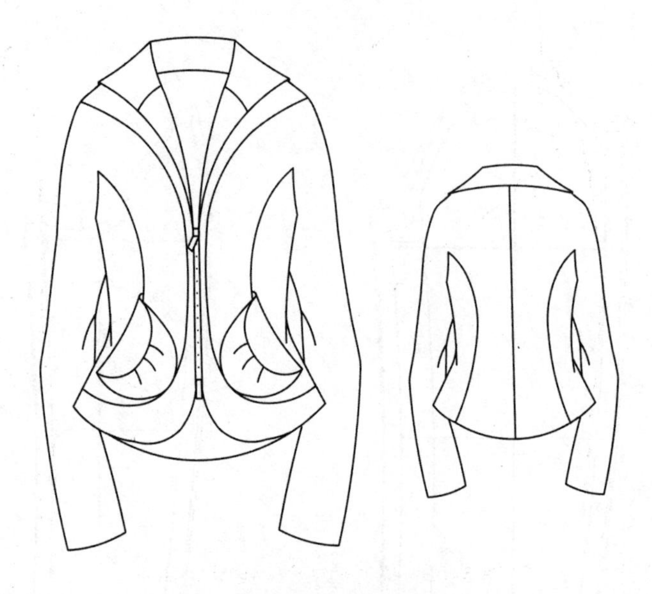

图 5-37 连身袖女上装款式图

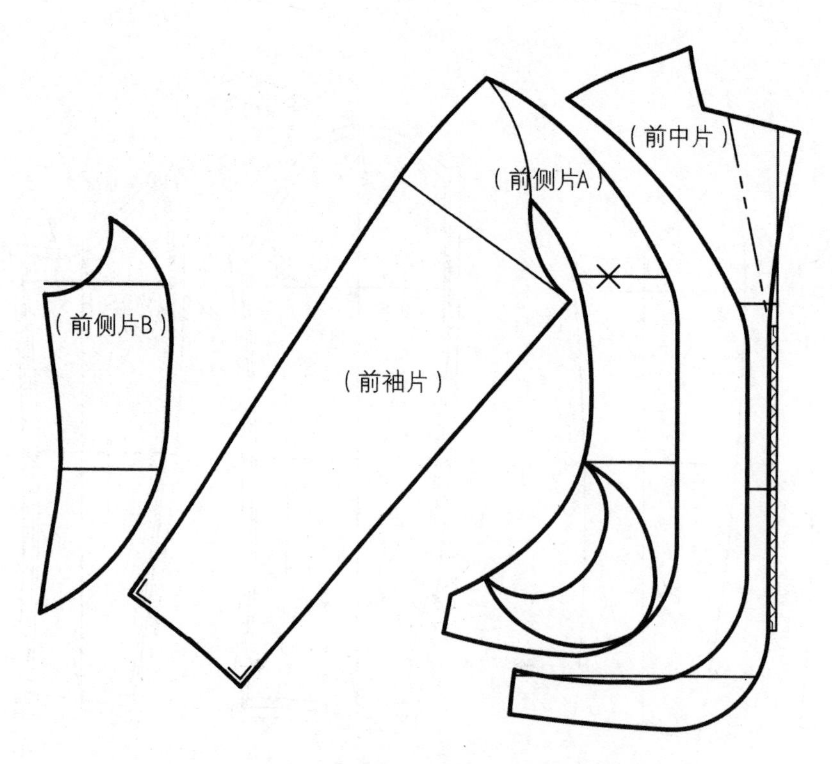

图 5-38 连身袖女上装结构图

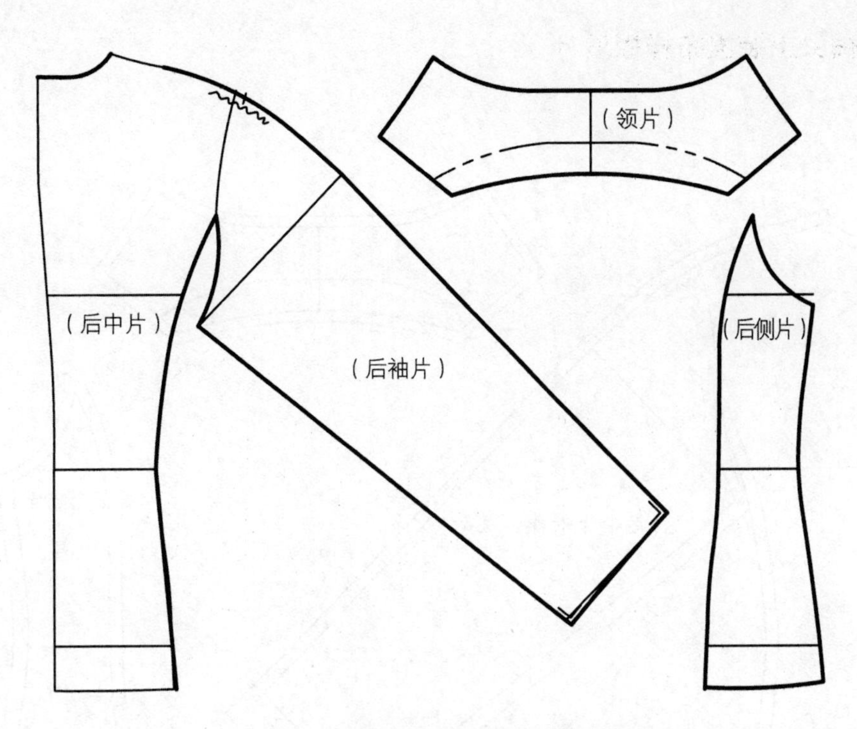

图 5-38 连身袖女上装结构图（续）

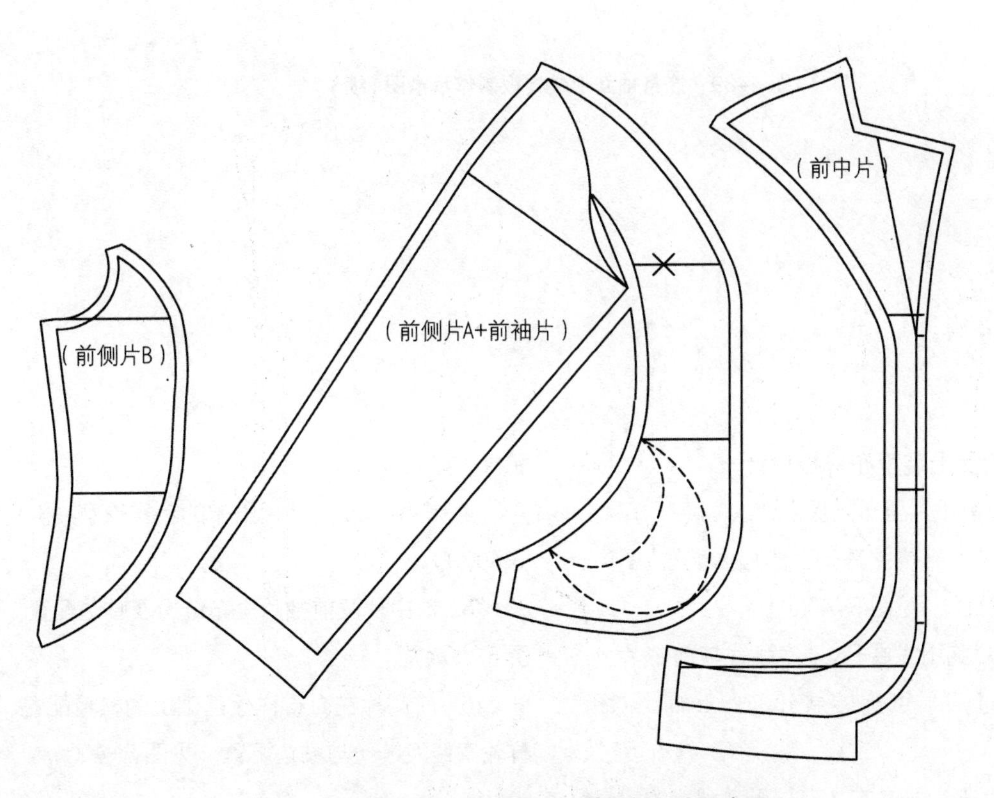

图 5-39 连身袖女上装样板制作示意图

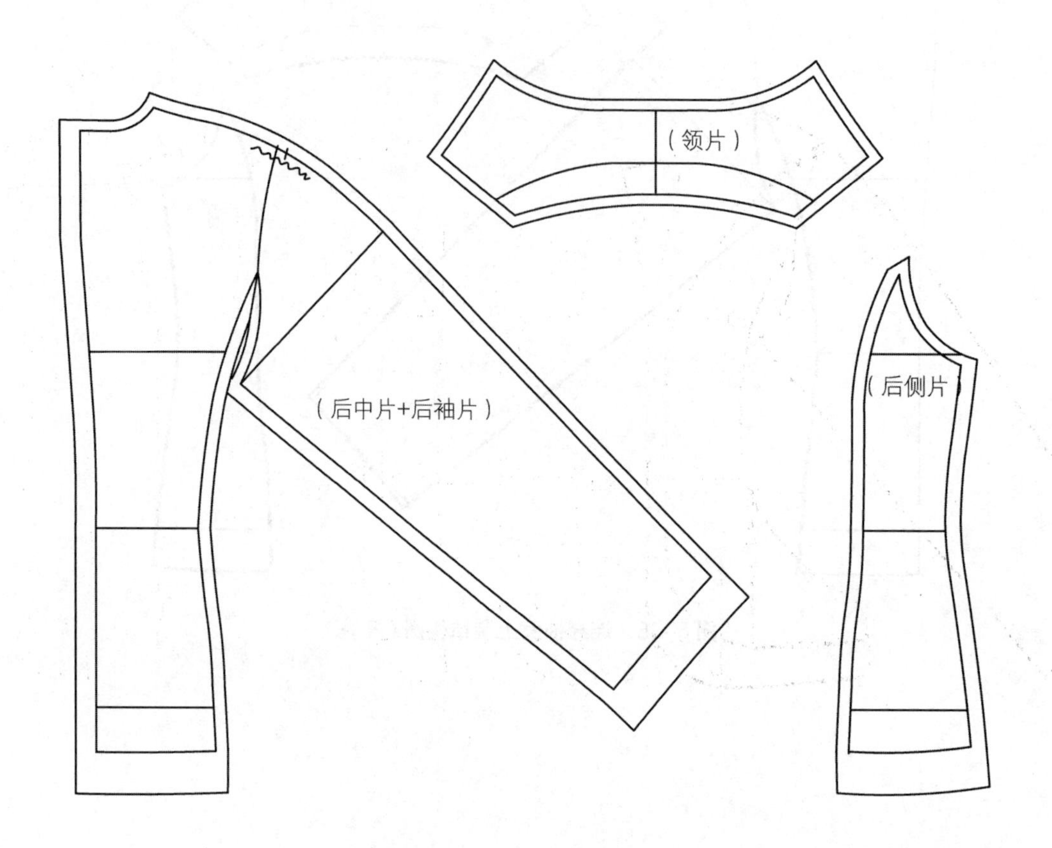

图 5-39 连身袖女上装样板制作示意图（续）

2. 连身袖女上装里布样板设计一

1）前片及前袖片里布样板设计

① 在前中片结构图基础上的挂面配置（图中的◎ =0.3~0.5cm）。见图 5-40(a)。

② 前中片胸围线展开，袖底弧线与前中片分割线之间通过肩端点旋转展开 1.5~2cm。见图 5-40(b)。

③ 前中片及前袖片在面布样板基础上的松量配置。见图 5-40(c)。

④ 前中片及前袖片里布的毛样轮廓线。见图 5-40(d)。

⑤ 前中片及前袖片里布缝份及贴边配置。见图 5-40(e)。

⑥ 前侧片在面布样板基础上的松量配置、毛样轮廓线及缝份与贴边配置。见图 5-40(f)。

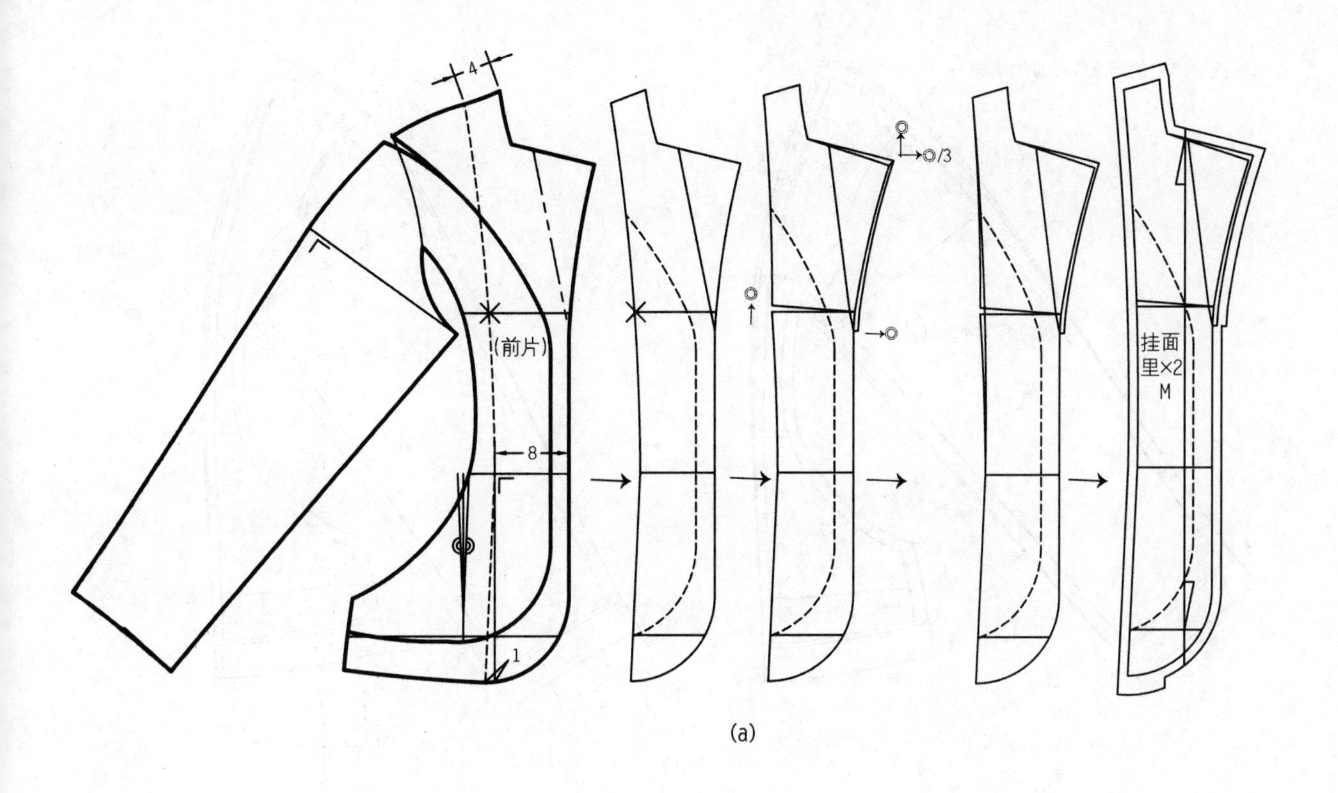

(a)

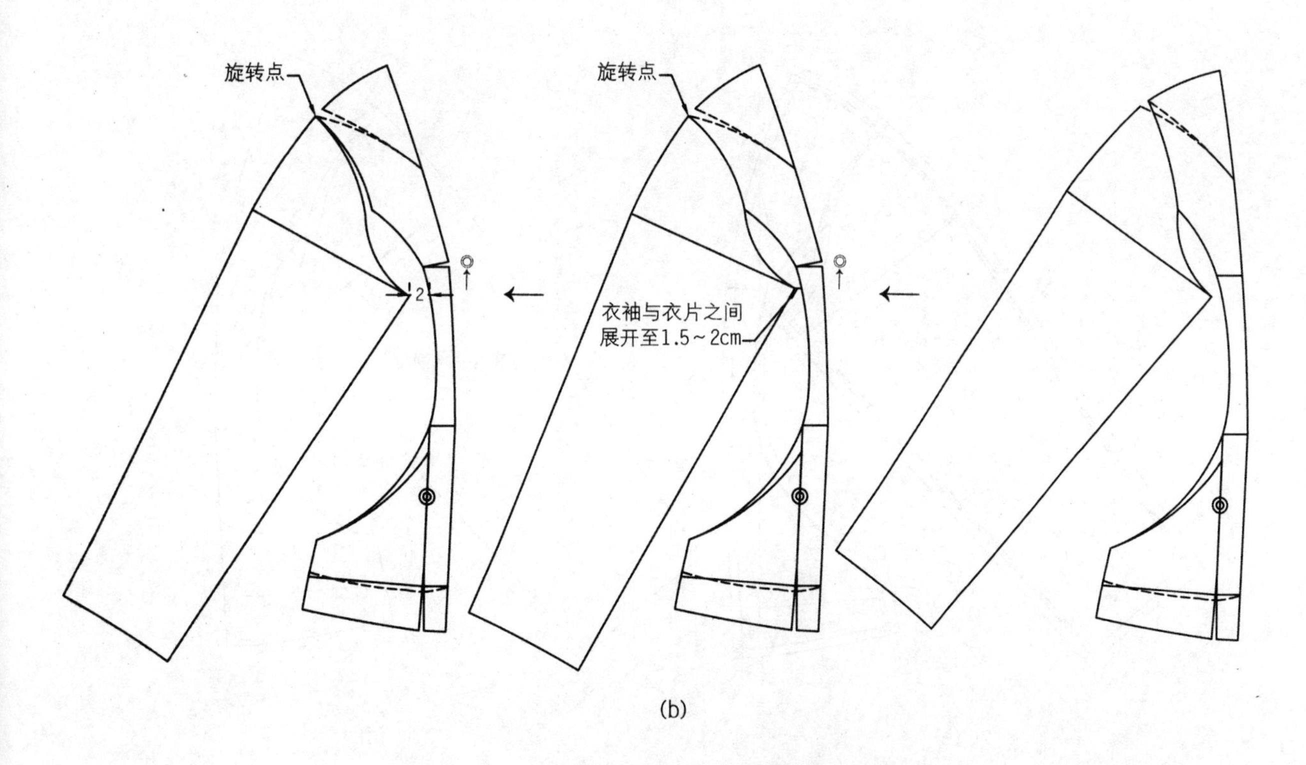

(b)

图 5-40 连身袖女上装前片及前袖片里布样板设计一

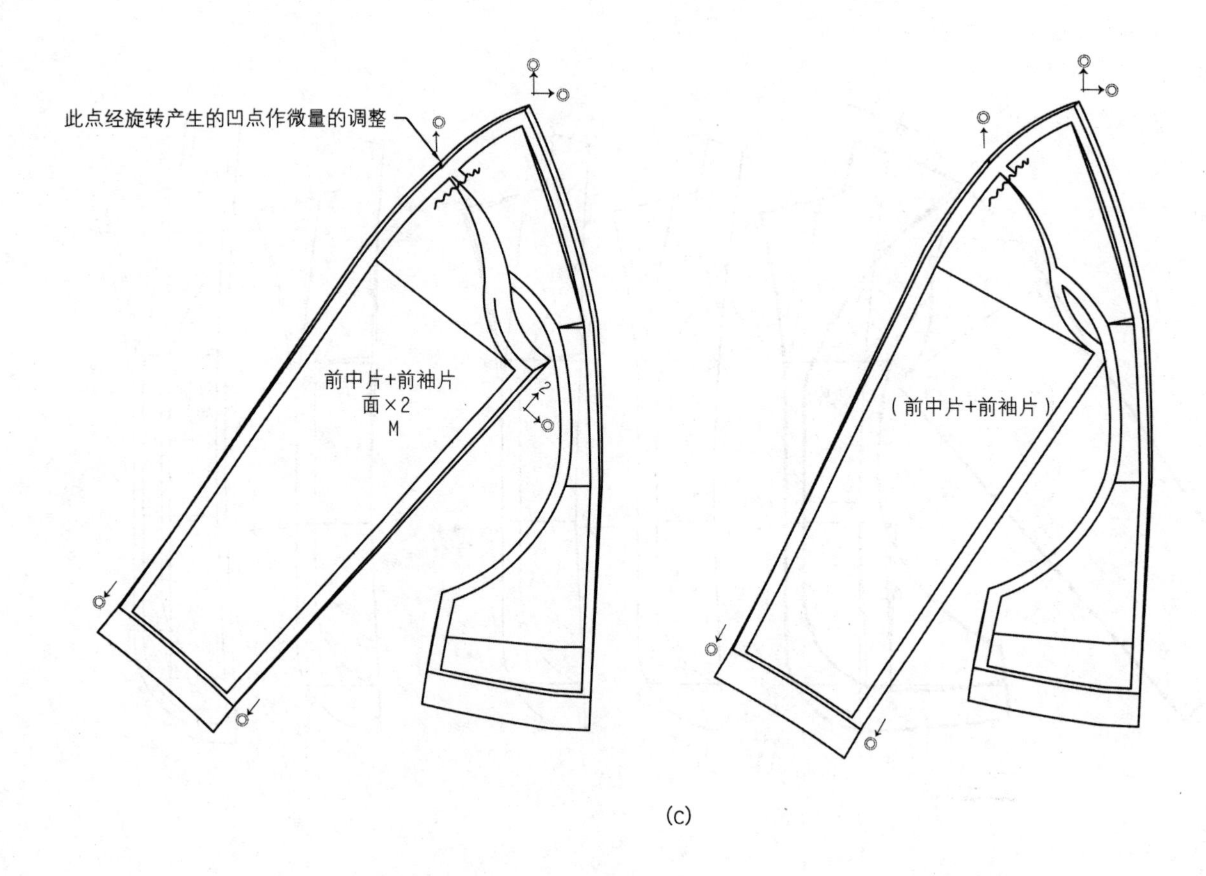

(c)

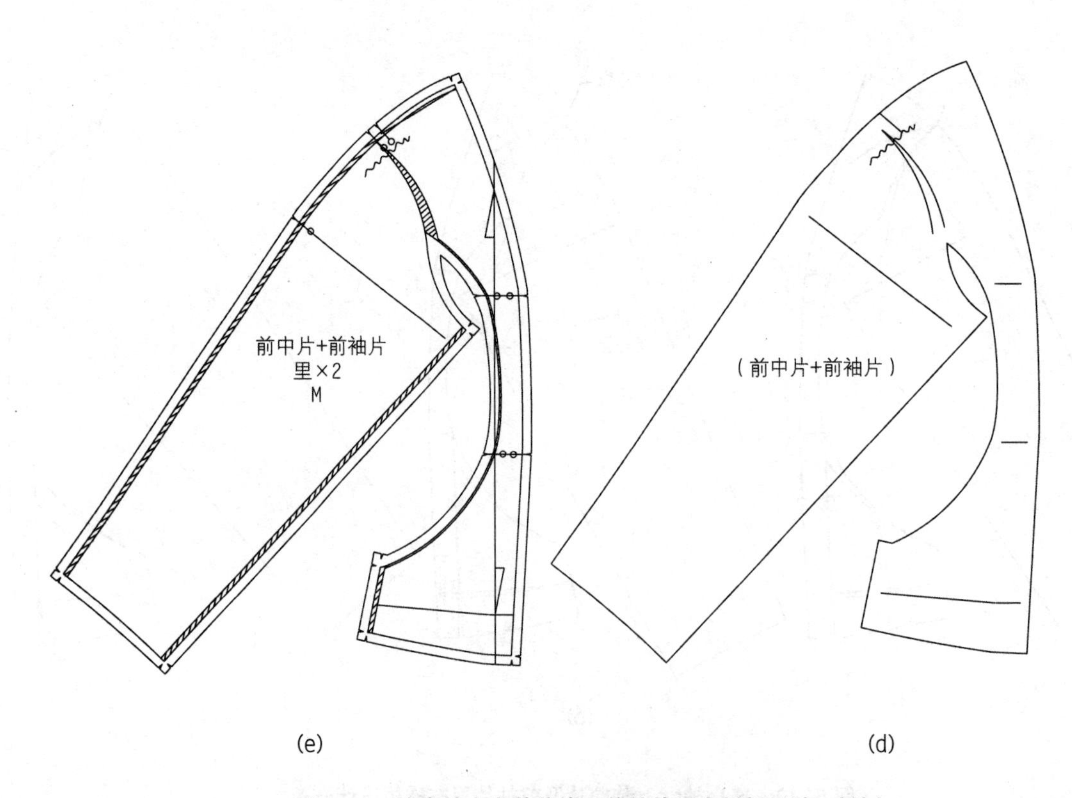

(e) (d)

图 5-40 连身袖女上装前片及前袖片里布样板设计一（续）

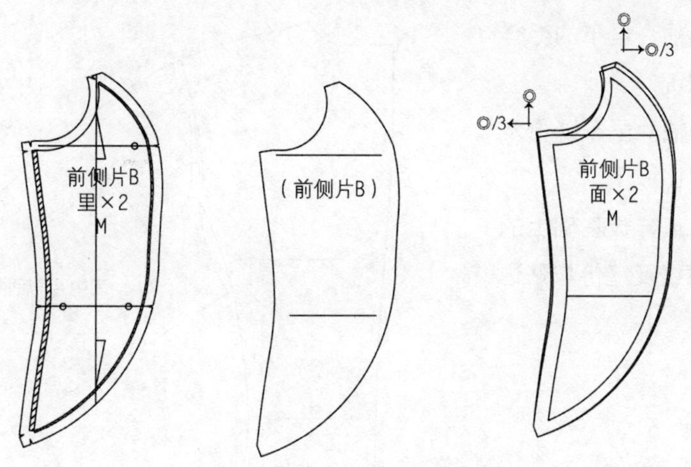

图 5-40 连身袖女上装前片及前袖片里布样板设计一（续）

2）后片及后袖片里布样板设计（图 5-41）

① 后中片及后袖片在面布样板基础上的松量配置（图中的◎ =0.3~0.5）。见图 5-41(a)。

◎+◎/3
后中片+后袖片
面×2
M

◎+◎/3
此点经旋转产生的凹点作微量的调整
后中片+后袖片
面×2
M

(a)

图 5-41 连身袖女上装后片及后袖片里布样板设计一 (a)

② 后中片及后袖片里布的毛样轮廓线。见图 5-41(b)。

③ 后中片及后袖片里布缝份及贴边配置。见图 5-41(c)。

④ 后侧片在面布样板基础上的松量配置、毛样轮廓线及缝份与贴边配置。见图 5-41(d)。

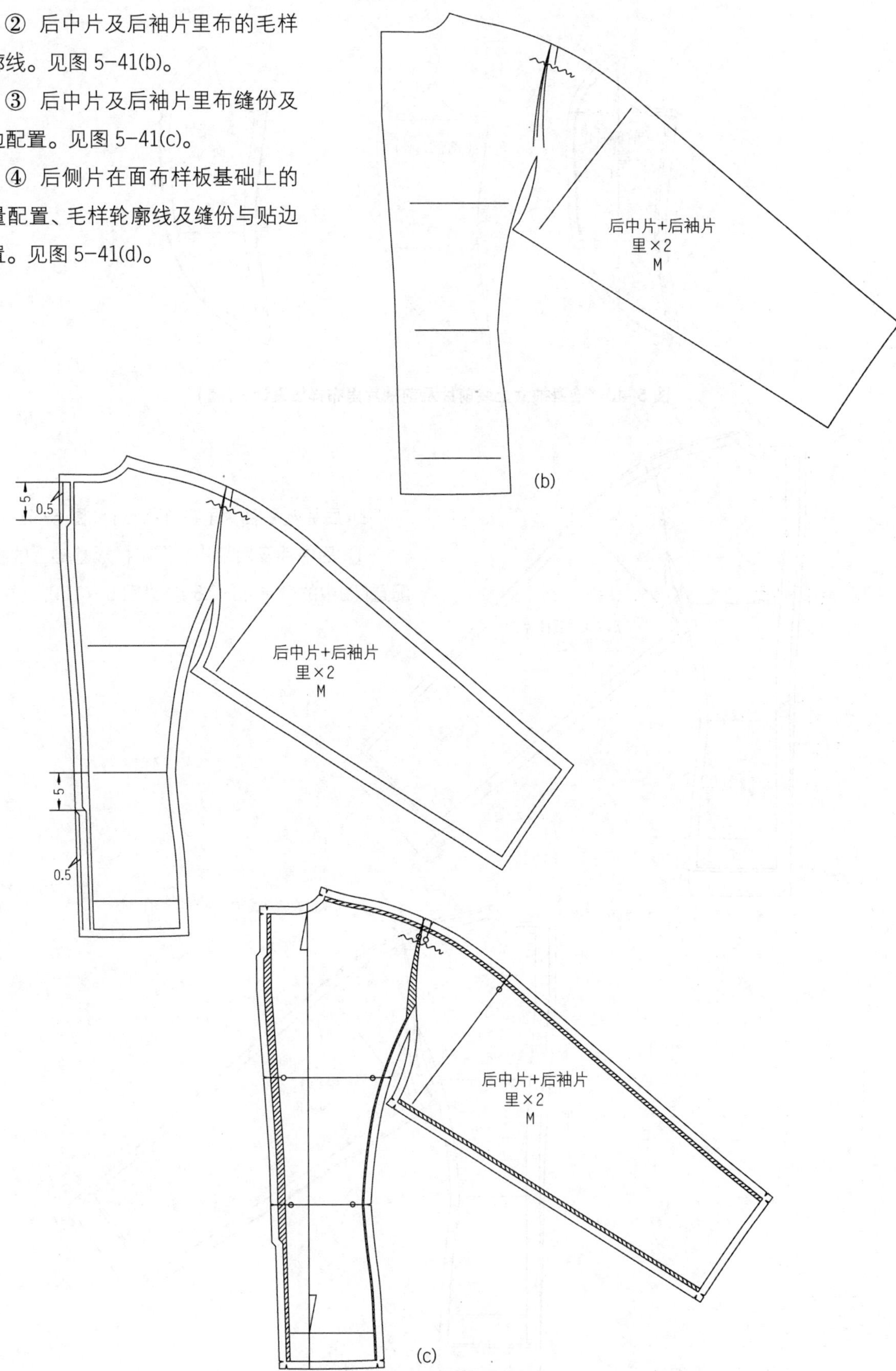

图 5-41　连身袖女上装后片及后袖片里布样板设计一 (b)、(c)

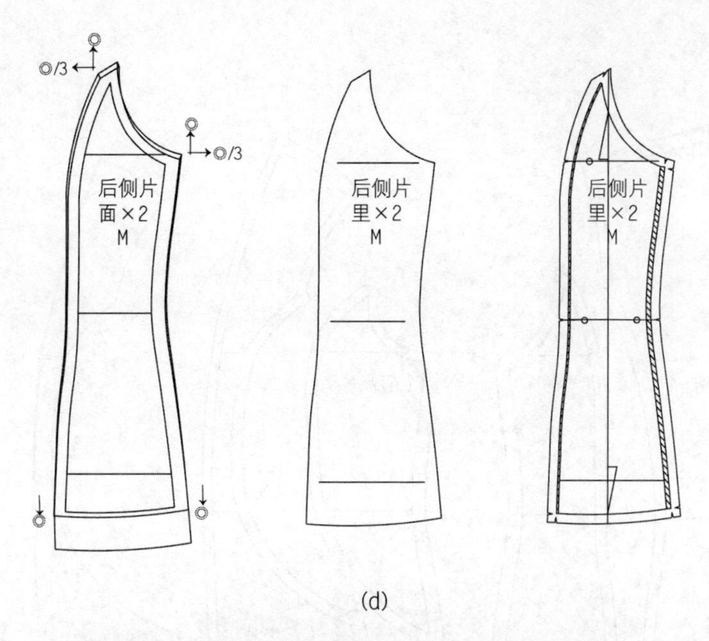

(d)

图 5-41 连身袖女上装后片及后袖片里布样板设计一 (d)

2. 连身袖女上装里布样板设计二

(1) 前后中片与前后袖片结构分离。见图5-42(a)。

(2) 衣片及袖片结构分离状态的样板制作。见图 5-42(b)。

(3) 衣片及袖片结构分离状态的里布松量配置(图中的◎ =0.3~0.5)。见图 5-42(c)。

(4) 衣片及袖片里布的毛样轮廓线。见图5-42(d)。

(5) 衣片及袖片里布缝份及贴边配置。见图5-42(e)。

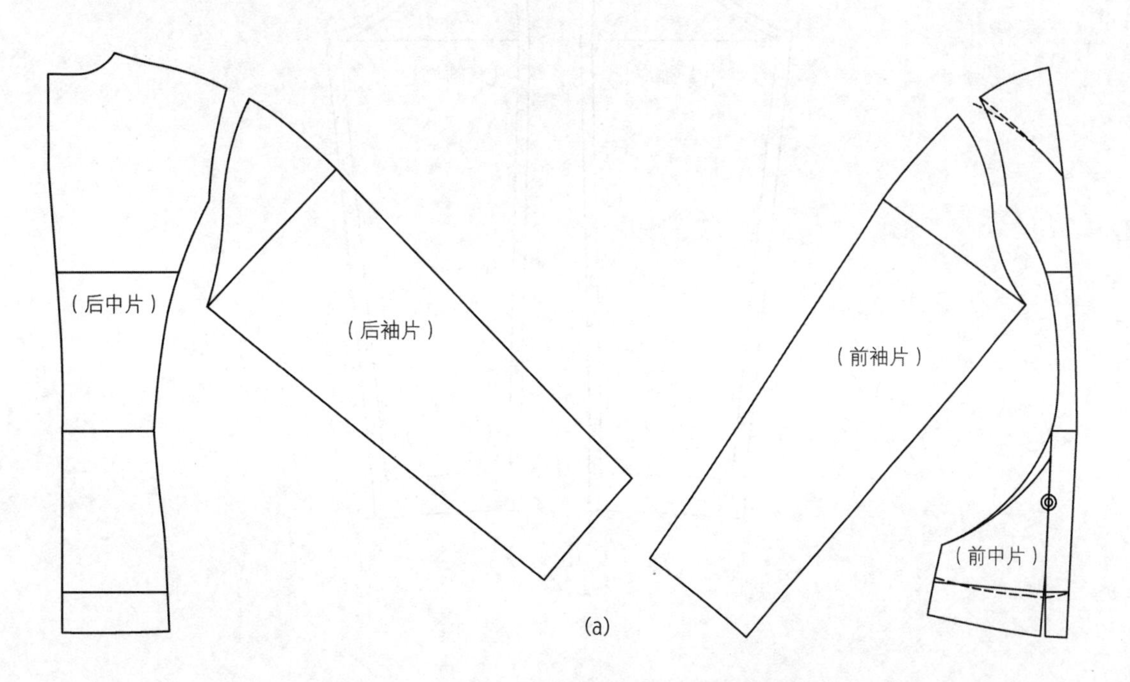

(a)

图 5-42 连身袖女上装后片及后袖片里布样板设计二

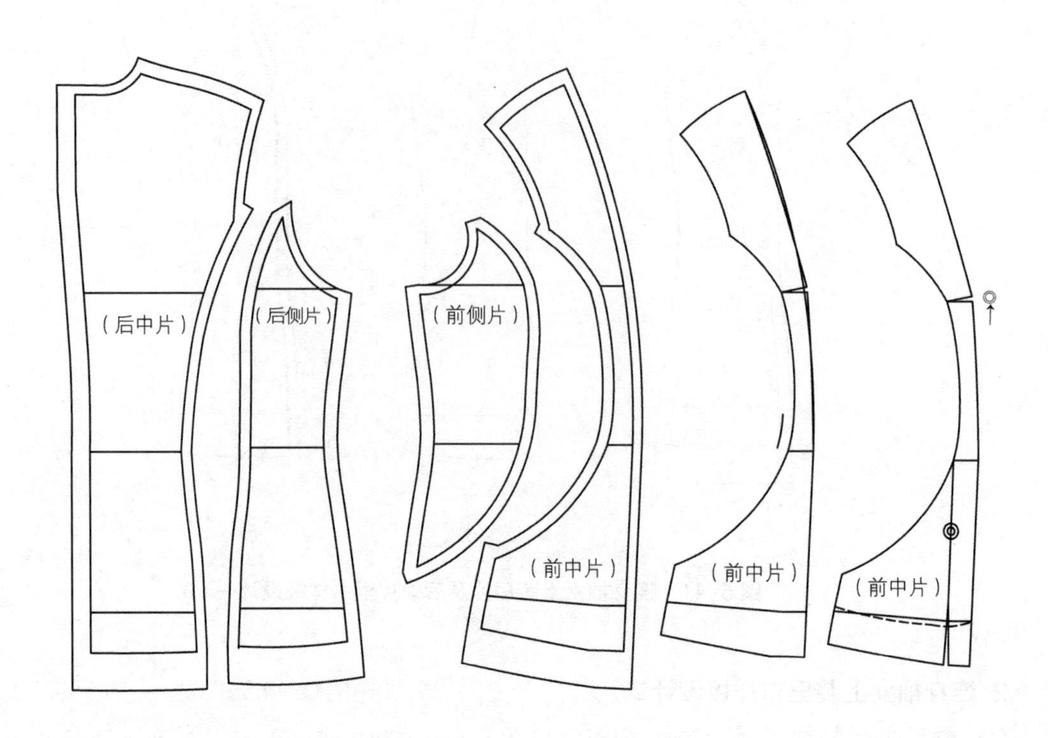

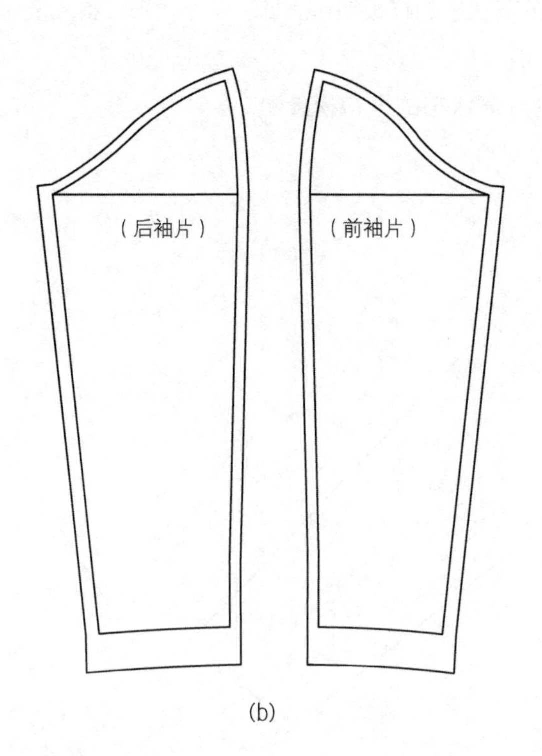

(b)

图 5-42 连身袖女上装后片及后袖片里布样板设计二（续）

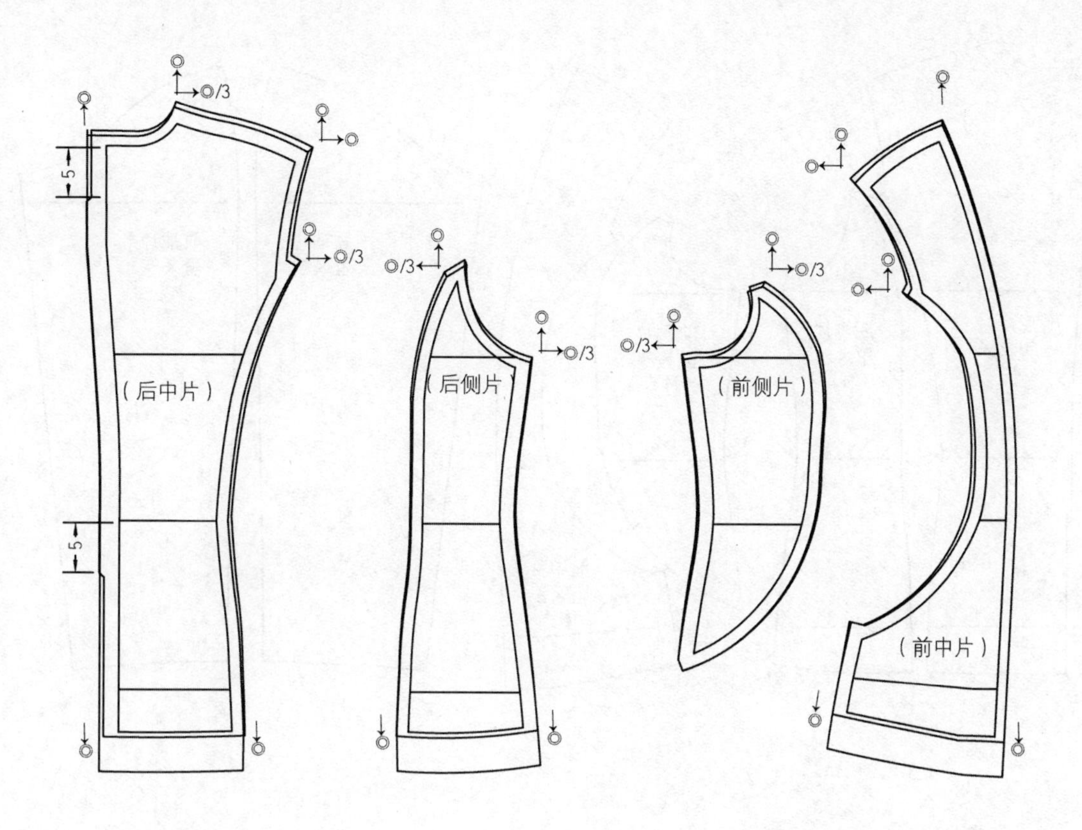

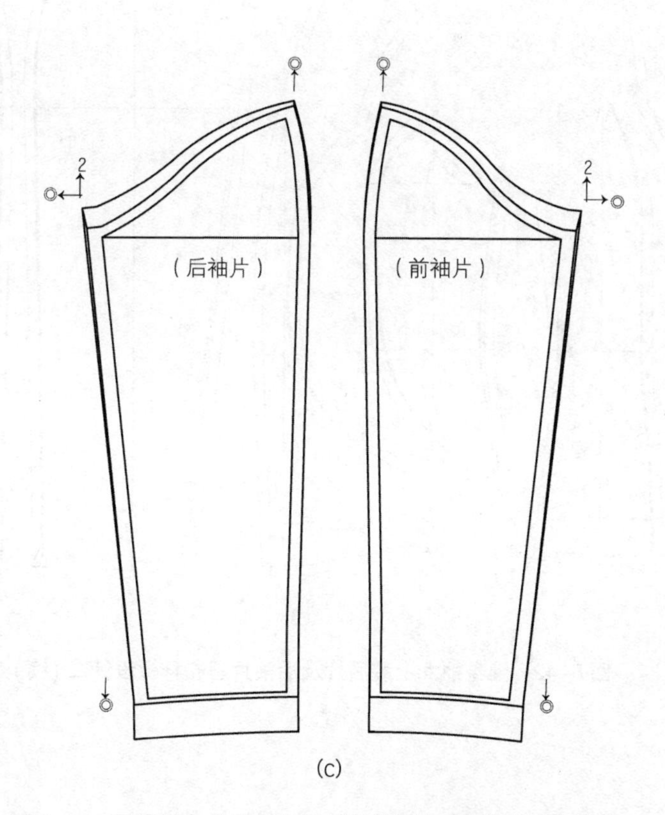

(c)

图 5-42 连身袖女上装后片及后袖片里布样板设计二（续）

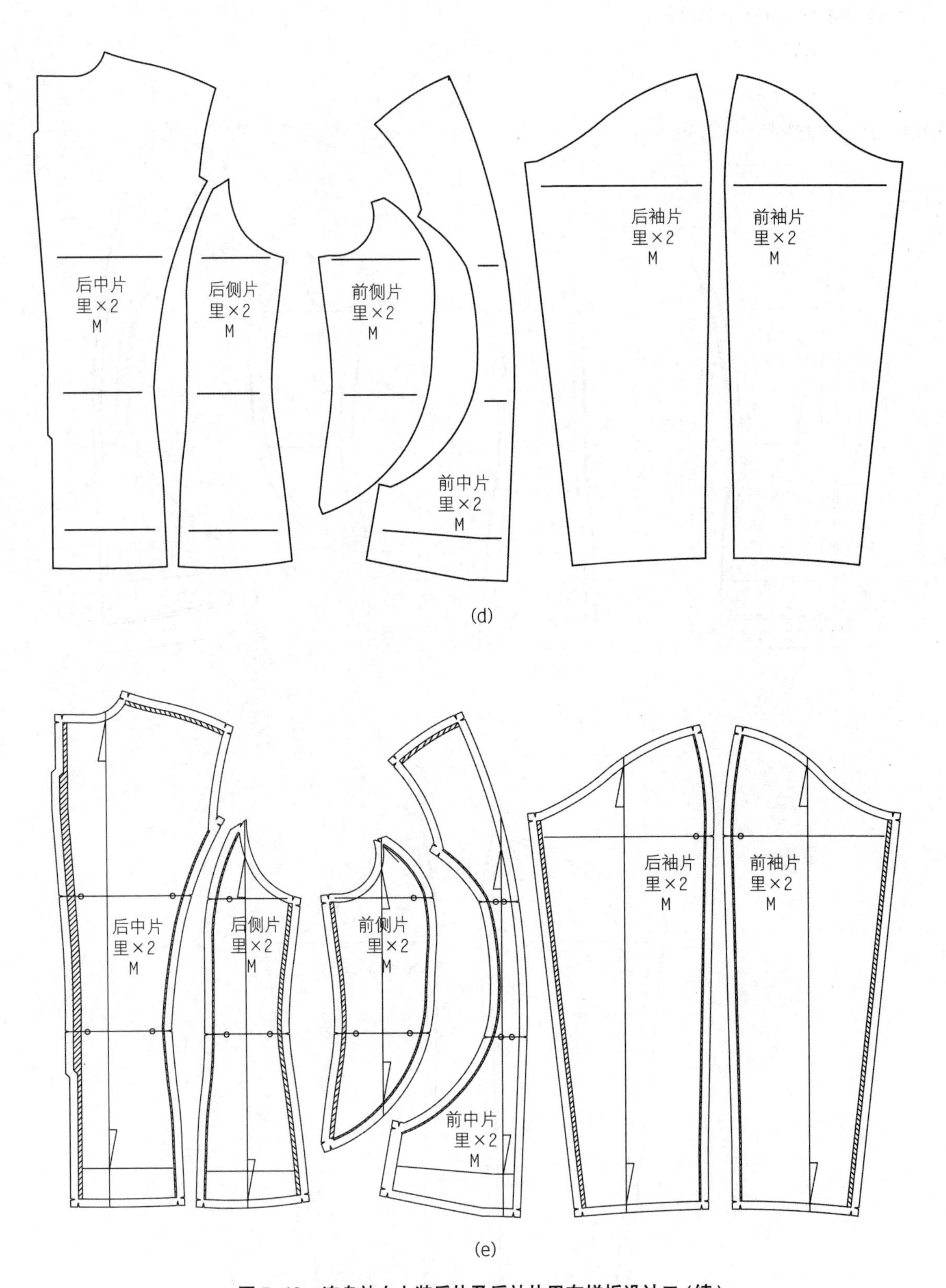

图 5-42　连身袖女上装后片及后袖片里布样板设计二（续）

3. 连身袖女上装里布样板设计三

(1) 前后中衣片与前后袖片结构分离；前(后)中衣片与前(后)侧片及前后袖片结构合并，分割线转化为胸省与腰省。见图 5-43(a)。

(2) 衣片及袖片结构分离；前(后)中衣片与前(后)侧片及前后袖片结构合并的样板制作。见图 5-43(b)。

(3) 衣片及袖片结构分离状态；前(后)中衣片与前(后)侧片及前后袖片结构合并状态的里布松量配置(图中的◎ =0.3~0.5)。见图 5-43(c)。

(4) 衣片及袖片里布的毛样轮廓线。见图 5-43(d)。

(5) 衣片及袖片里布缝份及贴边配置。见图 5-43(e)。

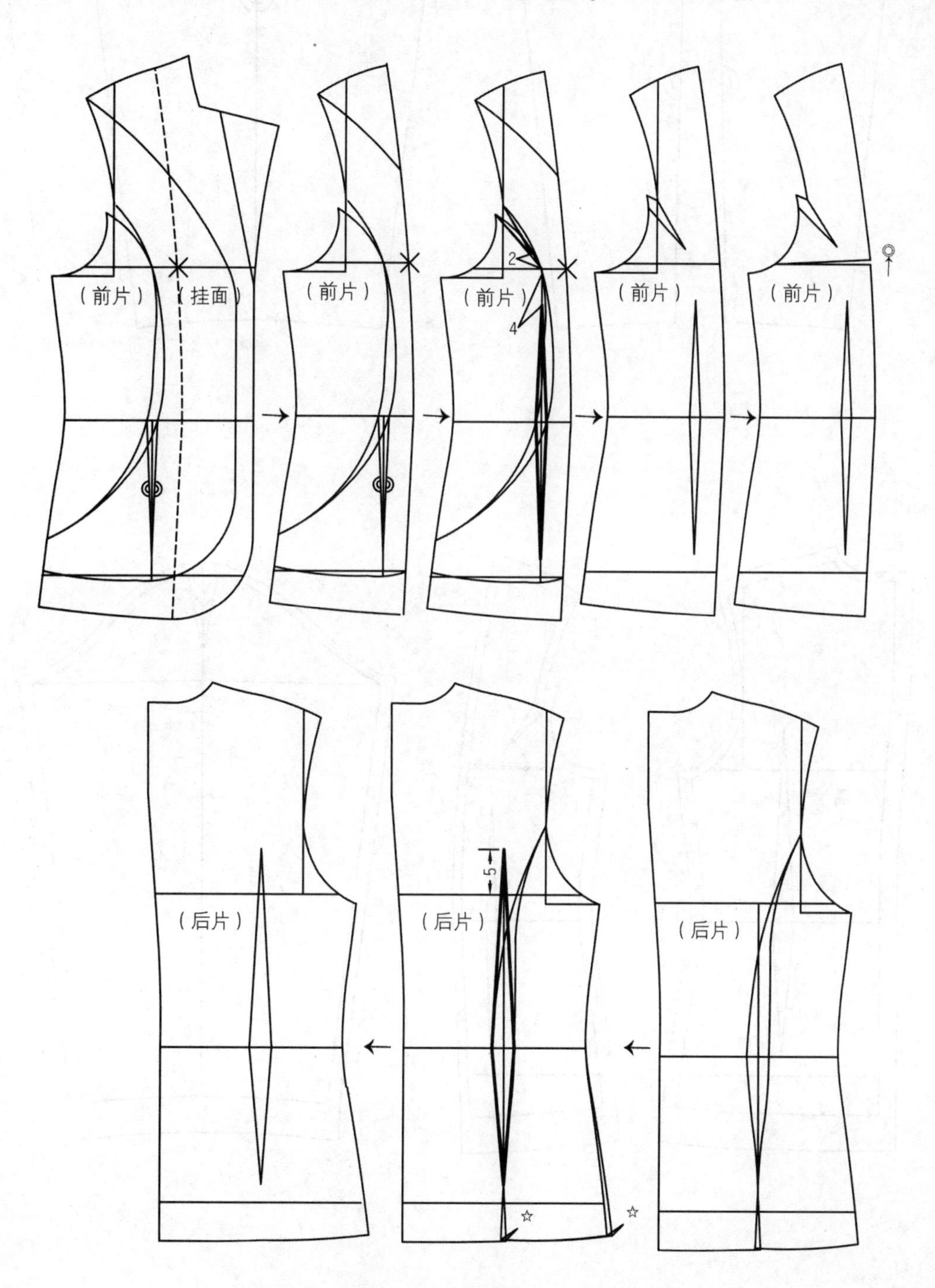

图 5-43　连身袖女上装后片及后袖片里布样板设计三

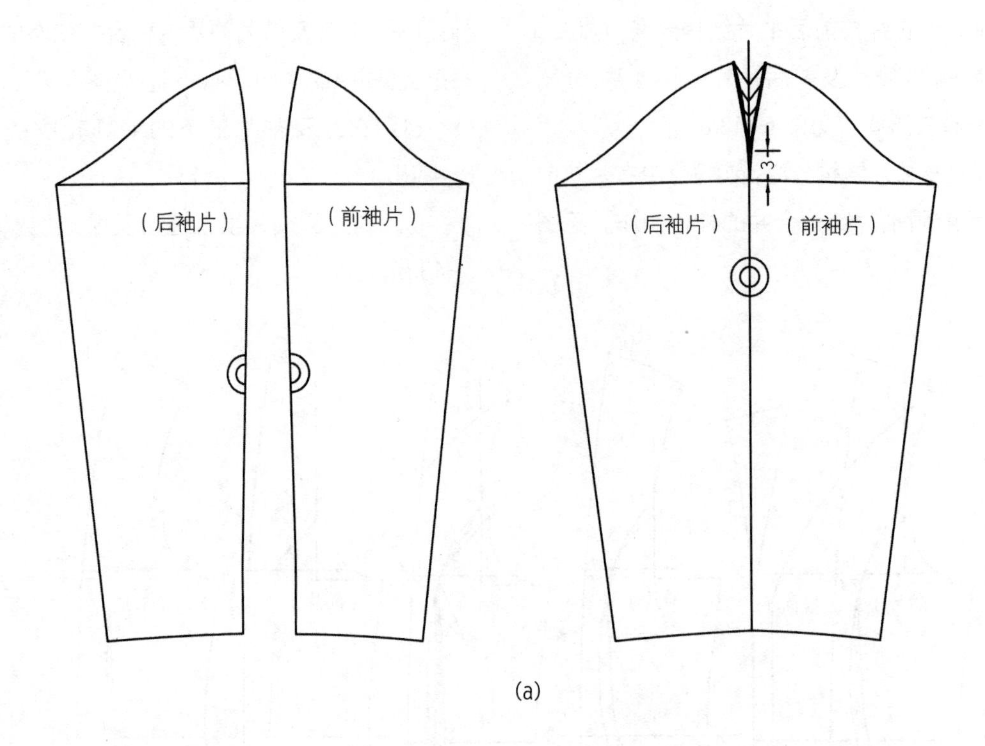

(a)

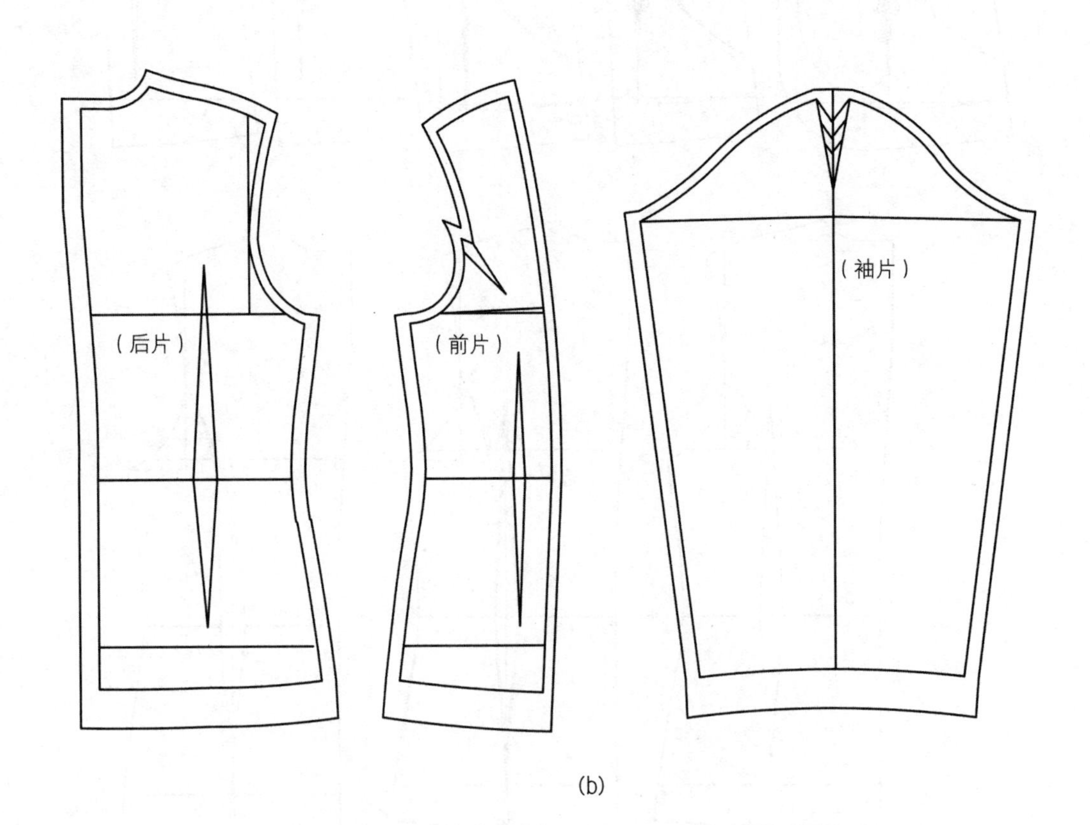

(b)

图 5-43 连身袖女上装后片及后袖片里布样板设计三（续）

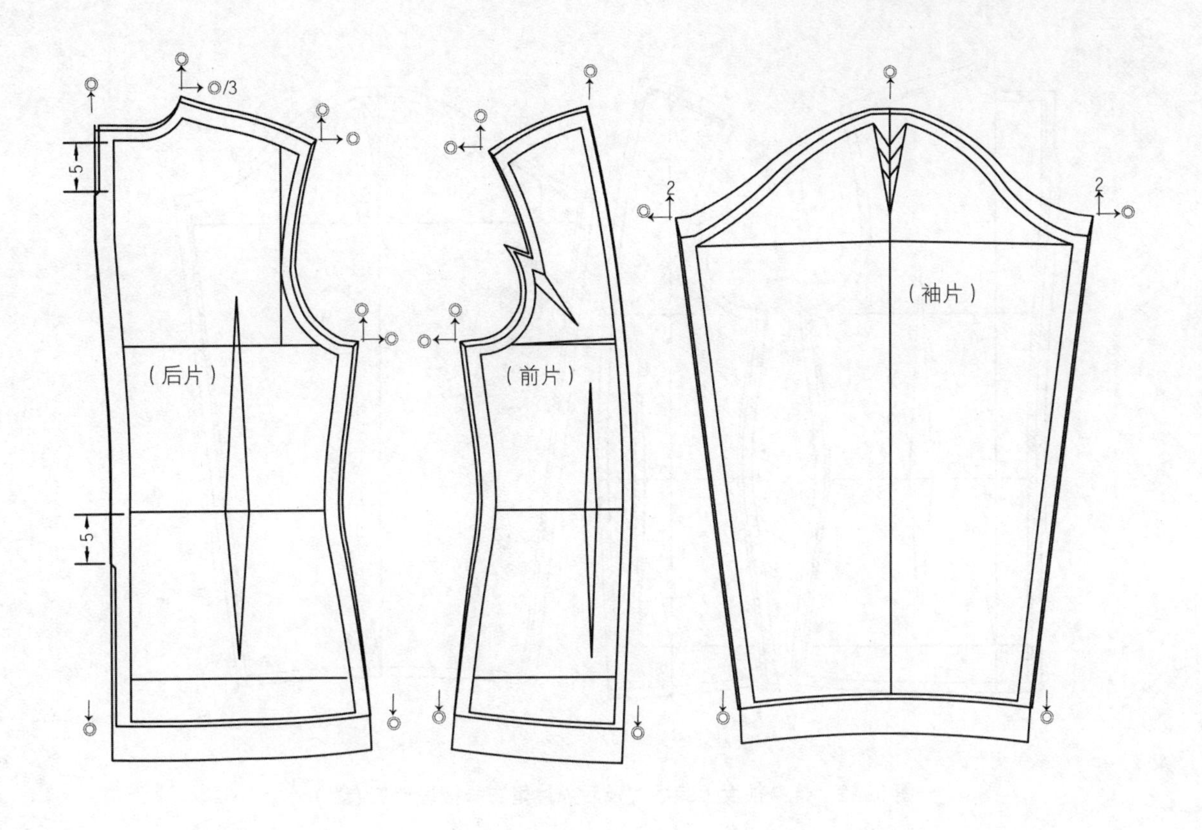

(c)

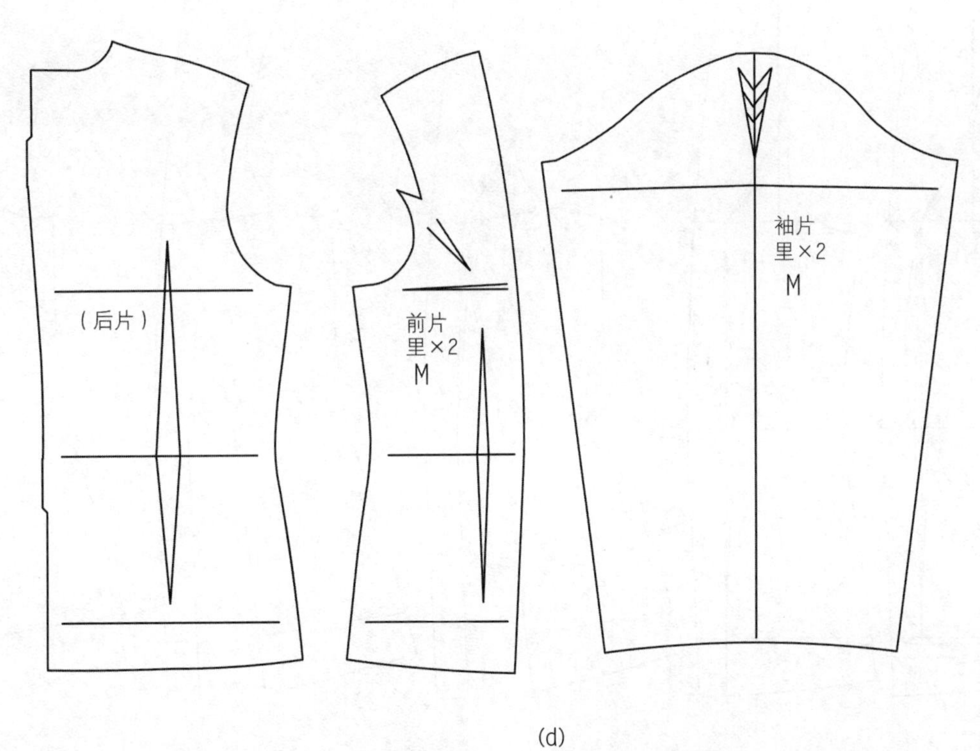

(d)

图 5-43　连身袖女上装后片及后袖片里布样板设计三（续）

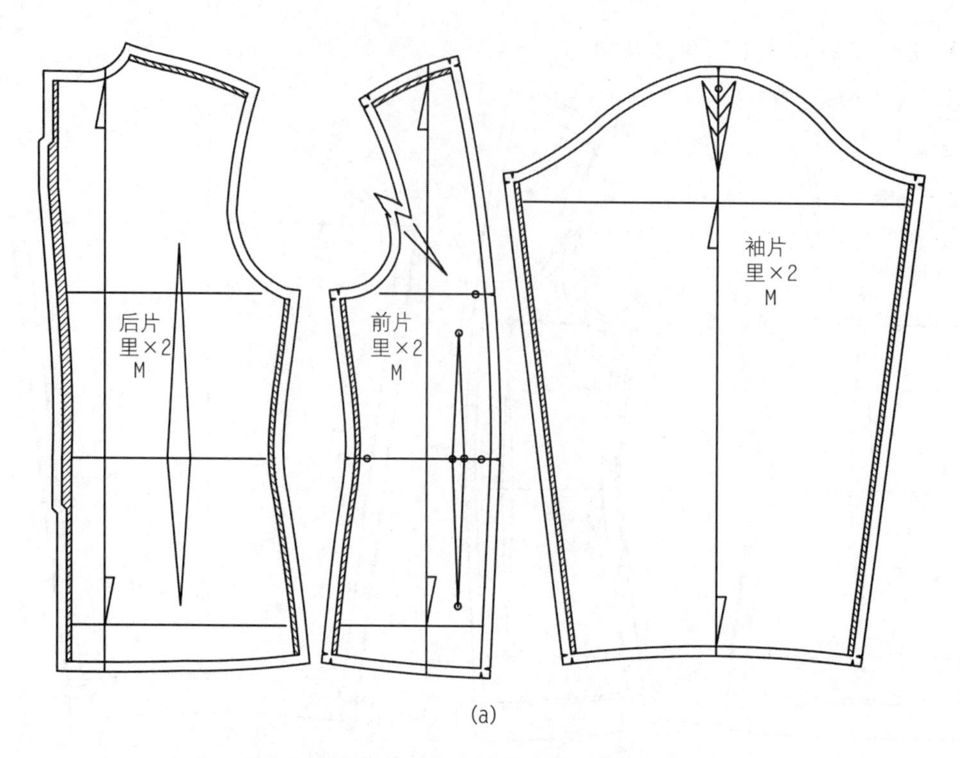

图 5-43 连身袖女上装后片及后袖片里布样板设计三 (续)

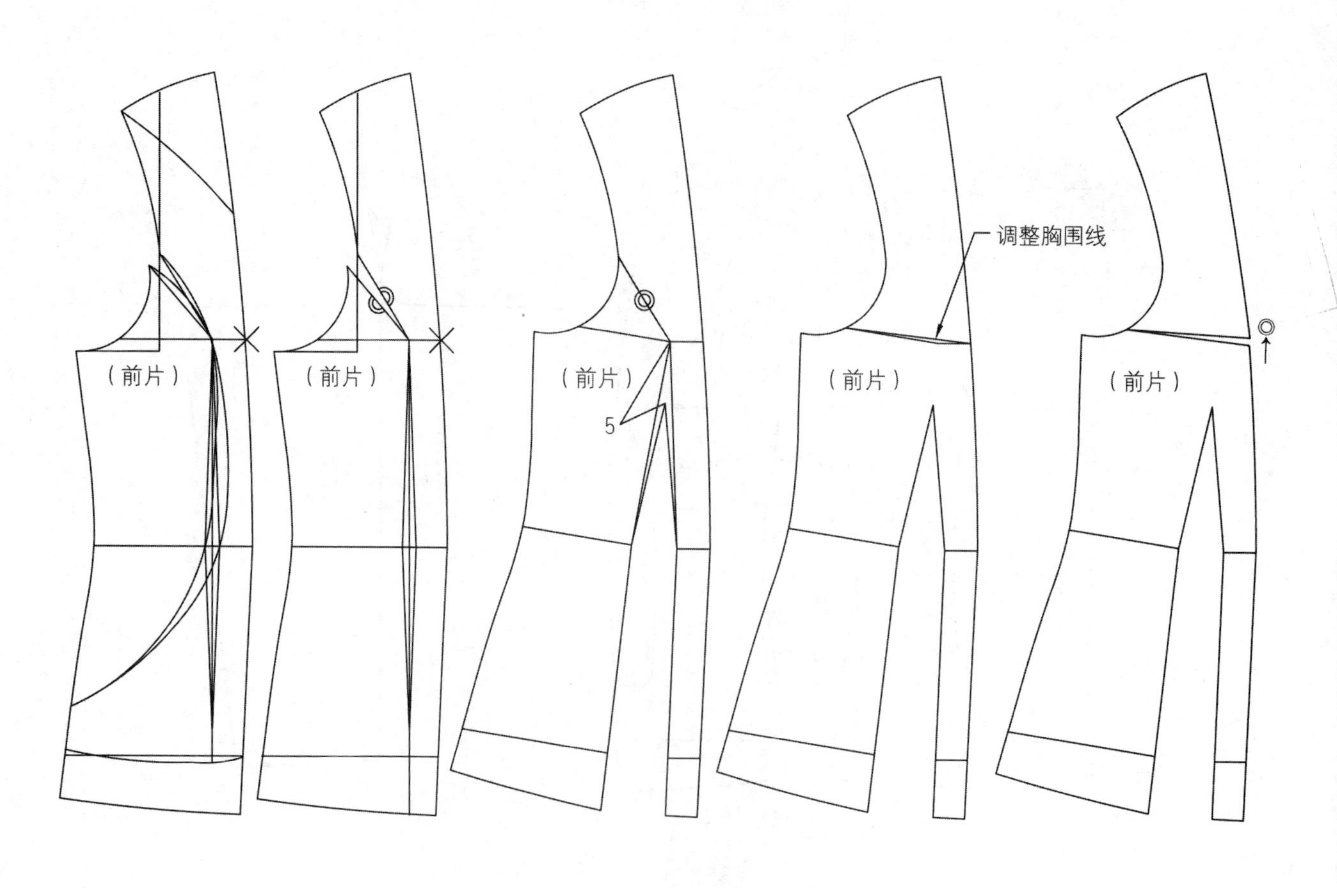

图 5-44 连身袖女上装前片里布样板设计四 (a)

4. 连身袖女上装前片里布样板设计四（图 5-44）

(1) 在前述前衣片基础上，将胸省转化为胸腰省。见图 5-44(a)。

(2) 胸腰省结构状态前衣片的样板制作。见图 5-44(b)。

(3) 胸腰省结构状态前衣片里布的松量配置（图中的◎ =0.3~0.5）。见图 5-44(c)。

(4) 胸腰省结构状态前衣片里布的毛样轮廓线。见图 5-44(d)。

(5) 胸腰省结构状态前衣片里布缝份及贴边配置。见图 5-44(e)。

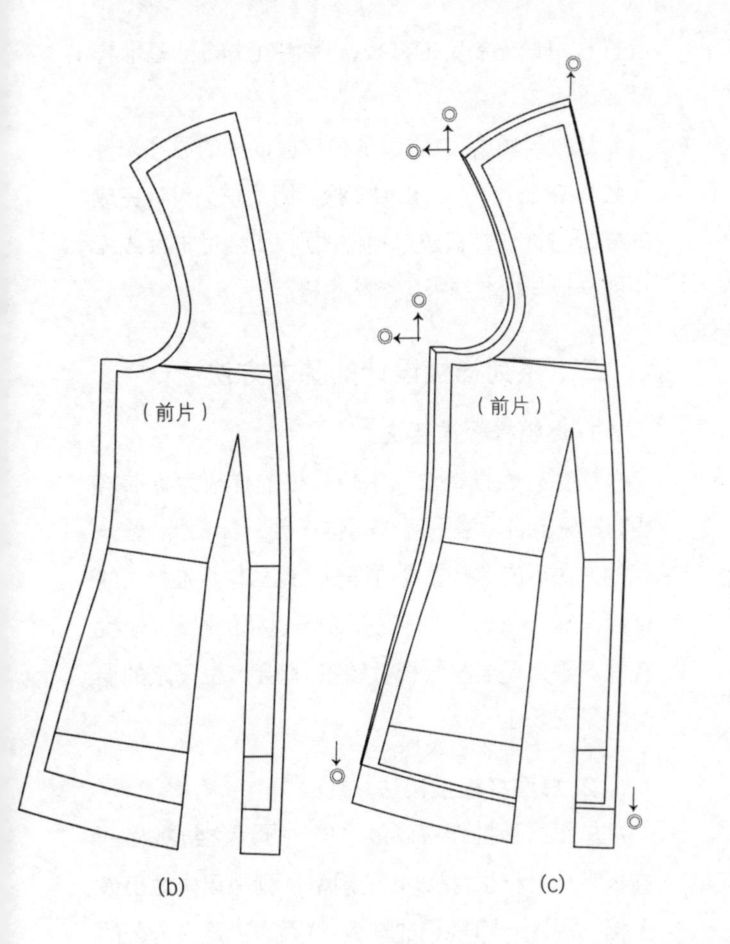

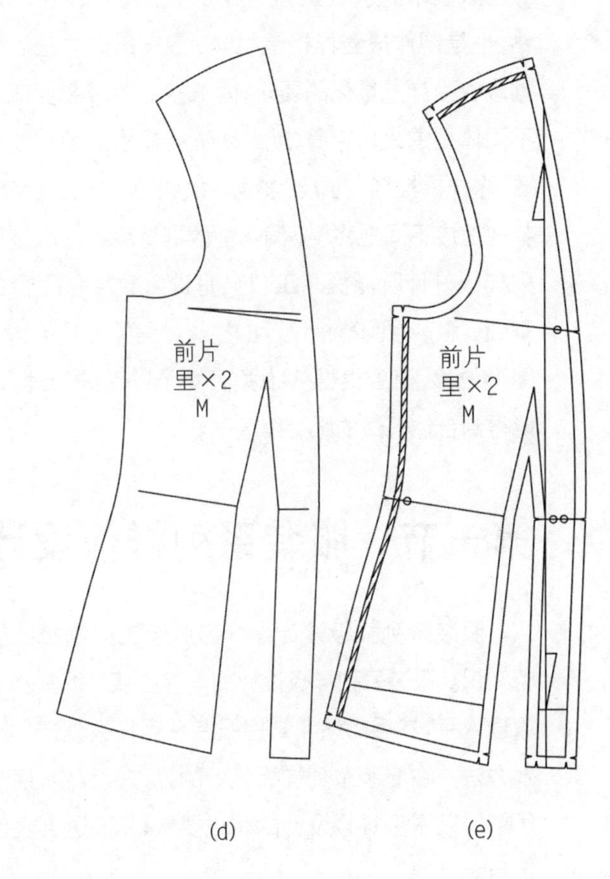

图 5-44　连身袖女上装前片里布样板设计四 (b)、(c)、(d)、(e)

思考题：

1. 服装里布设计与哪些因素有关？
2. 服装里布设计方法有哪些？
3. 服装里布的配置方法有哪些？

第六章 服装系列样板设计方法

服装系列样板设计是服装工业生产发展的产物，也是制作成套样板最科学、最实用的方法。根据成衣生产批量化的要求，同一款式的服装要适应不同体型的人体穿着，就必须进行规格的缩放处理（俗称样板推档、推板、扩号、放码等）以使服装的款式适应不同规格、不同体型的群体穿着。服装系列样板设计既能提高工效又是进入数字化平台的基础。服装系列样板设计的操作过程并不是单纯的图形位移，而应根据各相关因素予以系统处理，才能得到合体舒适的服装缩放图。

第一节 服装系列样板设计

服装系列样板设计是学习服装工业制板的必备知识。服装系列样板设计的学习应从理解其基本原理入手，然后熟悉和掌握服装系列样板设计的基本方法。在服装系列样板设计的操作过程中，逐步了解服装系列样板设计的构成要素，从而达到灵活运用之目的。

一、系列样板设计的基本原理

服装系列样板设计是以某一档规格的样板为基础（标准样板），按设定的规格系列进行有规律地扩大或缩小的样板制作方法。所谓标准样板是指成套样板中最先制定的样板，也称中心样板、基准样板或母板。

从数学角度看，服装系列样板设计的原理来自于数学中任意图形的相似变换。因此系列设计完成的样板与标准样板应是相似图形，即经过扩大或缩小的样板与标准样板应结构相符。

二、系列样板设计的基本方法

1. 逐档样板推档法

逐档样板推档法以中档规格的样板为标准样板，按设定的规格系列采用推一档、画一档、剪一档的方法形成各档规格的样板。逐档样板推档法的优点是较灵活，适合有规律或无规律的跳档，速度较快。缺点是当样板档数较多时，会产生一定的误差。见图 6-1。

2. 总图样板推档法

总图样板推档法以最小档（或最大档）规格的样板为标准样板，按设定的规格系列采用先做出最大档（或最小档）规格的样板，然后通过逐次等分的方法形成各档规格的样板。总图样板推档法的优点是效率高，适合多档规格的样板推档，而且精确度较高，便于技术存档。缺点是步骤繁复，即二步到位法，速度较慢。见图 6-2。

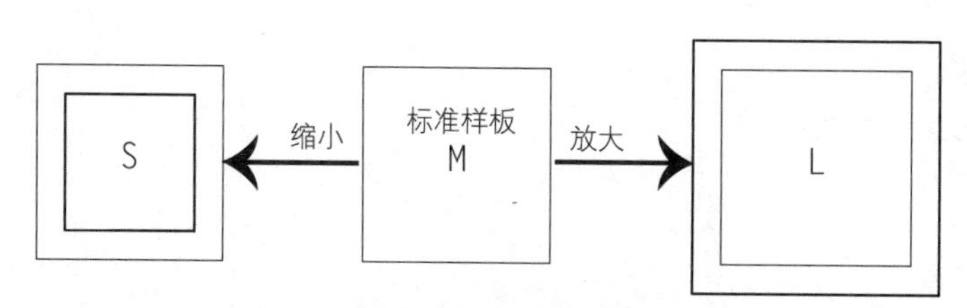

图 6-1 逐档样板推档法示意图

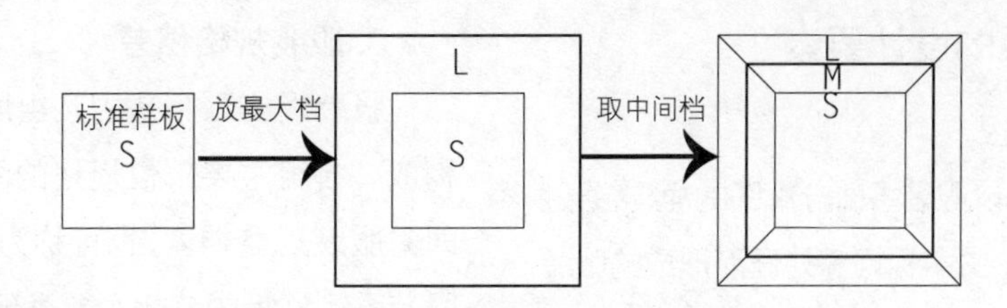

图 6-2 总图样板推档法示意图

3. 射线样板推档法

射线样板推档法以中档规格的样板为标准样板，按设定的规格系列采用先确定标准样板的各个关节点的坐标点，将标准样板上的关节点(A)与推出的相应的坐标点(B)连线并向两边延伸，然后将A、B两点的距离向两边作等量距离的扩展的方法形成各档规格的样板。射线样板推档法的优点是效率高，适合多档规格的样板推档，便于技术存档。缺点是精确度不如总图样板推档法，步骤繁复，即二步到位法，速度不如逐档样板推档法。见图 6-3。

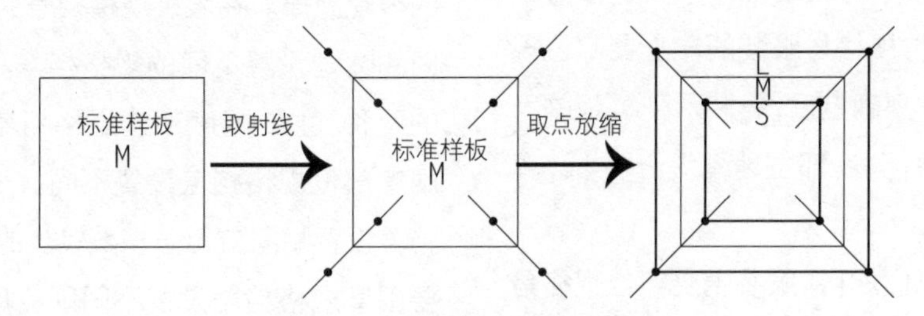

图 6-3 射线样板推档法示意图

4. 切割展开法

切割展开法以中档规格的样板为标准样板，按设定的规格系列采用先确定标准样板的各条切割线及各条切割线上的变化量，然后将切割线按确定的变化量展开的方法形成各档规格的样板。切割展开法的优点是各部位的展开量清晰地反映在样板推档图中，对样板推档原理的理解相当有利，适合计算机(服装 CAD)样板推档。缺点是不适合手工样板推档。见图 6-4。

服装系列样板设计的方法很多，以上介绍的是目前采用较多的方法。在手工样板推档中，采用最多的是逐档样板推档法与总图样板推档法。切割展开法多在服装 CAD 中应用。

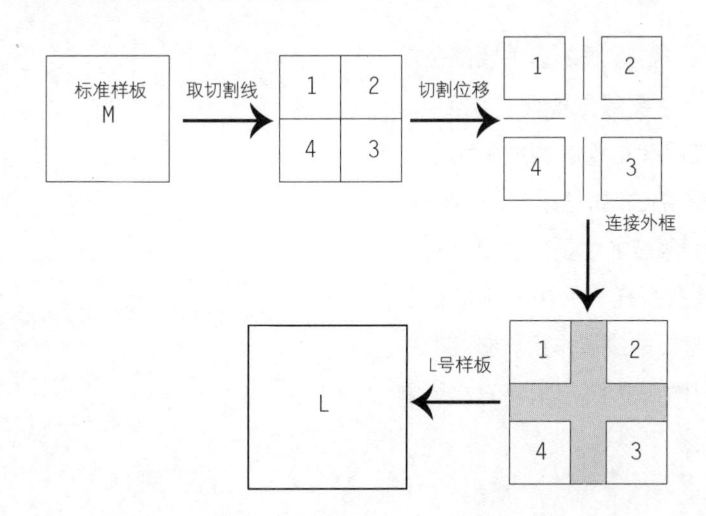

图 6-4 切割展开法样板推档示意图

三、系列样板的设计要素

1. 服装标准样板

服装标准样板是以服装平面分解图的净样，通过周边放量、定位标记、文字标记等处理而形成的服装样板。服装标准样板是服装系列样板的基础依据。

2. 服装规格系列

1) 服装号型系列

服装规格系列是服装系列的必要依据。具体内容参见第一章第一节中相关内容。

2) 服装规格的具体构成

在服装系列样板中与服装规格系列直接有关的是服装的主要部位规格与服装的非主要部位规格，当服装的规格系列确定后，服装系列样板的大量工作就是对规格系列逐部位地系统分析、计算与分配处理。

(1) 服装主要部位规格：服装主要部位规格是在服装的净体规格的基础上，加放一定量的松量而形成的。服装主要部位的规格按服装的类别而定。一般上装类，有衣长、背长(腰节高)、袖长、肩宽、领围、胸围、腰围等部位；一般下装类，有裤长、裙长、直裆、腰围、臀围、脚口等部位。有些有特殊要求的服装，可增加相关部位的规格，如上装类的胸高、摆围等；下装类的中裆、下裆、横裆等。服装主要部位规格为服装规格系列的设定提供了具体的规格依据。

(2) 服装非主要部位规格：服装非主要部位规格是在服装制图中根据主要部位规格转化而成。服装非主要部位规格在服装结构的构成中大量存在，并分布于服装的各个部位，如袖窿深、袖肥宽、袖山高、领宽、叠门等。服装非主要部位规格对服装的规格组合、对服装系列样板的图形构成符合结构要求，款式要求有重要的协调作用。服装非主要部位规格在服装系列样板中的处理，将直接影响到服装系列样板的成败。

3. 服装规格档差

服装规格系列是由几组服装主要部位规格所构成。各组主要部位规格的同一部位之间的差距即为服装规格档差，也可称为服装规格分档数值。服装系列样板的变化主要表现在规格的变化，而规格的变化是由规格档差具体体现的。当服装规格系列确定后，服装规格档差已经存在于其中，通过计算即可得到。

服装规格档差在服装系列样板中根据服装穿着对象的体型不同会产生相应的变化，由于人体的体型变化是客观的，服装系列样板应遵循体型发展的客观规律。在服装规格档差的处理中，应根据不同的体型设置不同的规格档差。本书介绍最常见的两种：主要围度部位规格档差设置相同与主要围度部位规格档差设置不同。一般主要围度规格档差设置相同应用于档数较少的服装系列样板，主要围度规格档差设置不同则应用于档数较多的服装系列样板。因为样板档数较少时，规格变化对体型的影响相对小 ，反之则大。服装号型中各系列分档数值见表 6-1。

表 6-1 服装号型系列分档间距 单位:cm

性别	体型分类	胸腰差	系列	中间体		服装规格分间距							
				上衣	裤装	衣长	胸围	袖长	领围	肩宽	裤长	腰围	臀围
男	Y	17~22	5・4	170/88	170/70	2	4	1.5	1	1.2	3	4	3.2
			5・3	170/87	170/68	2	3	1.5	0.75	0.9	3	3	2.4
			5・2	170/88	170/70						3	2	1.6
	A	12~16	5・4	170/88	170/74	2	4	1.5	1	1.2	3	4	3.2
			5・3	170/87	170/73	2	3	1.5	0.75	0.9	3	3	2.4
			5・2	170/88	170/74						3	2	1.6
	B	7~11	5・4	170/92	170/84	2	4	1.5	1	1.2	3	4	2.8
			5・3	170/93	170/84	2	3	1.5	0.75	0.9	3	3	2.1
			5・2	170/92	170/84						3	2	1.4
	C	2~6	5・4	170/96	170/92	2	4	1.5	1	1.2	3	4	2.8
			5・3	170/96	170/92	2	3	1.5	0.75	0.9	3	3	2.1
			5・2	170/96	170/92						3	2	1.4
女	Y	19~24	5・4	160/84	160/64	2	4	1.5	0.8	1	3	4	3.6
			5・3	160/84	160/63	2	3	1.5	0.6	0.75	3	3	2.7
			5・2	160/84	160/64						3	2	1.8
	A	14~18	5・4	160/84	160/68	2	4	1.5	0.8	1	3	4	3.6
			5・3	160/84	160/68	2	3	1.5	0.6	0.75	3	3	2.7
			5・2	160/84	160/68						3	2	1.8
	B	9~13	5・4	160/88	160/78	2	4	1.5	0.8	1	3	4	3.2
			5・3	160/87	160/79	2	3	1.5	0.6	0.75	3	3	2.4
			5・2	160/88	160/78						3	2	1.6
	C	4~8	5・4	160/88	160/82	2	4	1.5	0.8	1	3	4	3.2
			5・3	160/87	160/81	2	3	1.5	0.6	0.75	3	3	2.4
			5・2	160/88	160/82						3	2	1.6

4. 服装系列样板推档数值

服装系列样板中，样板推档数值的处理恰当与否是服装系列样板成败的关键。样板推档数值是指样板推档中各个部位具体应用的数据，即最终数据。样板推档数值处理的依据是规格档差、服装款式、服装标准样板的结构要求等。样板推档数值处理的具体方法有：

(1) 样板推档数值与规格档差同步处理，如服装的长度部位处理。即：样板推档数值=规格档差。

(2) 样板推档数值与标准样板上的规格同步，通常所说的非变化部位，如叠门宽、开衩宽度等。即：样板推档数值 =0。

(3) 样板推档数值必须经过处理得到，如裤装的前后窿门、上装的横直开领、衣袖的袖肥与袖山高度的确定等，可以通过服装制图时采用的计算公式的比例系数求取，具体方法为相关比例系数与相关部位规格档差之积。即：样板推档数值 = 比例系数 × 相关部位规格档差。

(4) 通过造型结构的整体协调性处理相关部位的样板推档数值。

5. 服装系列样板位移量

服装系列样板位移量是指根据服装系列样板数值，在样板推档公共线确定的条件下，具体分配到各个部位的数据。

6. 服装系列样板基准点与公共线

1) 服装系列样板基准点

服装系列样板基准点是指服装系列样板中，各档规格的重叠点。基准点的确定直接关系到服装样板的推移方向。基准点可以是样板推档图中的任何一点。另外基准点的选位是确定公共线的前提条件。见图 6-5。

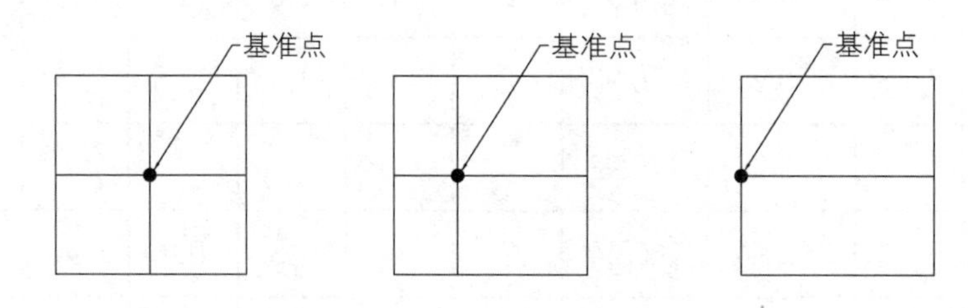

图 6-5 基准点示意图

2) 服装系列样板公共线

服装系列样板公共线是指服装系列样板中，各档规格的重叠线。公共线的确定直接关系到服装样板的推移方向。公共线的确定是以基准点的选位为前提条件的。

(1) 公共线的特征：重叠不推移。当公共线一旦确定，就成为服装系列样板中的不变线条，并以公共线为参照线，推移其他线条。

(2) 公共线的设立条件：

① 公共线必须是直线或曲率非常小的弧线；

② 公共线应选用纵、横方向的线条；

③ 公共线应互相垂直。

(3) 公共线的确定原则：

① 有利于服装款式造型、结构与服装标准样板保持一致；

② 有利于图面线条的清晰度；

③ 有利于提高服装系列样板的速度。

(4) 服装系列样板常见公共线应用见表 6-2。

7. 服装系列样板推档线条的推移方向

服装系列样板线条的推移是以样板推档公共线为参照线决定其推移方向的。样板推档公共线的选择不同，服装系列样板线条就会产生相应的推移方向，推移方向的变化规律如下：

表 6-2 服装系列样板公共线

上装	衣片	纵向	前后中心线、胸背宽线
		横向	上平线、袖窿深线、衣长线
	衣袖	纵向	袖中线、前袖侧线
		横向	上平线、袖山高线
	衣领	纵向	领中线
		横向	领宽线
下装	裤装	纵向	前后挺缝线、侧缝直线
		横向	上平线、直裆高线、裤长线
	裙装	纵向	前后中线、侧缝线
		横向	上平线、臀高线、裙长线

(1) 双向放缩推移。双向放缩推移是将图形纵、横公共线均设置在图形的中间，使样板推档线条的推移在纵向与横向均为双向推移。见图 6-6。

(2) 单、双向放缩推移。单、双向放缩推移是将图形的纵、横公共线的一边设置在边缘线上，另一边设置在图形的中间，使样板推档线条在纵向（横向）为单向放缩；在横向（纵向）为双向放缩。见图 6-7。

(3) 单向放缩推移。单向放缩推移是将图形的纵、横公共线均设置在图形一边的边缘线上，使样板推档线条的推移在纵向与横向均为单方向推移。见图 6-8。

四、系列样板设计线条的处理方法

服装系列样板设计的细节处理极为重要，它关系到服装系列样板的款式造型的协调性、精确性。其细节的具体表现为服装推板中的斜线类线条的推板方法；衣袖线条的推板方法等。

1. 斜线类线条推板

服装结构图是由直线、斜线及弧线所构成，直

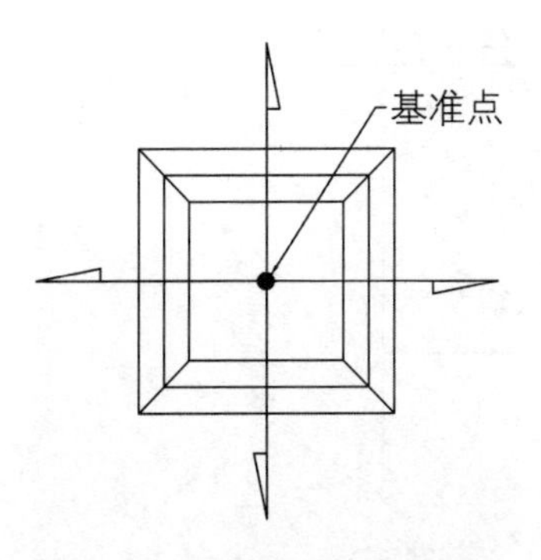

图 6-6 双向放缩推移示意图

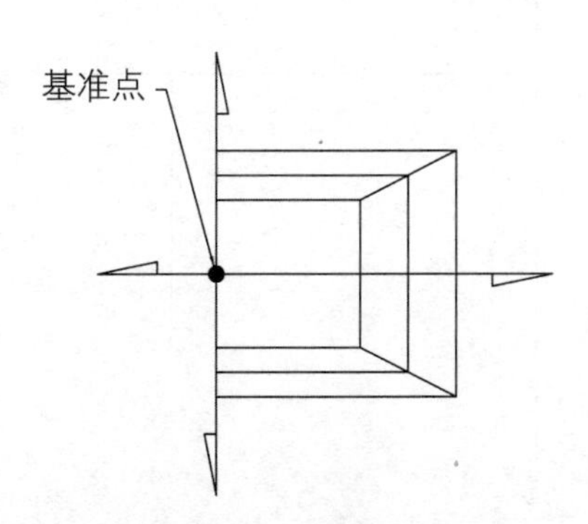

图 6-7 单、双向放缩推移示意图

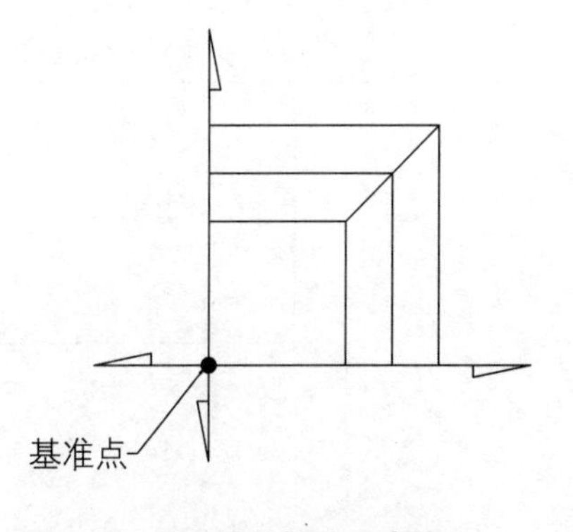

图 6-8 单向放缩推移示意图

线与斜线在服装推板的过程中，同样的两组推板数值会产生不一样的结果。如图 6-9 所示。因此，在服装系列样板设计中，应根据服装款式造型的需要作必要的调整，以保持服装的款式造型与基准样板高度一致，从而达到服装系列样板的精准要求。而弧线的推板可根据弧线的直、斜向参照直线与斜线推板。

1) 衣片肩斜线的推板

衣片肩斜线为具有一定斜度的斜向线条。肩斜线的推移根据坐标点推移的方法，需要确定两个坐标点，即领肩点(M)与袖肩点(N)。现设定有关规格档差：胸围 (B')=4cm；肩宽(S')=1cm；领围(N')=0.8cm.。

① 公共线选择为前中线与胸围线。见图 6-10。

② 公共线选择为前中线与上平线。见图 6-11(a)。

③ 公共线选择为胸宽线与胸围线。见图 6-11(b)。

2) 衣片驳口线推板

衣片驳口线为具有一定斜度的斜向线条。驳口线的推移根据坐标点推移的方法，需要确定两个坐标点，即串口线与驳口线的交点(S)与驳口外点(T)。现设定有关规格档差：胸围 (B')=4cm；肩宽(S')=1.2cm；领围(N')=1cm。

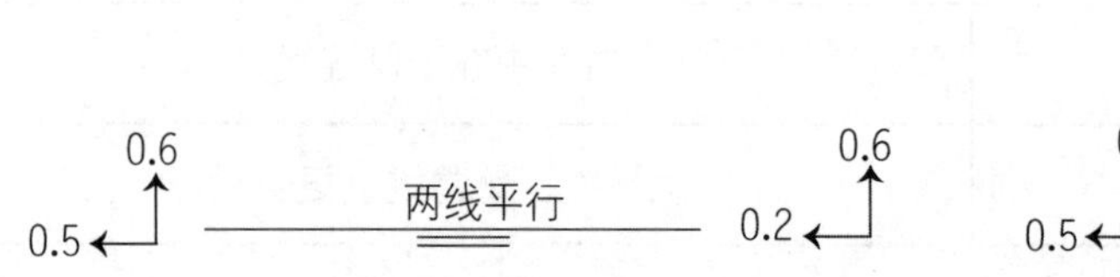

图 6-9 直线与斜线推移示意图

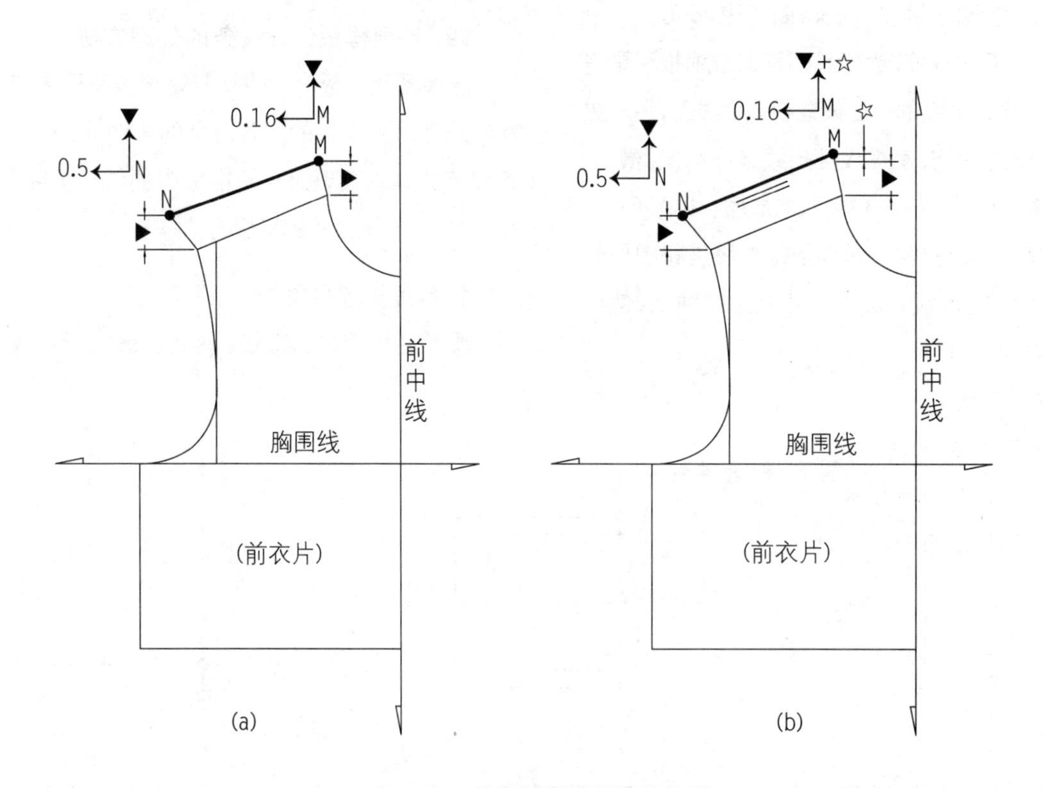

图 6-10 衣片肩斜线推板示意图一

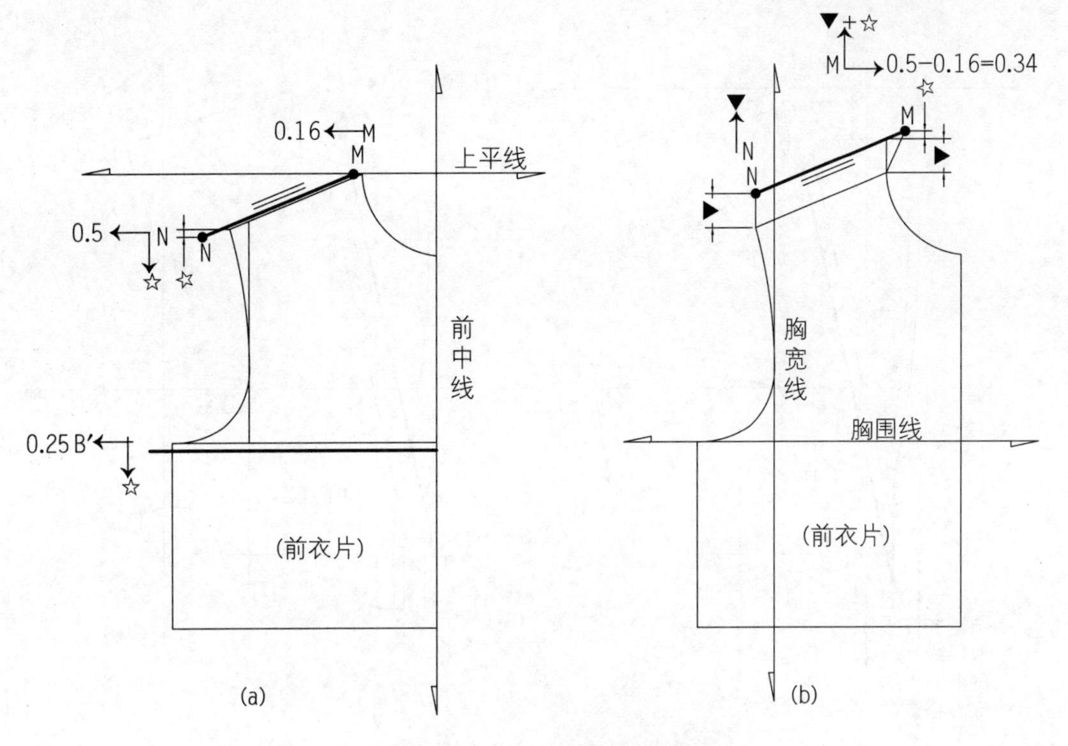

图 6-11 衣片肩斜线推板示意图二

① 公共线选择为前中线与胸围线。见图 6-12。

② 公共线选择为前中线与上平线。见图 6-13(a)。

③ 公共线选择为胸宽线与胸围线。见图 6-13(b)。

3) 裤片后缝斜线推板

裤片后缝斜线为具有一定斜度的斜向线条。后缝斜线的推移根据坐标点推移的方法，需要确定两个坐标点，即后腰中点(Q)与臀高线与后缝斜线交点(R)。现设定有关规格档差：腰围(W')=4cm；臀围(H')=3.6cm；直裆高 =0.5cm。

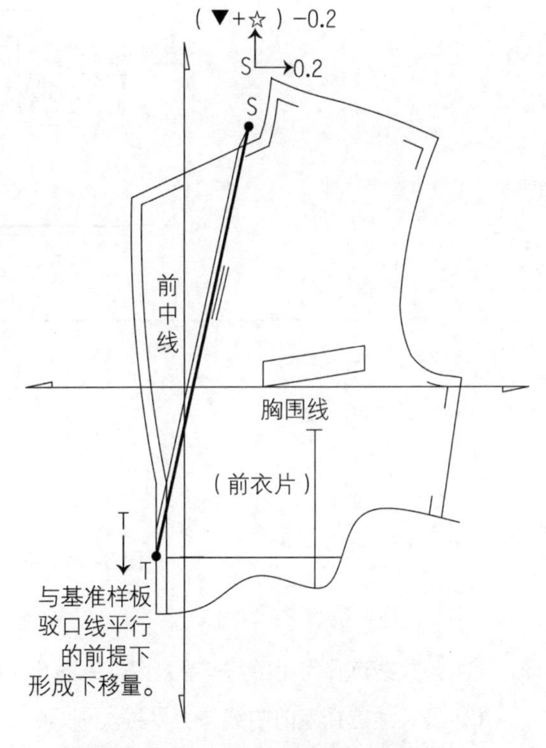

图 6-12 衣片驳口线推板示意图一

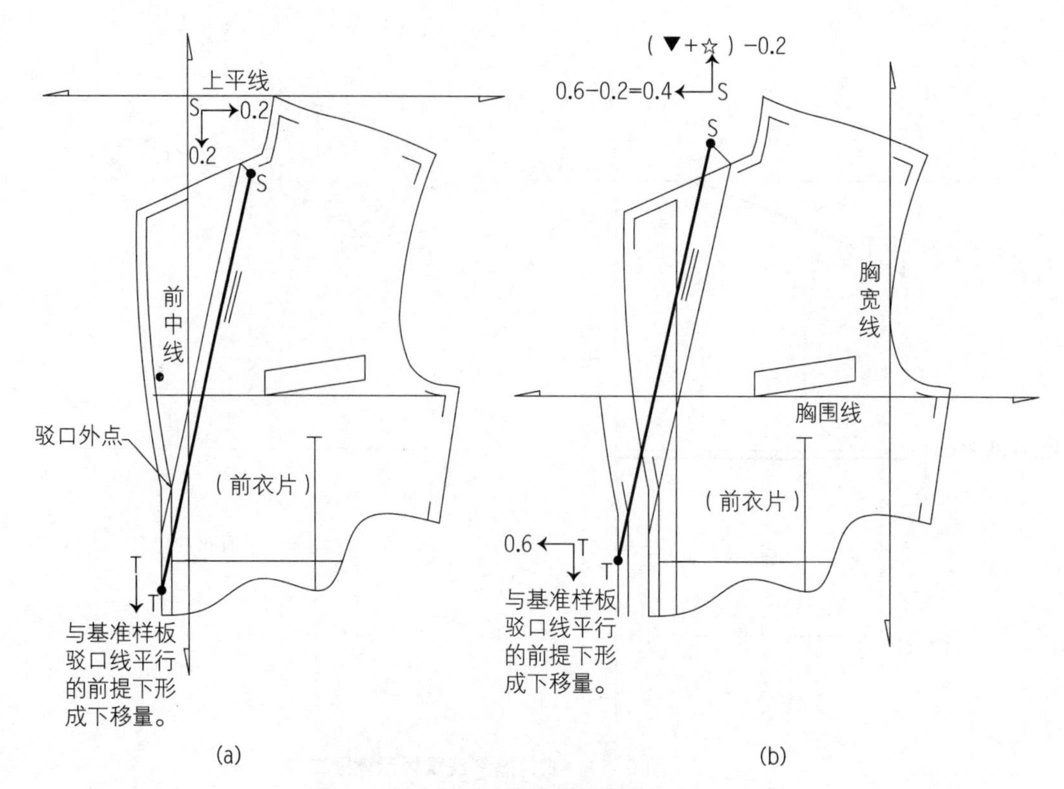

图 6-13 衣片驳口线推板示意图二

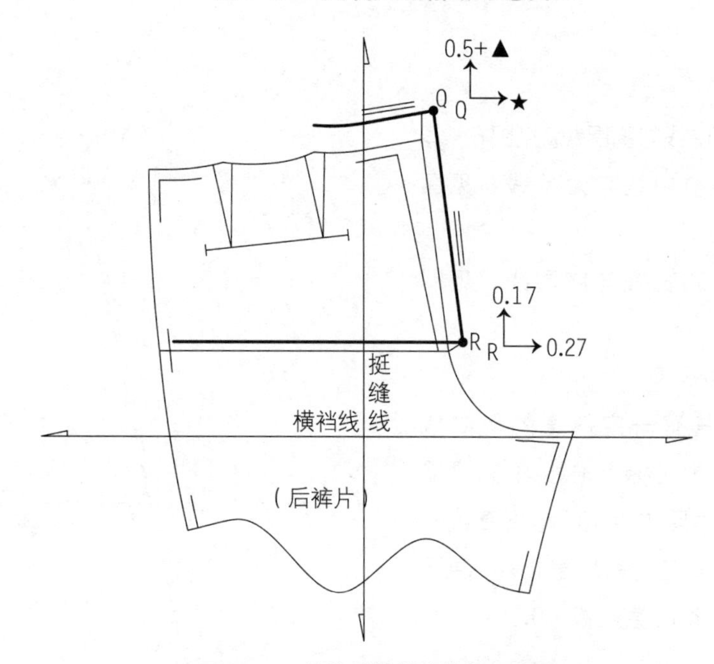

图 6-14 裤片后缝斜线推板示意图一

① 公共线选择为挺缝线与横裆线。见图 6-14。

② 公共线选择为前中线与上平线。见图 6-15。

4）裙片侧斜线的推板

斜裙的裙片侧缝斜线为具有一定斜度的斜向线条。侧缝斜线的推移根据坐标点推移的方法，需要确定三个坐标点，即侧腰点(U)、侧臀点(V)与底边线与侧缝斜线交点(W)。现设定有关规格档差：腰围(W')=2cm；臀围(H')=1.8cm；臀高

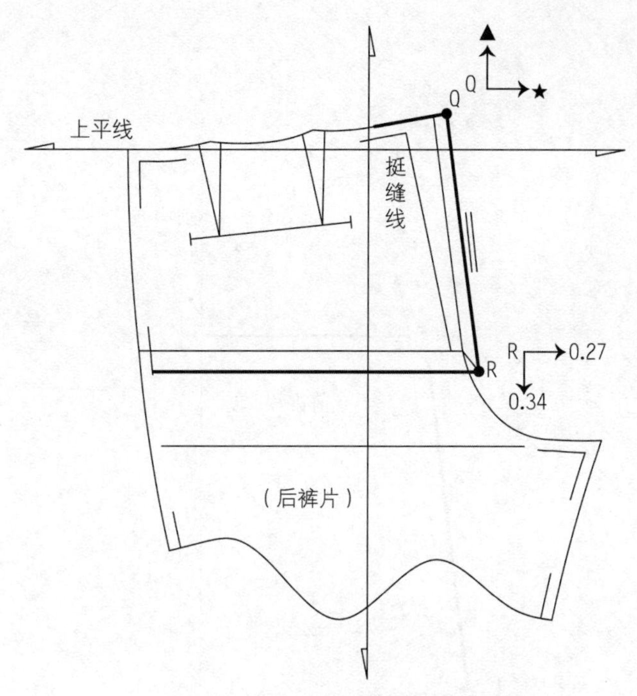

图 6-15 裤片后缝斜线推板示意图二

=0.5cm；裙长（L'）=2cm。

① 公共线选择为前中线与臀高线。见图 6-16。

② 公共线选择为前中线与上平线。见图 6-17。

③ 公共线选择为前中线与臀高线。见图 6-18。

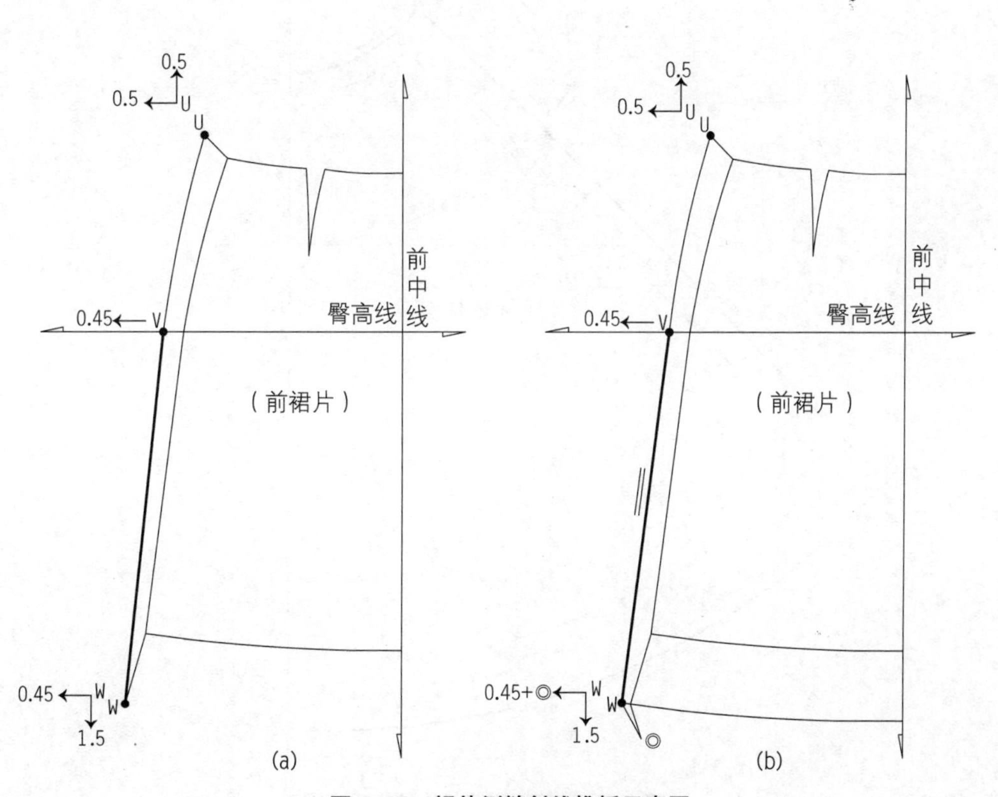

图 6-16 裙片侧缝斜线推板示意图一

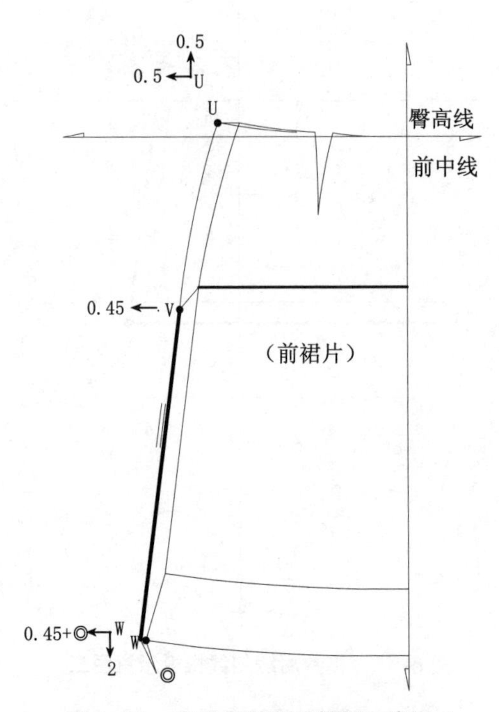

图 6-17　裙片侧缝斜线推板示意图二

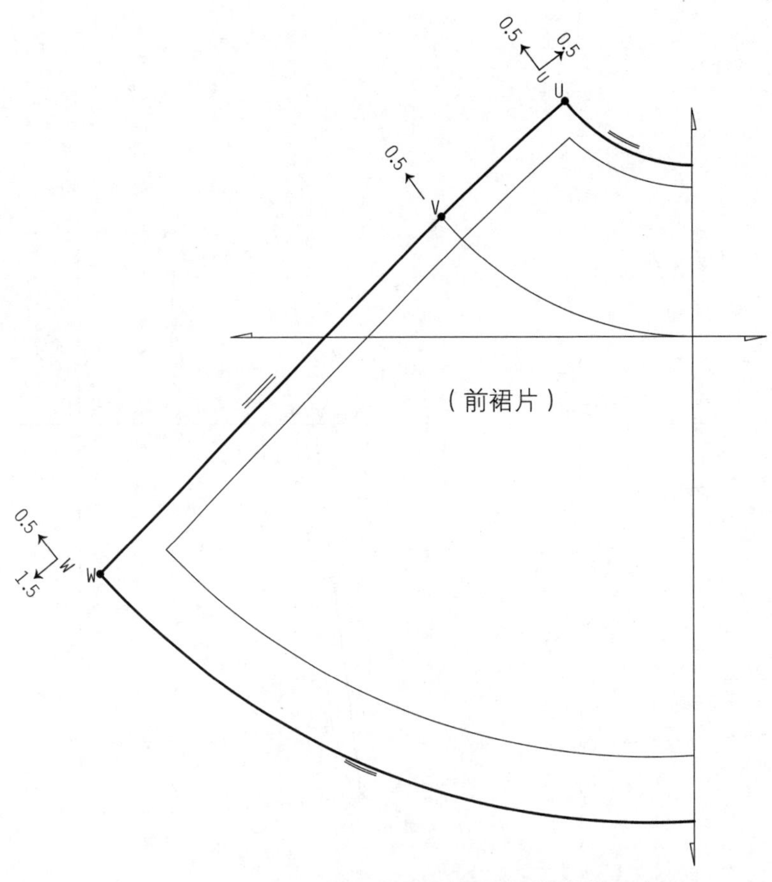

图 6-18　裙片侧缝斜线推板示意图三

2. 圆装袖袖山弧线推板

在服装推板中，装袖型圆装袖的袖肥宽度与袖山高度的缩放量直接关系到袖山弧线与袖窿弧线匹配的准确性以及衣袖的款式造型的吻合性。因此，装袖型圆装袖的袖肥宽度与袖山高度缩放量的构成方法对衣袖造型的精确推板起到了至关重要的作用。下面讲解了装袖型圆装袖的袖肥宽度与袖山高度的三种推板方法。

1）以既定比例系数推算袖肥宽度与袖山高度的推板方法

根据服装基准样板的既定比例系数，如袖肥宽度采用 0.15B'；袖山高度以袖肥宽度的 1/2 来推算；胸围的规格档差为 4cm 的条件下，则：袖肥宽度 =0.15×4=0.6cm；袖山高度 =0.6/2=0.3cm。见图 6-19。

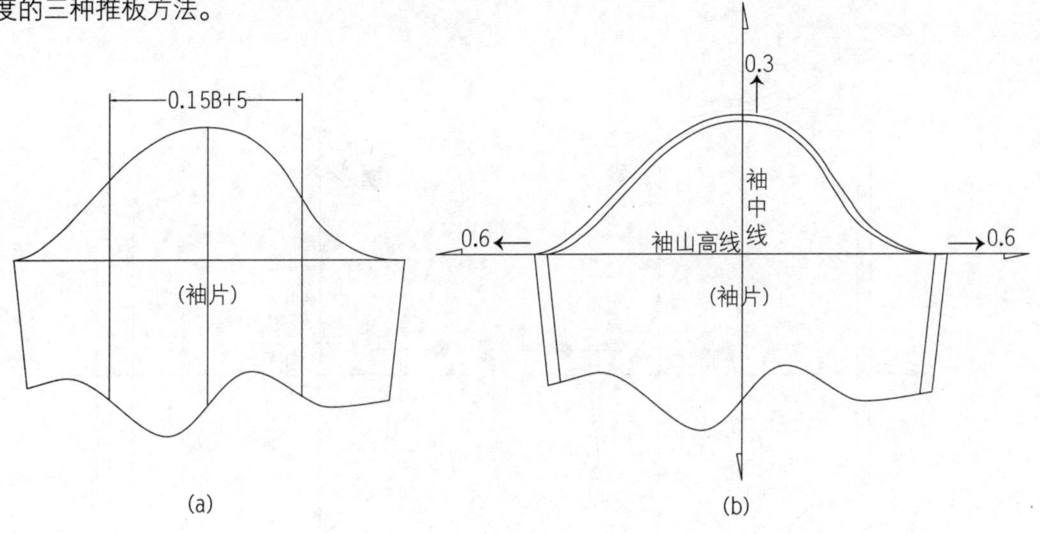

图 6-19 装袖型圆装袖推板方法一

★此种推板方法的利弊分析与适用范围：

以既定比例系数推算袖肥宽度与袖山高度的推板方法属近似推板法。由于袖肥宽度与袖山高度的缩放量保持着稳定的比例关系，即：袖山高度 = 袖肥宽度 1/2。在推板图形的缩放中，会出现袖肥宽度在缩放量增加（减少）时，增速加快（减缓）；袖山高度在缩放量增加（减少）时，增速减缓（加快）的状态。见图 6-20。由此衣袖的造型会

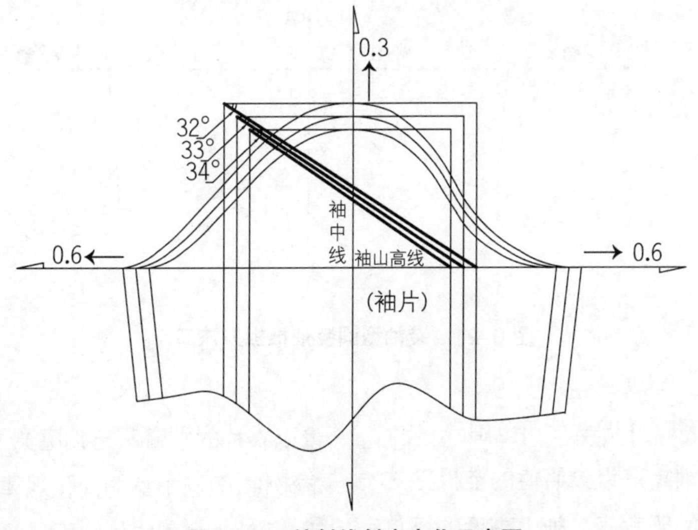

图 6-20 袖斜线斜率变化示意图

与基准样板不符。从图中的袖斜线的角度可以看出，当缩放量增大时角度变小，那就意味着衣袖的造型趋向于宽松。

由于有些服装的合体程度不高，如宽松型的衬衫类及休闲类服装，且推板档数较少时，可采用此方法，其原因是此方法较为简便，而宽松类及休闲类服装推板的精确度要求不高，推板档数较少时，其误差相对也较微量。

2) 以衣片袖窿深与袖窿宽为参照值的推板方法

根据衣片的推板图可测算出袖窿深与袖窿宽的缩放量。以袖窿深的缩放量作为衣袖袖山高度的缩放量的参照值；以袖窿宽的缩放量作为衣袖袖肥宽度的缩放量的参照值。见图 6-21。

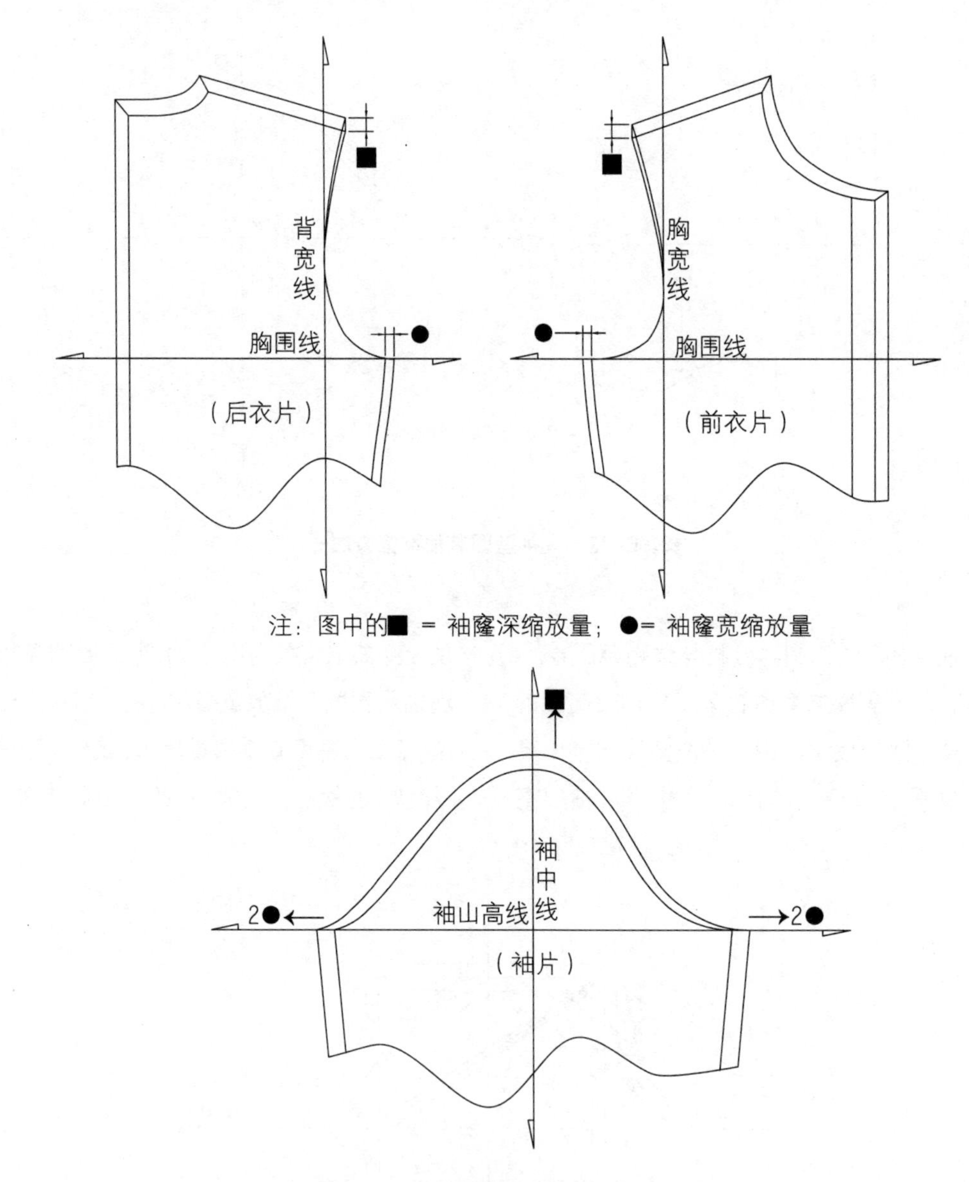

图 6-21 装袖型圆装袖推板方法二

★此种推板方法利弊分析与适用范围

以衣片袖窿深与袖窿宽为参照值的推板方法属近似推板法。由于袖肥宽度与袖山高度的缩放量以衣片的袖窿深与袖窿宽为参照值，从缩放量的准确性，图形本身的变化规律以及衣袖的造型等方面看，并未达到衣袖推板的最佳效果。其原因在于，严格地说在服装结构设计图中，袖窿深与袖山高是肯定不等量的。按照服装结构设计的要求，袖山高与袖窿深的比例关系的最高比例为袖山高等于袖窿深的 85%，由此可知，袖山高的缩放量应小于袖窿深的缩放量，其具体数值与衣袖基准样板的造型有关。由此衣袖的造型会与基准样板不符。

当服装合体程度较高时，使用此方法的误差值就较小，且推板档数较少时，可采用此方法， 因为推板档数较少时，其误差也相对微量。而服装的合体程度较低或宽松时不宜使用，因采用此方法，将会使衣袖的造型在基准样板的基础上，趋向于合体而造成偏离基准样板的结果。见图 6-22。

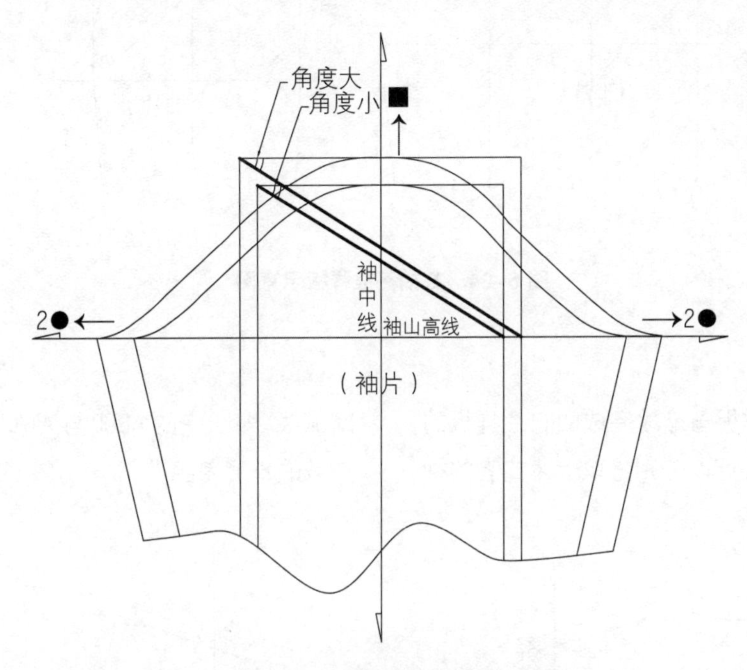

图 6-22 袖斜线斜率变化示意图

3) 以袖斜线的斜率为参照值的推板方法

在衣袖的结构中，袖肥宽度、袖山高度及袖斜线三个要素构成了衣袖的造型。当袖斜线的长度相对不变时，袖肥宽度较宽，则袖山高度较低，衣袖造型宽松；袖肥宽度较窄，则袖山高度较高，衣袖造型合体。由下图可以看到，当衣袖造型宽松时，袖斜线的斜率较小；当衣袖造型较合体时，则袖斜线的斜率较大。由此可知，袖斜线的斜率大小影响衣袖的造型，因此以袖斜线的斜率为参照值推板，可推出袖肥宽度与袖山高度。见图 6-23。

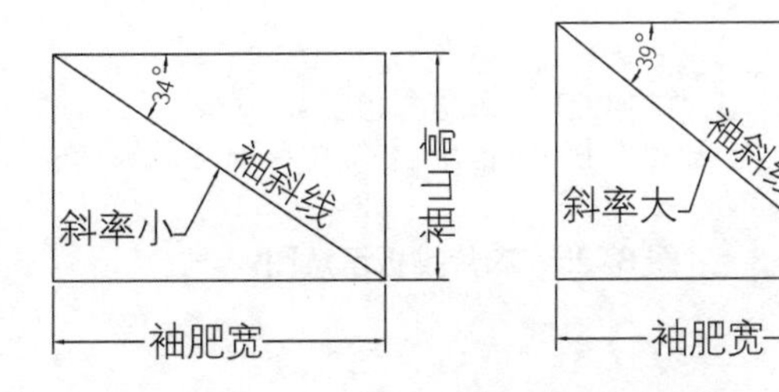

图 6-23 衣袖造型变化示意图

根据衣袖的基准样板可以量取袖肥宽度与袖山高度的数值(图 6-24)。

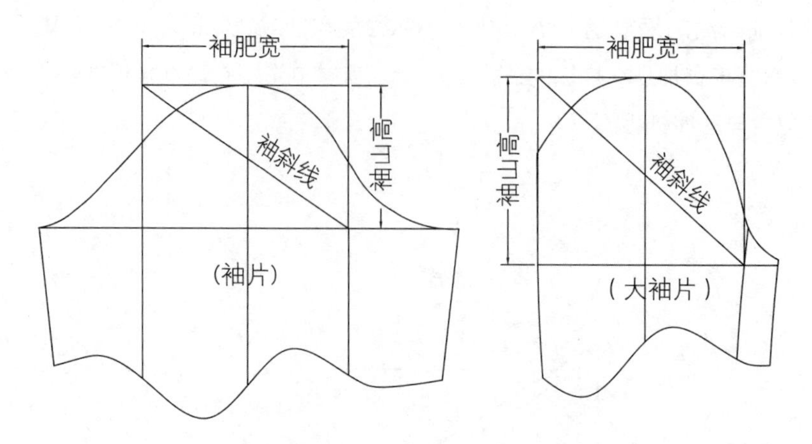

图 6-24 衣袖基准样板示意图

根据衣片基准样板与缩放完成的衣片样板的袖窿弧线(图 6-25),可以分别量取上述二者的袖窿弧线,即图中的 ABCD 与 A'B'C'D' 的弧长,并计算二者的长度差。

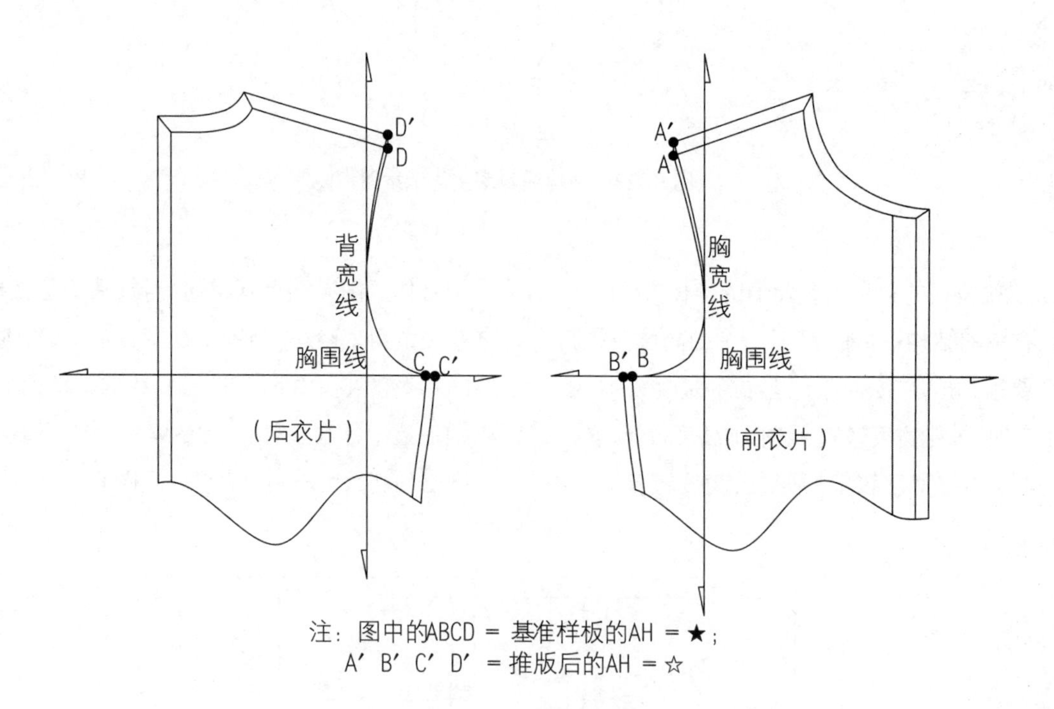

图 6-25 衣片推板示意图

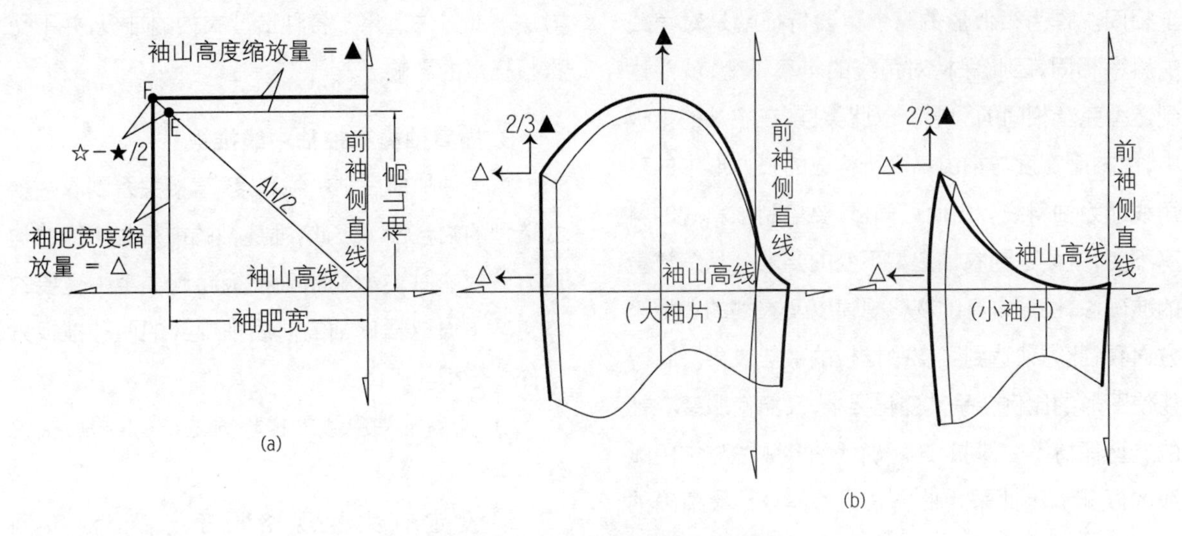

图 6-26 二片袖衣袖推板示意图

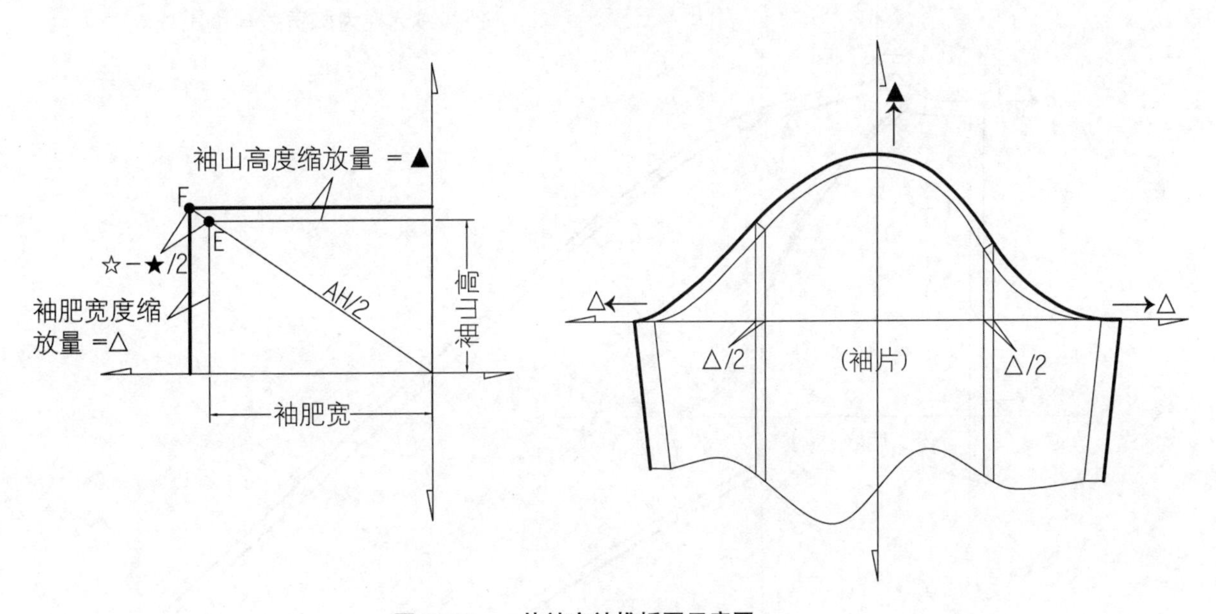

图 6-27 一片袖衣袖推板图示意图

如图 6-26(a)所示，以衣袖基准样板的袖山高度与袖肥宽度数据构成的长方形，其对角线即为袖斜线。在对角线上的 E 点延长对角线至 F 点，EF 长度即为衣片缩放完成的样板与衣片基准样板的袖窿弧线的长度差。通过 F 点分别做相关的长方形边长的平行线，横向平行线间的距离即为袖山高度的缩放量；纵向平行线间的距离即为袖肥宽度的缩放量。按图 6-26（b）中的纵横向平行线间的距离如图作出二片袖推板图。一片袖袖肥宽度与袖山高度缩放量示意图及推板示意图。见图 6-27。

★此种推板方法利弊分析与适用范围

以袖斜线的斜率为参照值的推板方法属精确推板方法。由于此方法为控制袖肥宽度与袖山高度所构成的长方形的对角线的斜率，其缩放后的长方形与原长方形为相似形。根据相似形的原理，推出的图形与原图形的比例相等而长度不同，也就是说，其图形形状不变，规格大小改变。按照服装推板对衣袖的造型要求，只要缩放后的长方形与原长方形为相似形，推放出的衣袖的造型就与原样板完全相同。作为相似形的一个重要特征就是对角线的斜率相同,因此保持对角线的斜率不变,就能达到造型完全相同的图形。以此类推,在衣袖的推板中,由袖肥宽度与袖山高度所构成的长方形中的对角线即为袖斜线。由此可知,只要控制袖斜线的斜率不变,就能达到衣袖造型不变的要求。从缩放量的准确性,图形本身的变化规律以及衣袖的造型等方面看,此方法达到了衣袖推板的最佳效果。它既能使图形的比例合乎其变化要求,又能使服装衣袖的造型保持不变,同时还能确保袖窿弧线与袖山弧线的匹配。因此采用此方法是最科学、最精确的方法。此方法适用于各种造型衣袖的推板,并不受样板档数的影响。

3. 插肩袖类衣袖袖中线推板

插肩袖的前后袖中线斜度,直接关系到衣袖款式造型的吻合性。因此,插肩袖的前后袖中线的构成方法对衣袖造型的精确推板起到了至关重要的作用。下面以插肩袖的前后袖中线的两种推板方法作一分析。

1）插肩袖袖中线的推板方法一(推移后袖中线不平行)

现设定有关的规格档差分别为:胸围(B')=4cm;袖长(SL')=1.5cm;袖口(CW')=0.4cm。

公共线选择为胸宽线与胸围线。

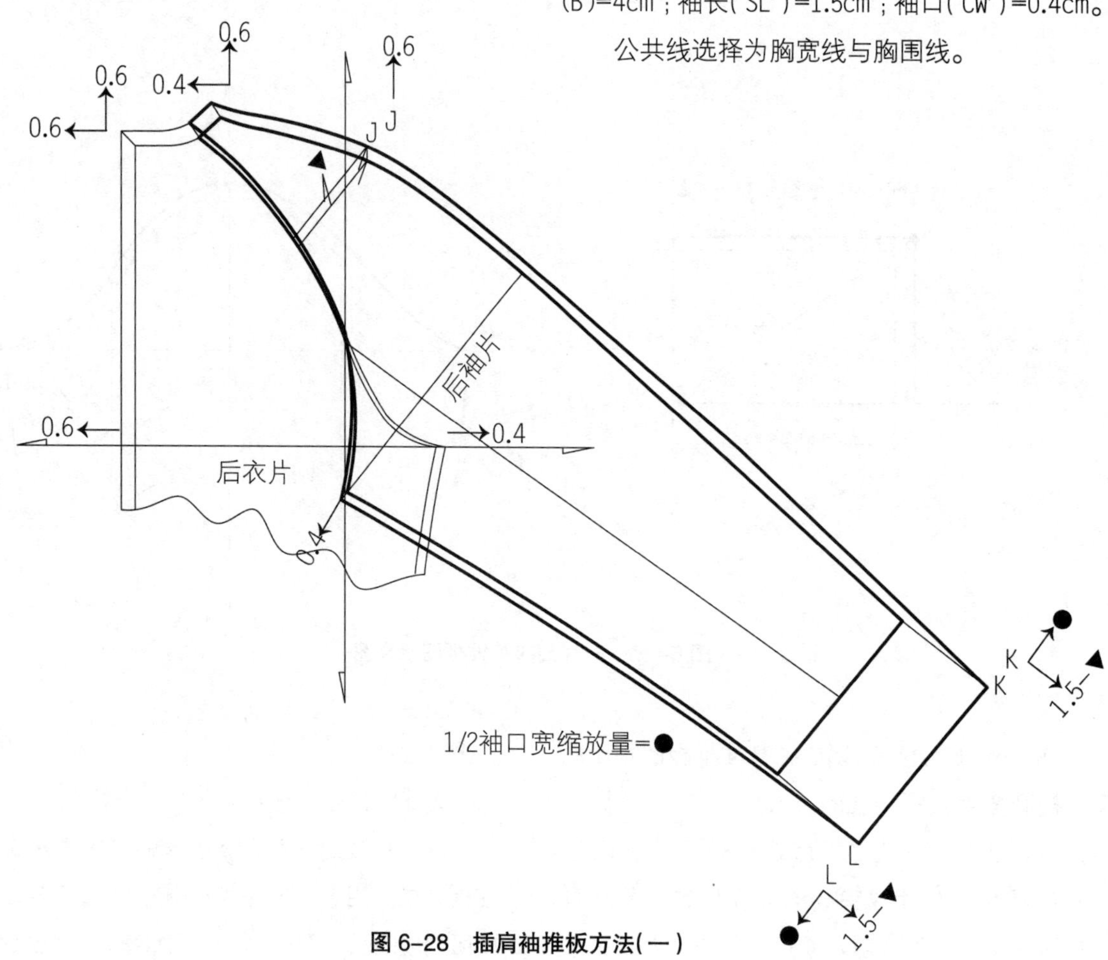

图 6-28　插肩袖推板方法(一)

★此种推板方法利弊分析与适用范围

袖中线在推板中不平行的状态是不可取的。此方法的误区在于对袖口的推板方法局限于平均分配的概念,而仔细观察圆装袖袖口的推板数值分配,其袖中线并不推移。见图 6-29。

此方法是错误的衣袖推板方法,不能适用于任何衣袖。

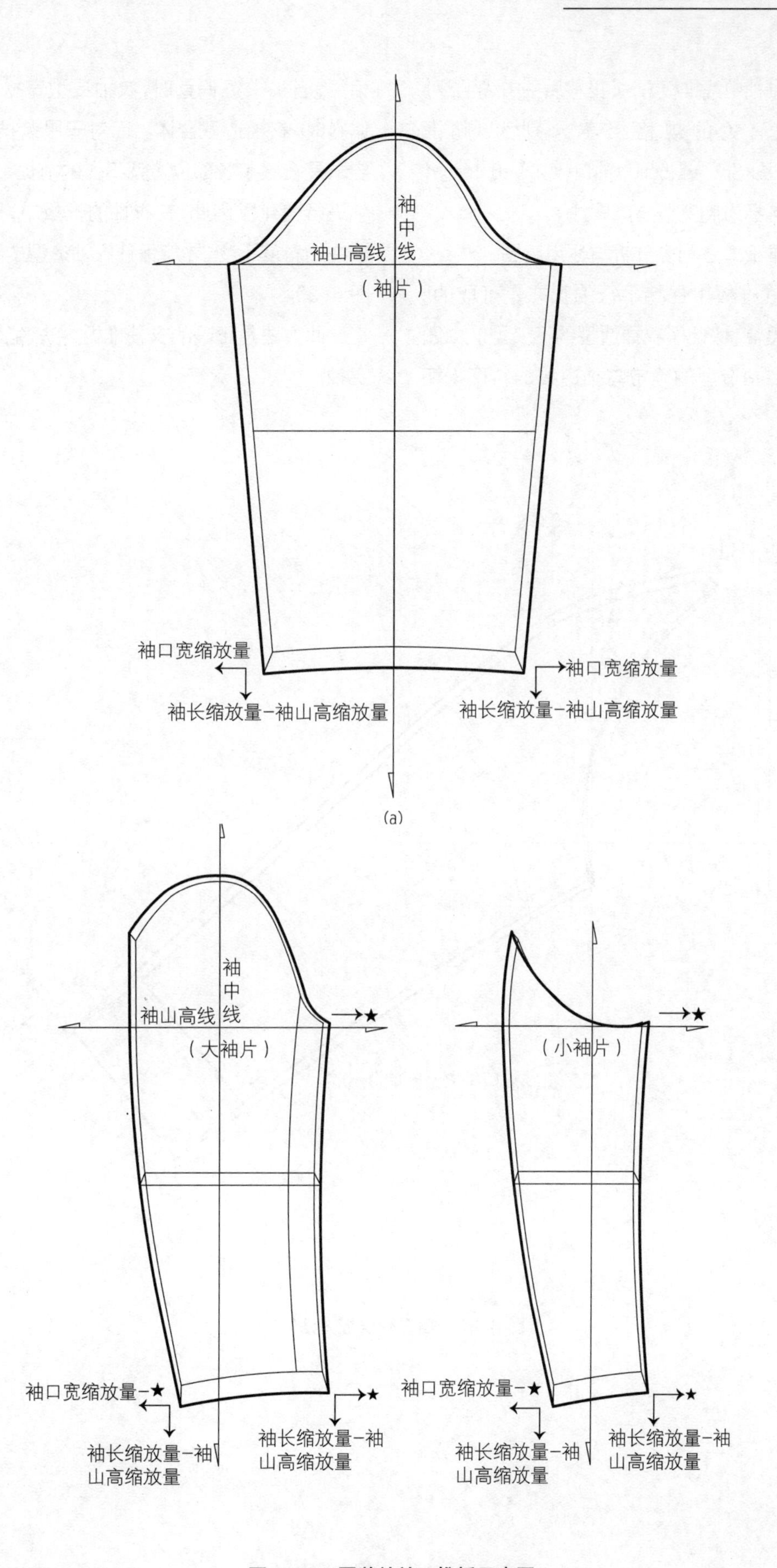

图 6-29　圆装袖袖口推板示意图

2）插肩袖袖中线推板方法（推移后袖中线平行）

现设定有关的规格档差分别为：胸围（B'）=4cm；袖长（SL'）=1.5cm；袖口（CW'）=0.4cm。

公共线选择为胸宽线与胸围线。

★此种推板方法利弊分析与适用范围：

袖中线在推板中保持平行的状态是可取的。此方法精确度高，保证了衣袖造型的不变型。由图6-30可见，衣袖造型的确定与袖中线的斜度密切相关，当袖中线偏直时，衣袖造型宽松；当袖中线偏斜时，衣袖造型合体。而对于服装推板来说，其要求是在服装各部位造型不变的前提下，对规格大小进行变化。因此，在衣袖的推板中，只有保持袖中线的斜度不变，才能保证衣袖造型的不变型。见图6-30。

此方法是正确的衣袖推板方法，能适用于任何衣袖。

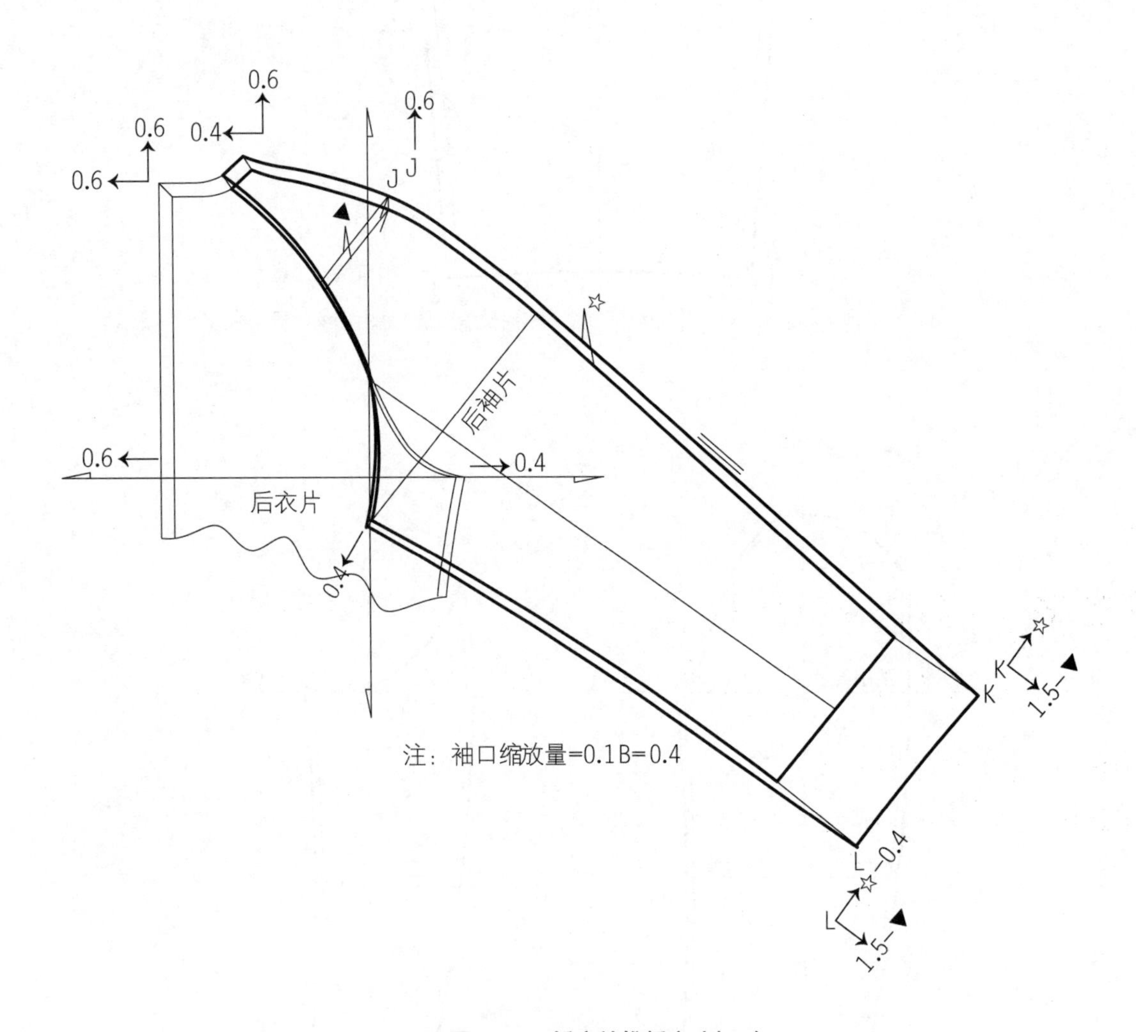

图6-30　插肩袖推板方法（二）

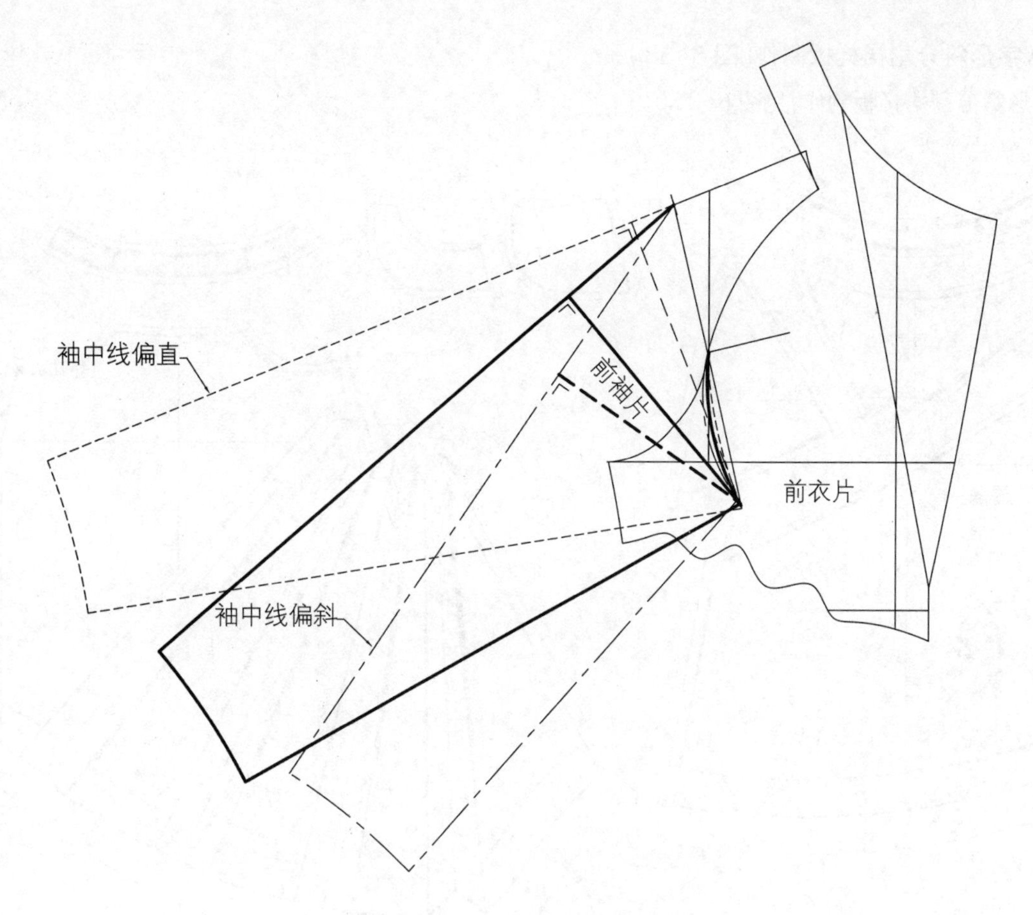

图 6-31 袖中线斜度变化示意图

第二节 服装系列样板设计实例 — 下装

服装系列样板设计实例是进行实际操作的范本，通过对服装系列样板实例的学习，熟悉和掌握裙装、裤装的系列样板制作方法。

一、实例一：A字形斜分割裙

1. A字形斜分割裙款式图

A字形斜分割裙款式图，见图 6-32。

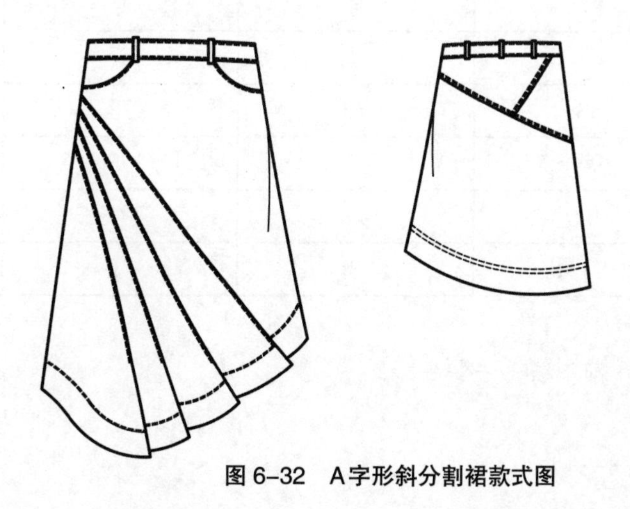

图 6-32 A字形斜分割裙款式图

2. A字形斜分割裙样板制作(图 6-33)

A字形斜分割裙样板制作，见图 6-33。

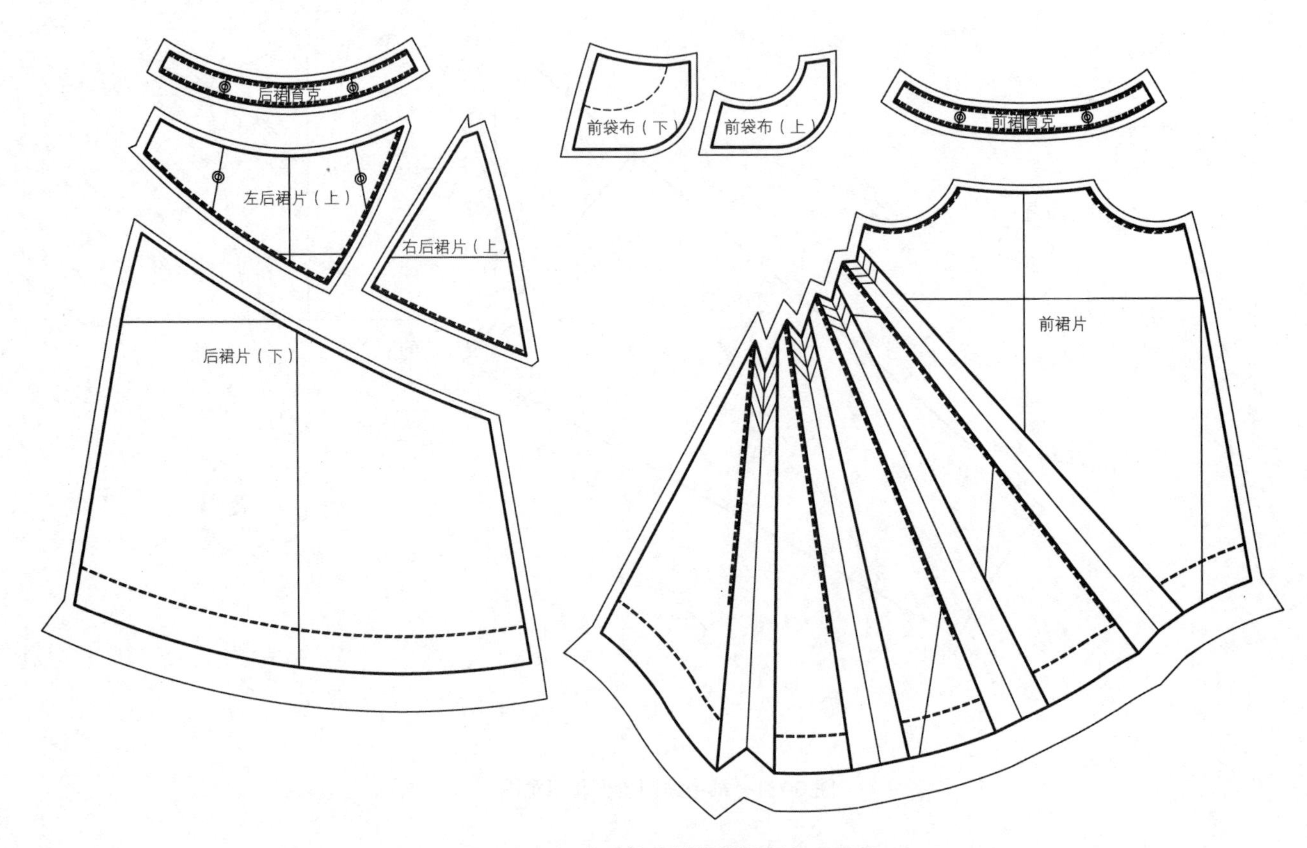

图 6-33　A字形斜分割裙样板制作示意图

3. A字形斜分割裙系列样板设计

(1) 规格系列设定(表 6-4)。

表 6-4　规格系列设定

单位:cm

号型 / 部位	155/66A	160/68A	165/70A	规格档差
	S	M	L	
裙　长	63	65	67	2
腰　围	68	70	72	2
臀　围	94	96	98	2
臀　高	16.5	17	17.5	0.5
腰育克宽	3	3	3	0

(2) 公共线选择。前片:前中线——臀高线;
后片:后中线——臀高线。

(3) 系列样板分解图(图 6-34)。

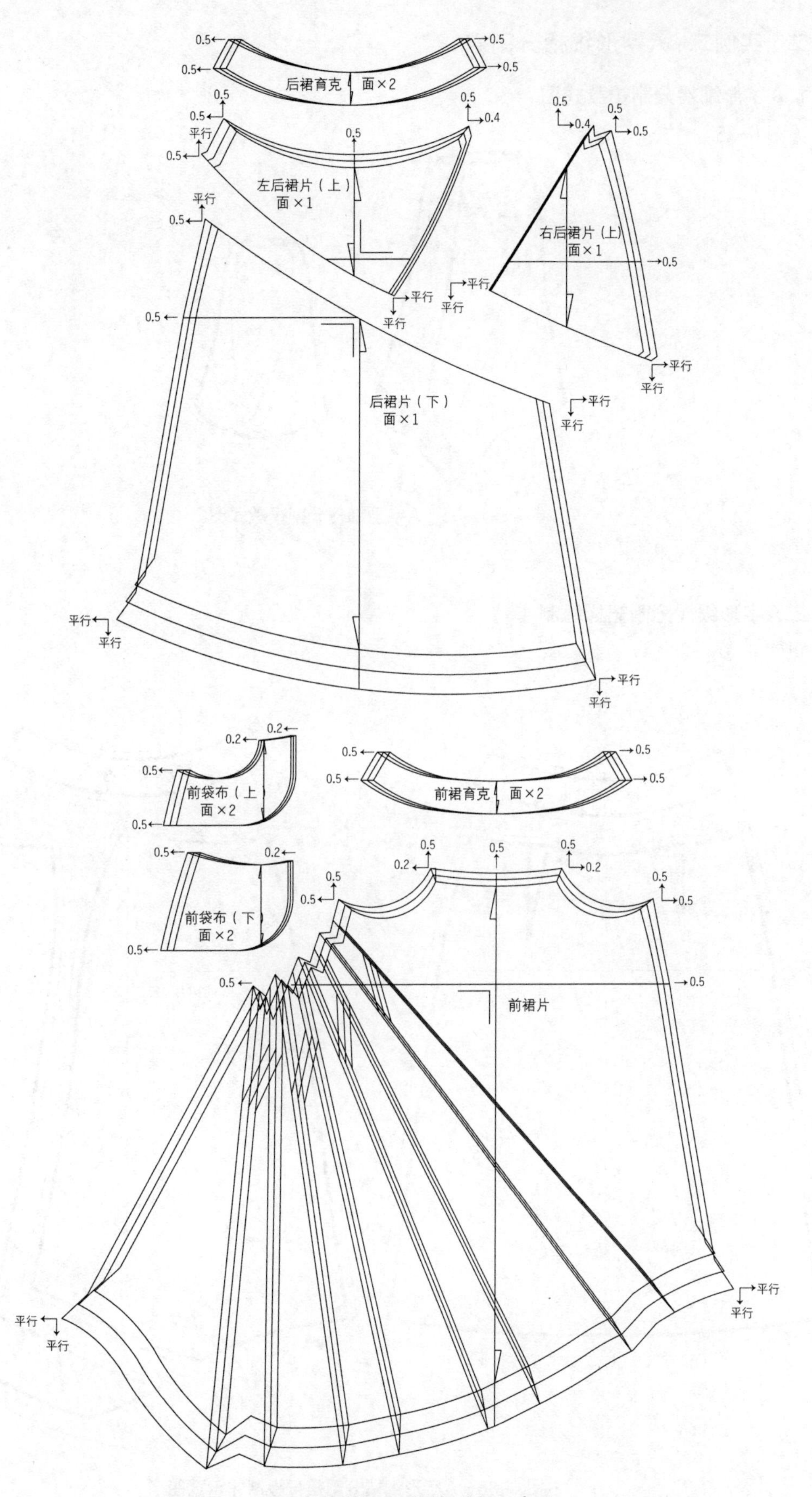

图 6-34　A字形斜分割裙系列样板分解示意图

二、实例二：A字形细褶分割裙

1. A字形细褶分割裙款式图

见图 6-35。

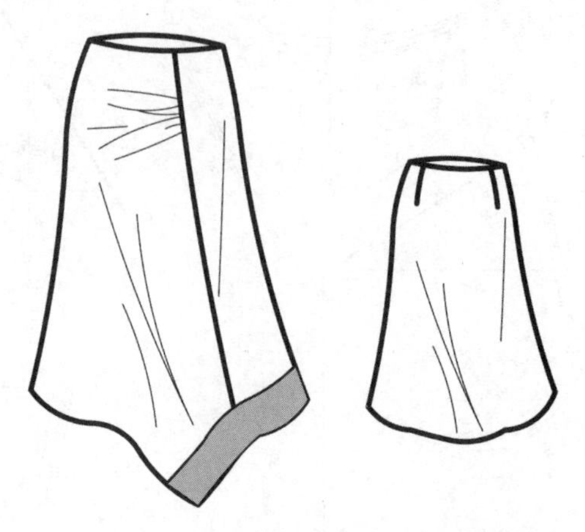

图 6-35　A字型细褶分割裙款式图

2. A字形细褶分割裙样板制作

见图 6-36。

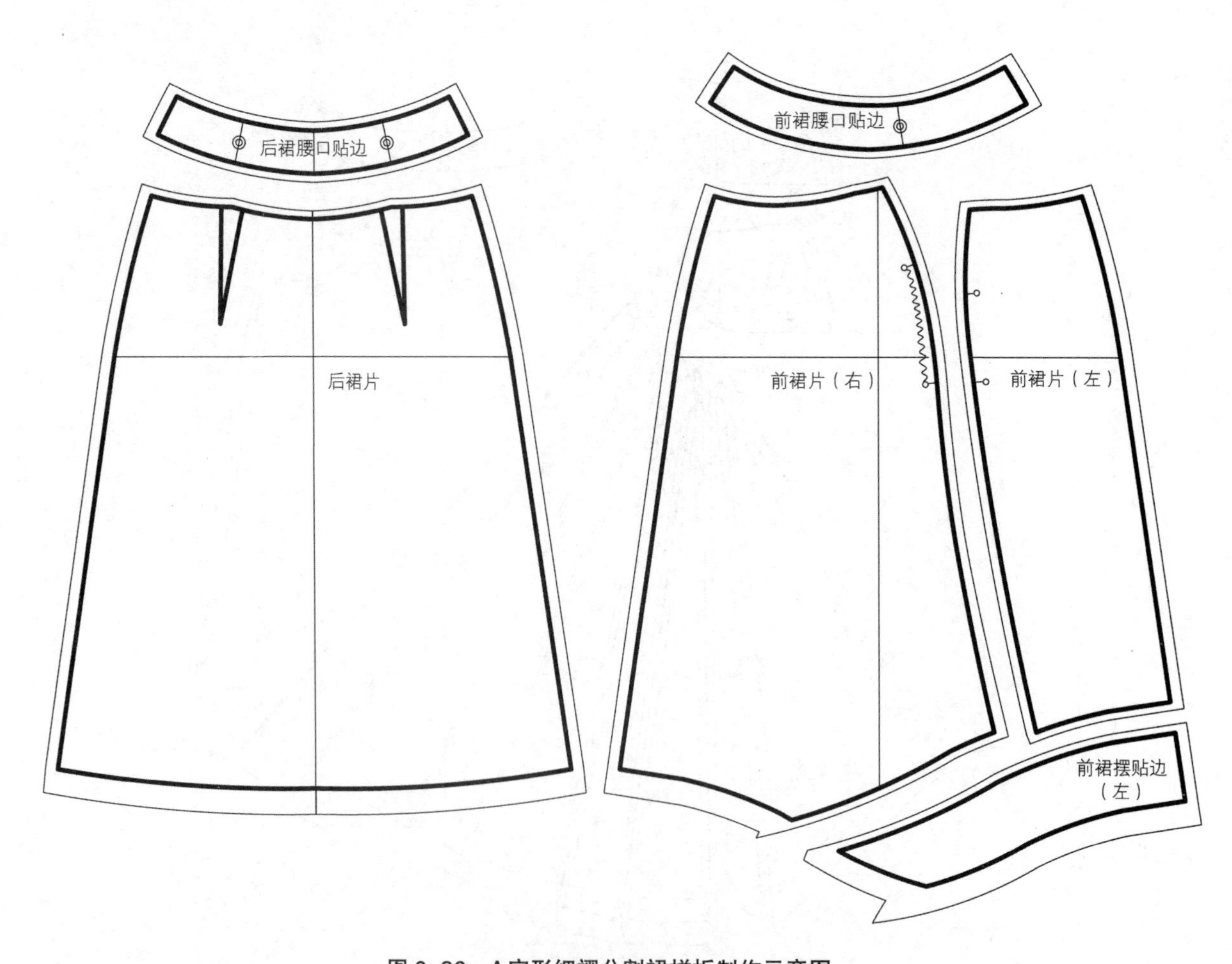

图 6-36　A字形细褶分割裙样板制作示意图

3. A字形细褶分割裙系列样板设计

1) 臀腰围等差系列

(1) 规格系列设定(表 6-5)。

(2) 公共线选择。前片：前中线——臀高线；后片：后中线——臀高线。

(3) 系列样板分解图见图 6-37。

表 6-5　规格系列设定　单位：cm

号型 / 部位	155/66A	160/68A	165/70A	规格档差
	S	M	L	
裙　长	73	75	77	2
腰　围	68	70	72	2
臀　围	94	96	98	2
臀　高	16.5	17	17.5	0.5

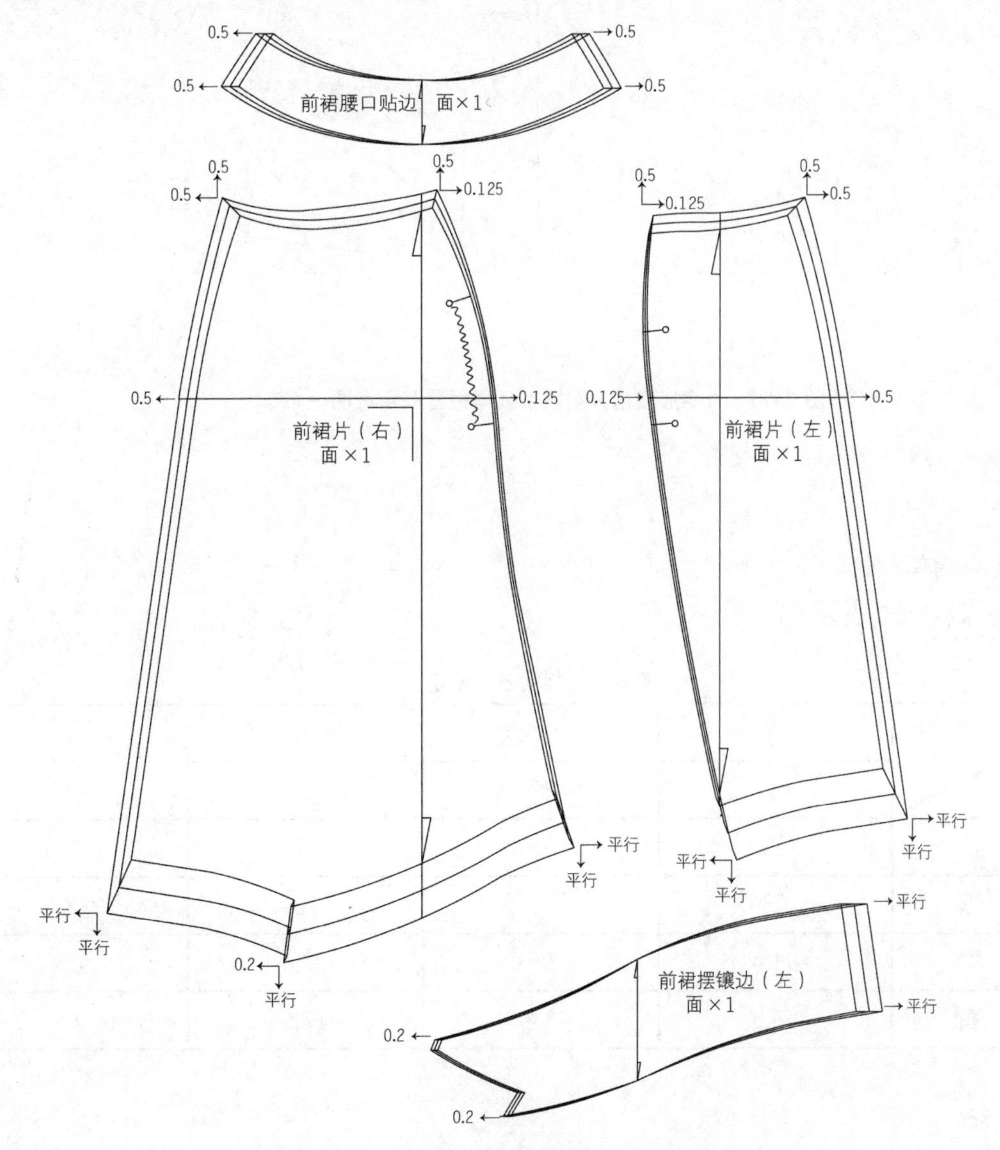

图 6-37　A字形细褶分割裙系列样板分解示意图一

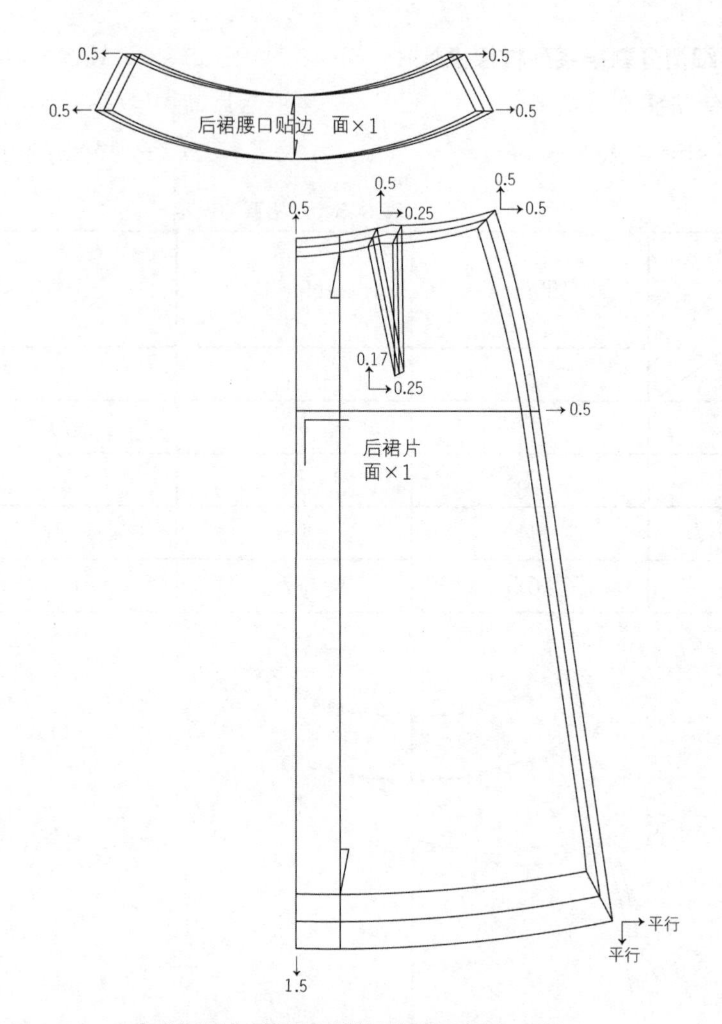

图 6–37 A字形细褶分割裙系列样板分解示意图一（续）

2）臀腰围不等差系列

(1) 规格系列设定（表 6–6）。

表 6–6 规格系列设定 单位：cm

部位 \ 号型	155/66A	160/68A	165/70A	规格档差
	S	M	L	
裙长	73	75	77	2
腰围	68	70	72	2
臀围	94.4	96	97.6	1.6
臀高	16.5	17	17.5	0.5

(2) 公共线选择。前片：前中线——上平线；后片：后中线——上平线。

(2) 系列样板分解图见图 6-38。

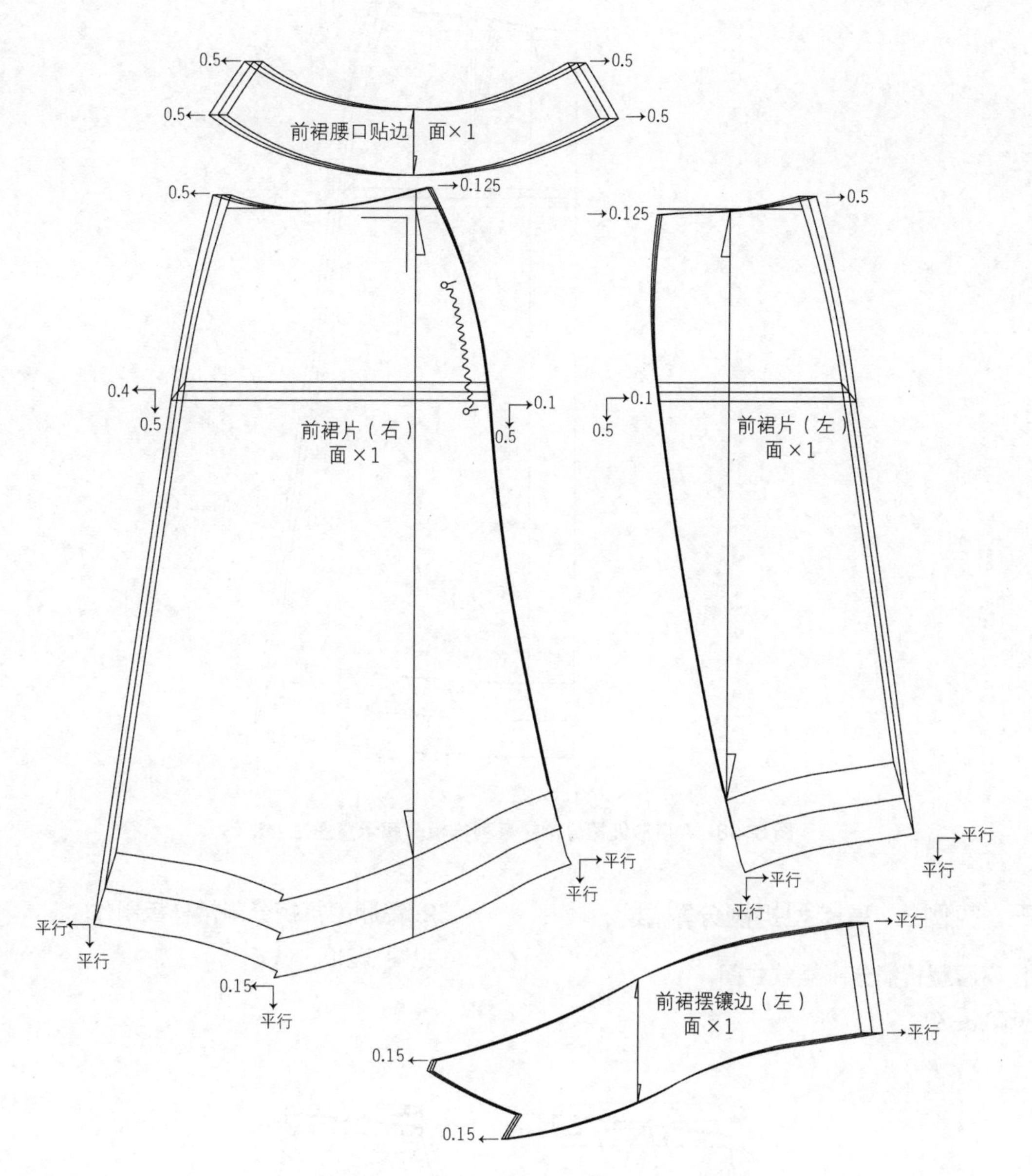

图 6-38　A字形细褶分割裙系列样板分解示意图二

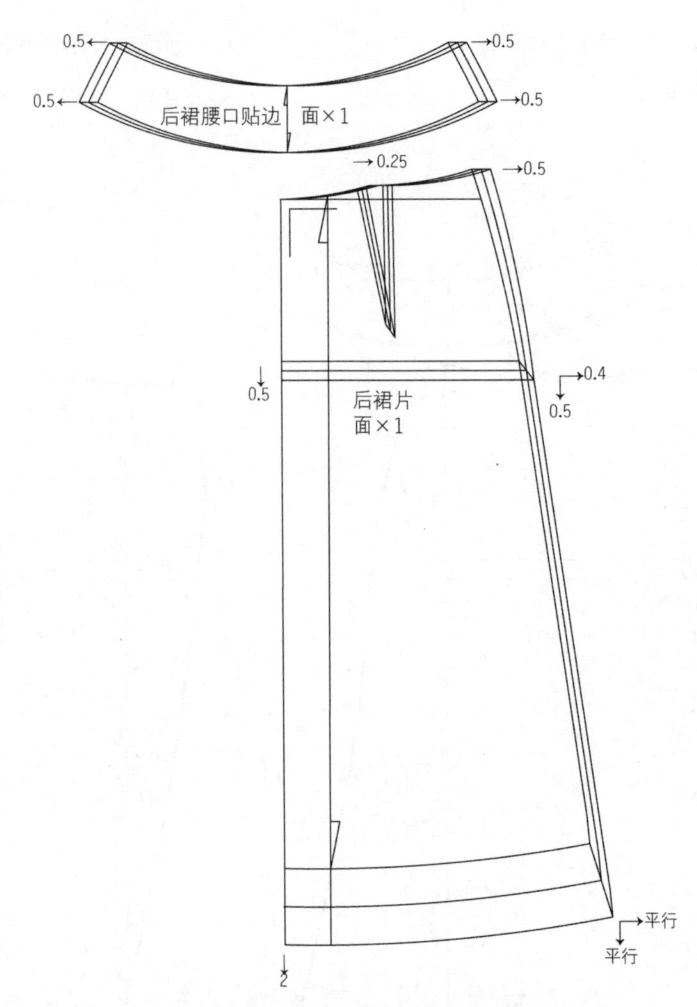

图 6-38 A字形细褶分割裙系列样板分解示意图二（续）

三、实例三：高腰型折裥分割裙

1. 高腰型折裥分割裙款式图

见图 6-39。

2. 高腰型折裥分割裙样板制作

见图 6-40。

图 6-39 高腰型折裥分割裙款式图

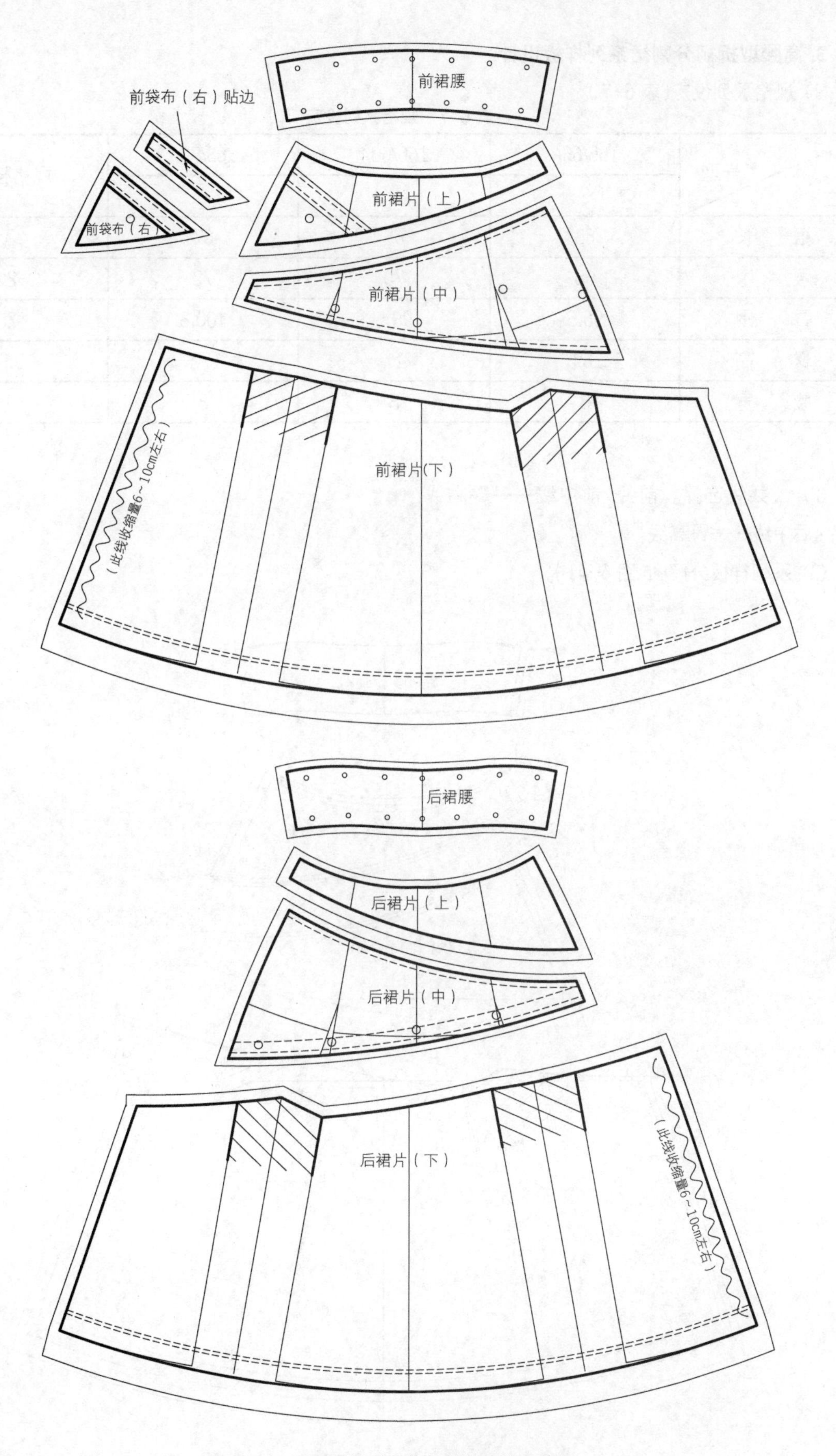

图 6-40　高腰型折裥分割裙样板制作示意图

3. 高腰型折裥分割裙系列样板设计

(1) 规格系列设定(表 6-7)。

表 6-7 规格系列设定 单位：cm

部位 \ 号型	155/66A	160/68A	165/70A	规格档差
	S	M	L	
裙 长	63	65	67	2
腰 围	68	70	72	2
臀 围	96.5	98.5	100.5	2
臀 高	16.5	17	17.5	0.5
腰 宽	8	8	8	0

(2) 公共线选择。前片：前中线——臀高线；
后片：后中线——臀高线。

(3) 系列样板分解图(图 6-41)。

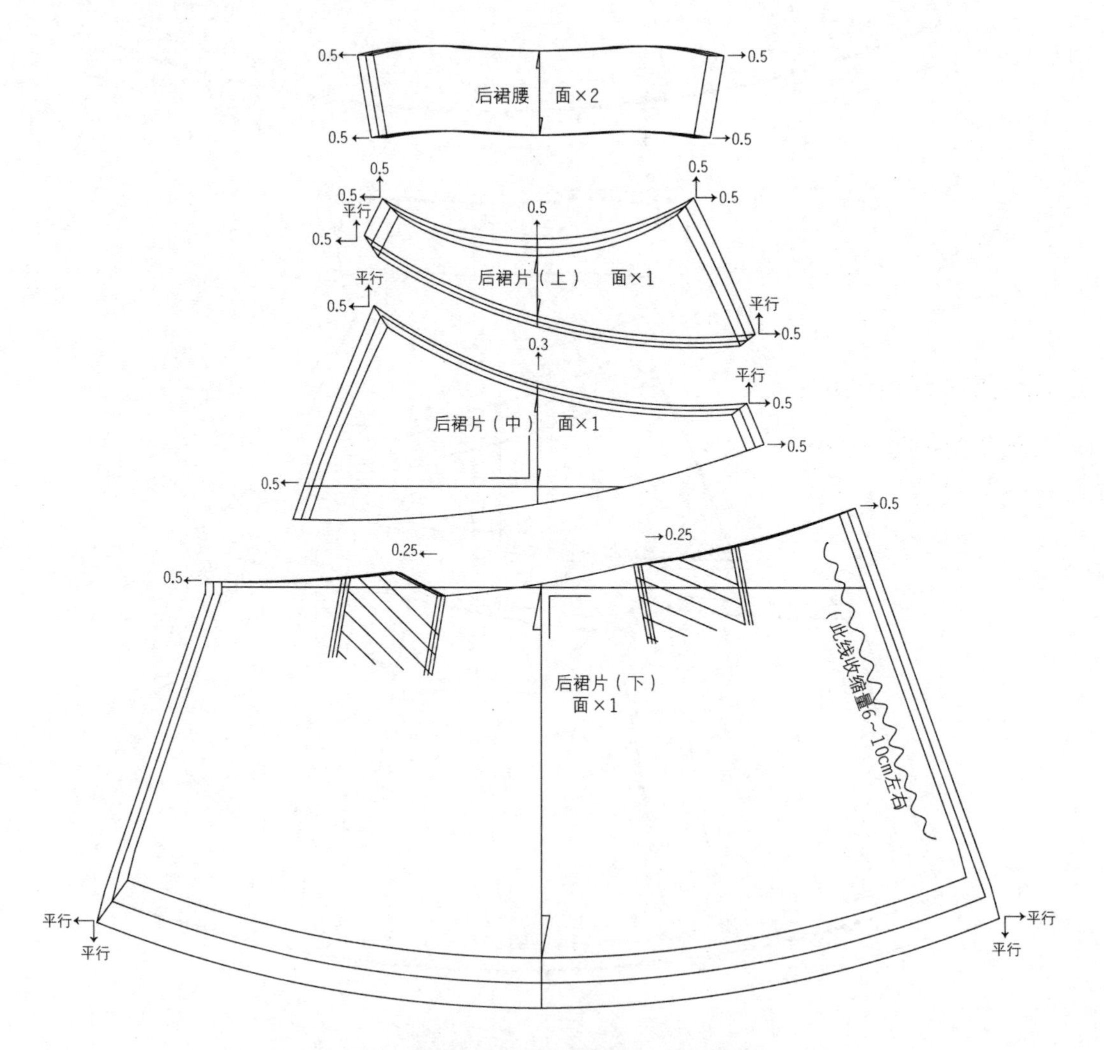

图 6-41 高腰型折裥分割裙样板制作示意图

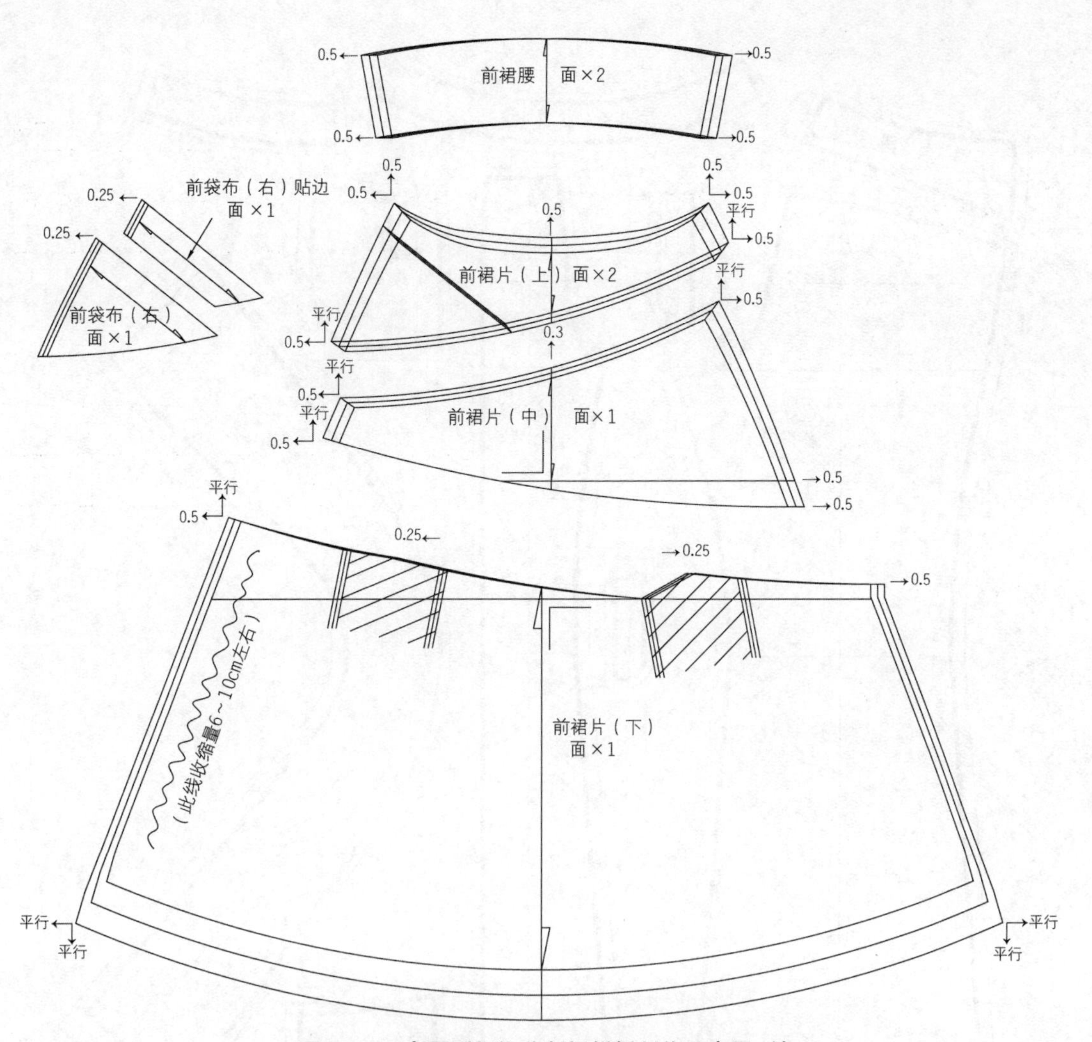

图6-41　高腰型折裥分割裙样板制作示意图（续）

四、实例四：低腰型细褶分割裤

1. 低腰型细褶分割裤款式图

（图6-42）。

图6-42　低腰型细褶分割裤款式图

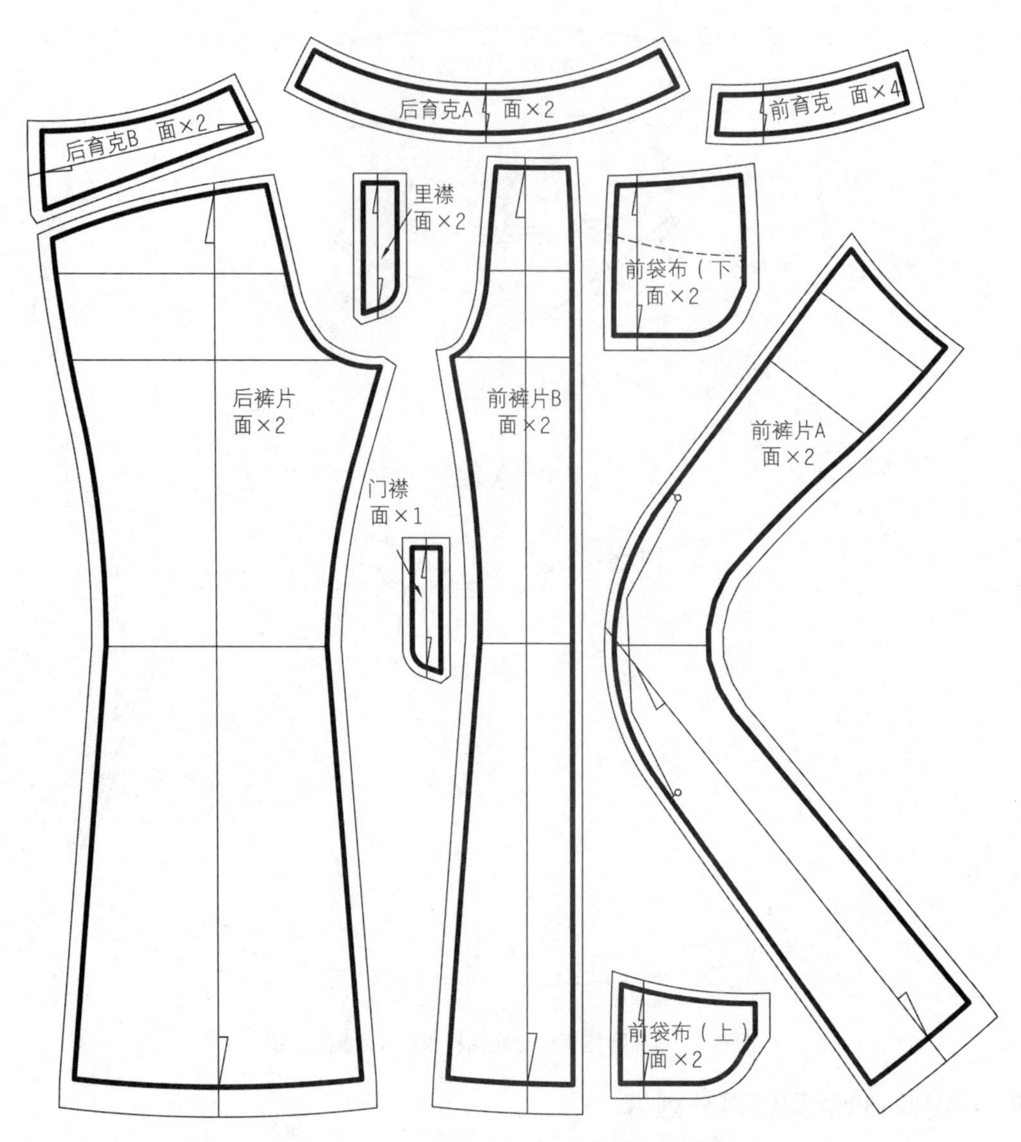

图 6-43 低腰型细褶分割裤样板制作示意图

2. 低腰型细褶分割裤样板制作

（图 6-43）。

3. 低腰型细褶分割裤系列样板设计

(1) 规格系列设定（表 6-8）。

表 6-8 规格系列设定 单位：cm

部位 \ 号型	155/66A	160/68A	165/70A	规格档差
	S	M	L	
裤　长	95	98	101	3
腰　围	69	71	73	2
臀　围	94	96	98	2
上裆高	22.4	23	23.6	0.6
中裆宽	20.5	21	21.5	0.5
脚口宽	27.5	28	28.5	0.5
育克宽	3	3	3	0

(2) 公共线选择。前片：烫迹线——上裆高线；后片：烫迹线——上裆高线。

(3) 系列样板分解图见图 6-44。

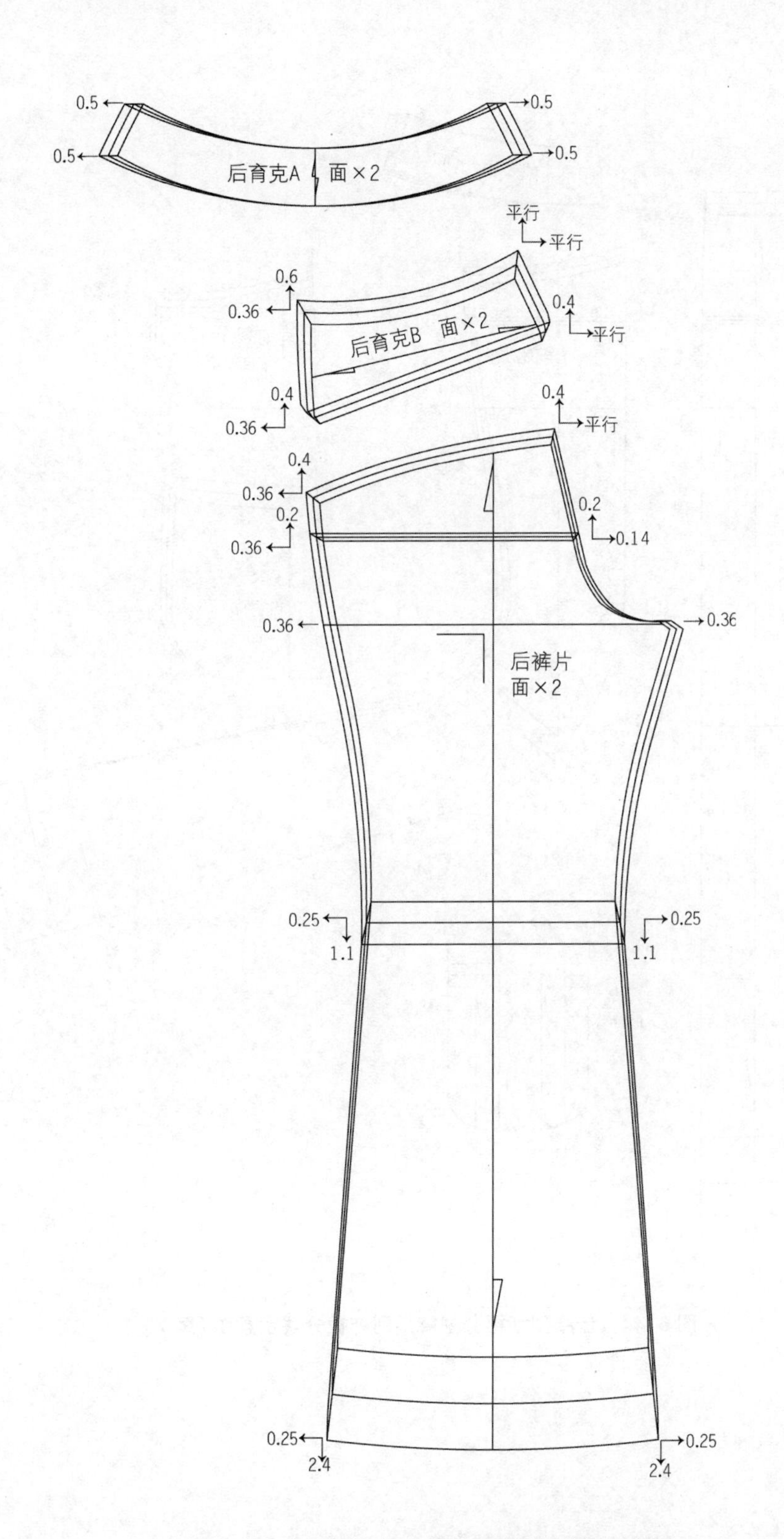

图 6-44 低腰型细褶分割裤系列样板分解示意图

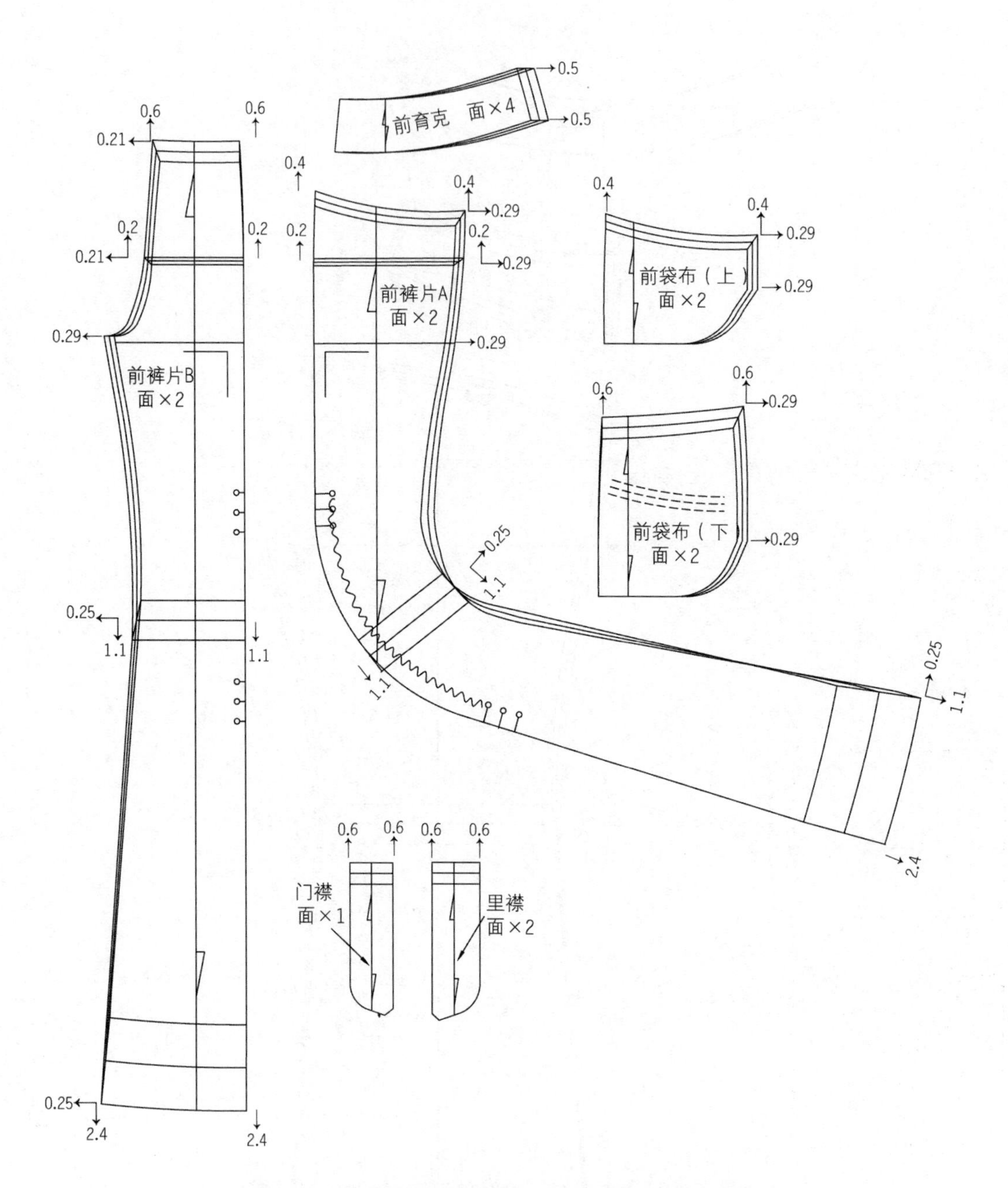

图 6-44 低腰型细褶分割裤系列样板分解示意图（续）

五、实例五：宽松型短裤

1. 宽松型短裤款式图

见图 6-45。

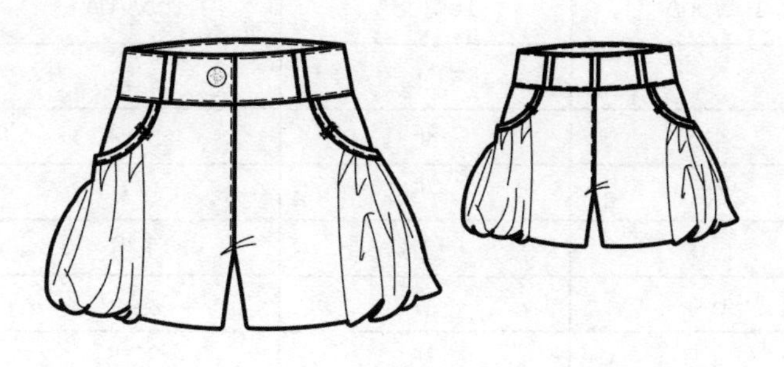

图 6-45 宽松型短裤款式图

2. 宽松型短裤样板制作

见图 6-46。

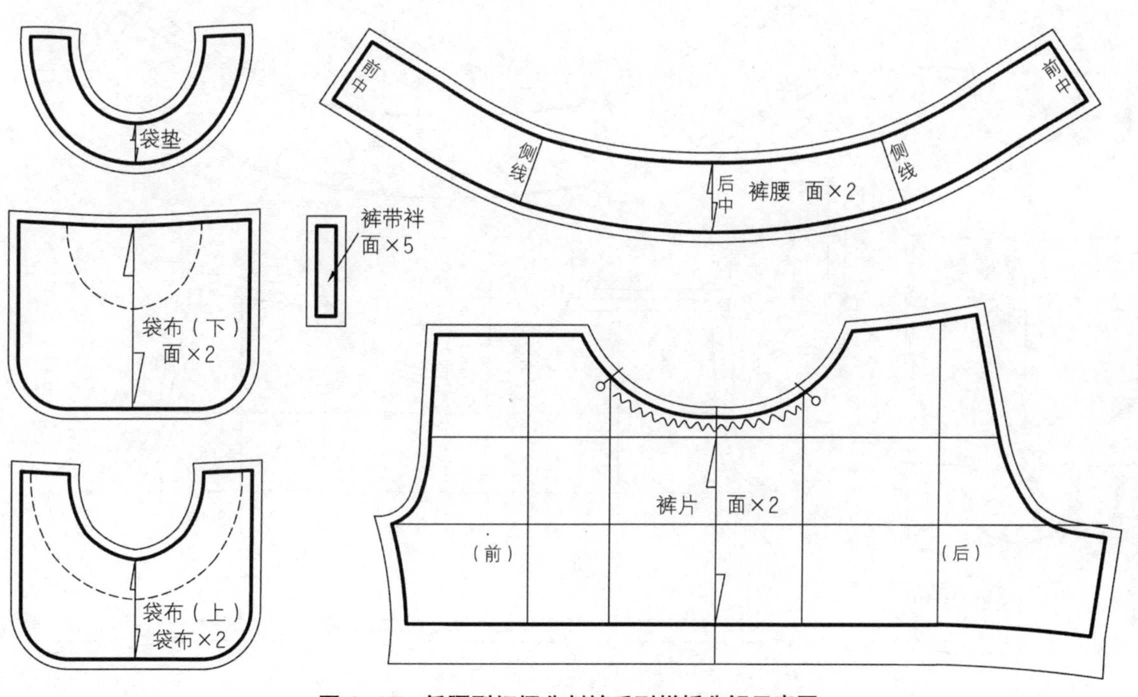

图 6-46 低腰型细褶分割裤系列样板分解示意图

3. 宽松型短裤系列样板设计

(1) 规格系列设定(表 6-9)。

表 6-9　规格系列设定　　单位：cm

部位＼号型	155/66A	160/68A	165/70A	规格档差
	S	M	L	
裤　长	34.8	36	37.2	1.2
腰　围	73	75	77	2
臀　围	116	118	120	2
上 裆 高	26.4	27	27.6	0.6
脚 口 宽	34.5	35	35.5	0.5
腰　宽	8	8	8	0

(2) 公共线选择。前片：烫迹线——上裆高线；后片：烫迹线——上裆高线。

(3) 系列样板分解图(图 6-47)。

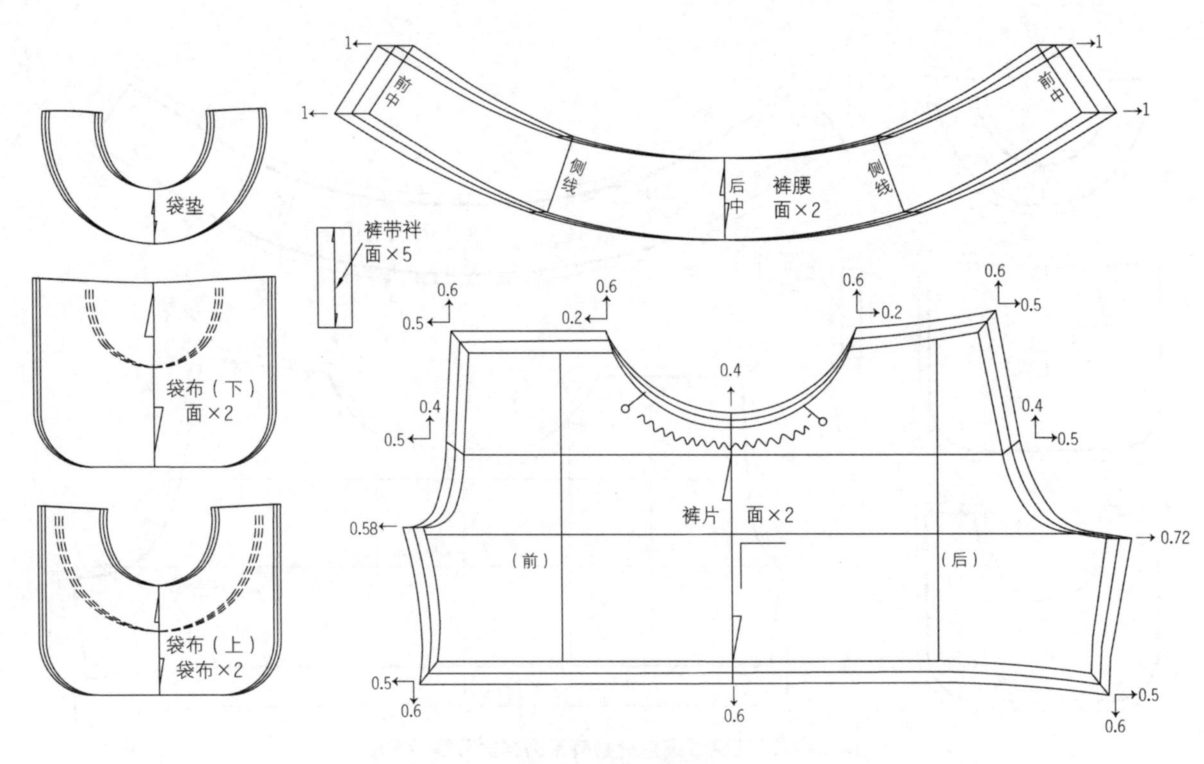

图 6-47　宽松型短裤系列样板分解示意图

第三节　服装系列样板设计实例——上装

服装系列样板实例是进行实际操作的范本，通过对服装系列样板实例的学习，熟悉和掌握上装的系列样板制作方法。

一、实例一：翻驳领短袖女上装

1. 翻驳领短袖女上装款式图

见图 6-48。

2. 翻驳领短袖女上装样板制作

见图 6-49。

图 6-48　翻驳领短袖女上装款式图

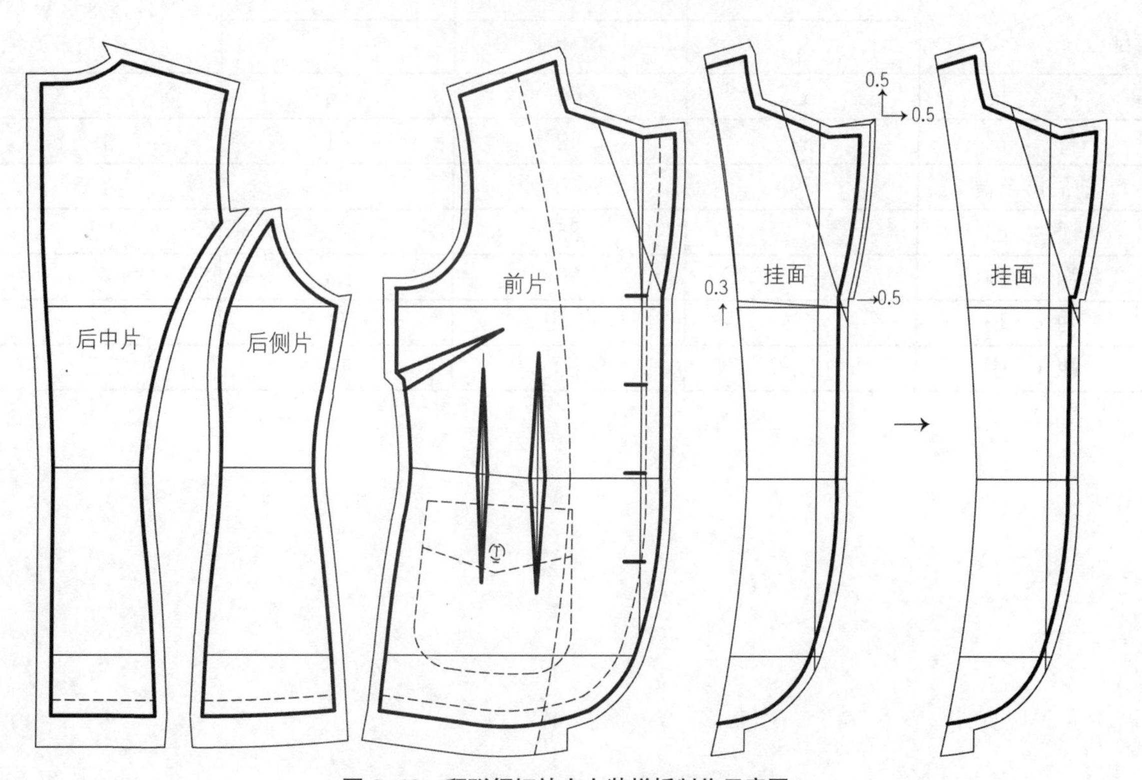

图 6-49　翻驳领短袖女上装样板制作示意图

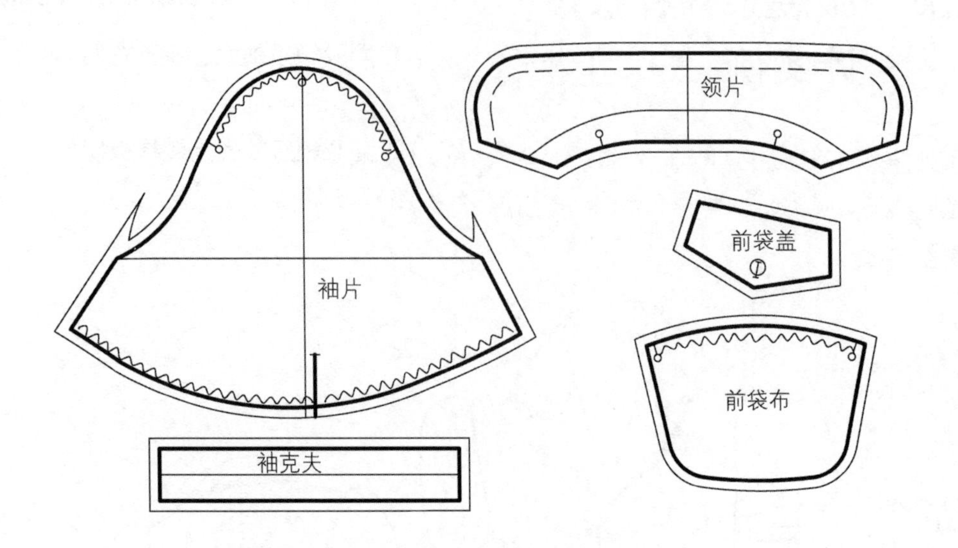

图 6-49 翻驳领短袖女上装样板制作示意图（续）

3. 宽松型短裤系列样板设计

(1) 规格系列设定(表 6-10)。

(2) 公共线选择。前片：前中线—袖窿深线；后片：分割线—袖窿深线；袖片：袖中线－袖山高线。

(3) 系列样板分解图见图 6-50。

表 6-10 规格系列设定 单位：cm

部位 \ 号型	155/81A	160/84A	165/87A	规格档差
	S	M	L	
衣 长	62	64	66	2
肩 宽	39	40	41	1
前后腰节高	39	40	41	1
领 围	35.2	36	36.8	0.8
胸 围	92	96	100	4
袖 长	33.5	34.5	35.5	1
袖 口 围	29.3	30	30.7	0.7

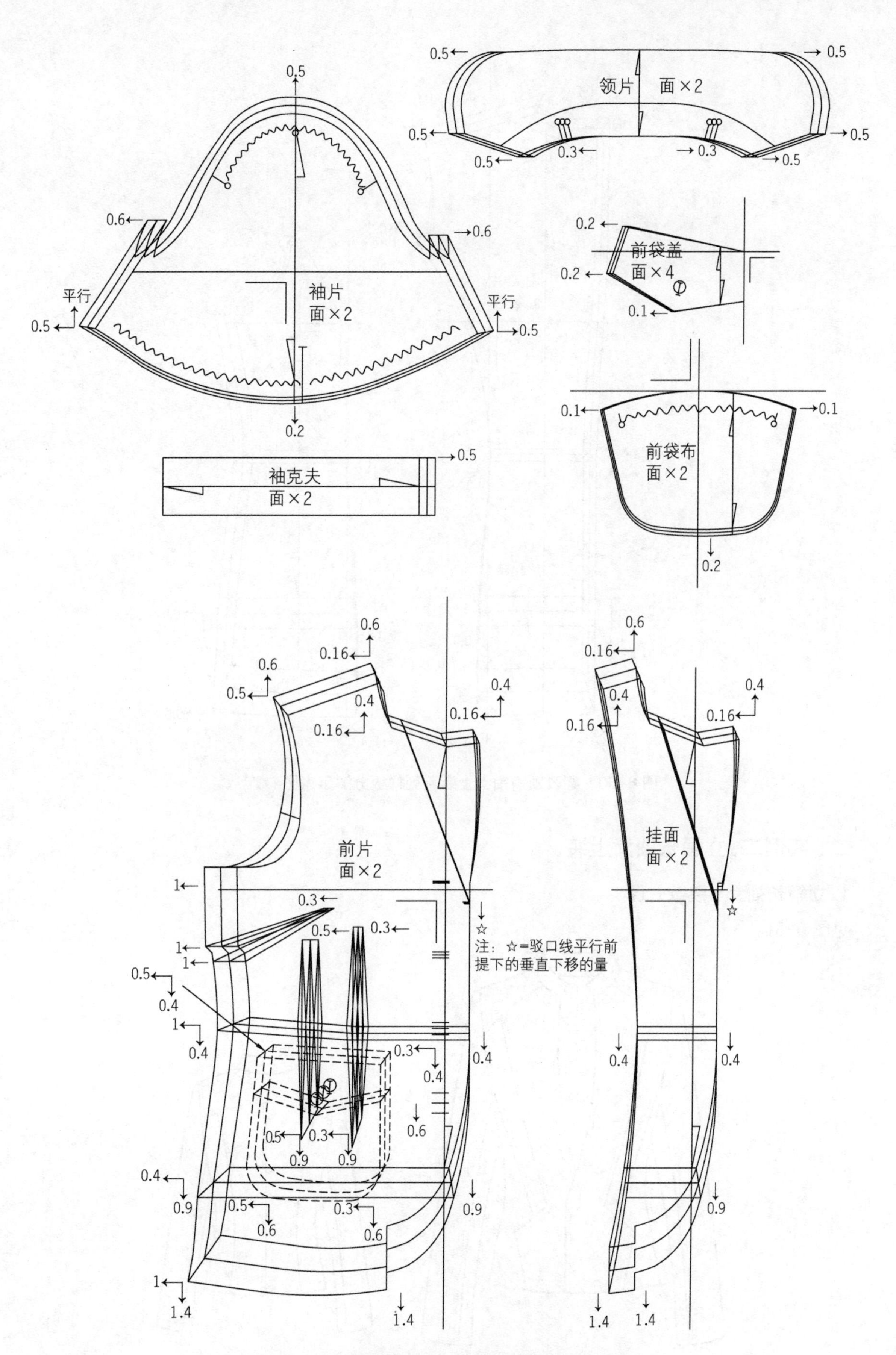

图 6-50　翻驳领短袖女上装系列样板分解示意图

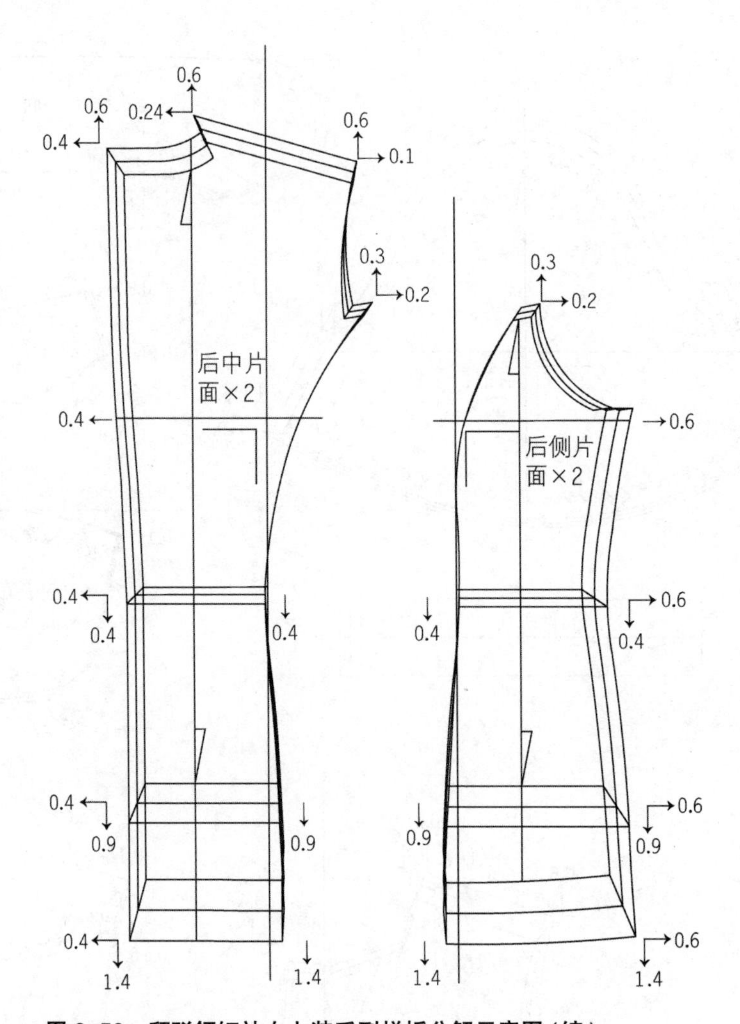

图 6-50 翻驳领短袖女上装系列样板分解示意图(续)

二、实例二:立领长袖女上装

1. 立领长袖女上装款式图

见图 6-51。

图 6-51 立领长袖女上装款式图

2. 立领长袖女上装样板制作

见图 6-53。

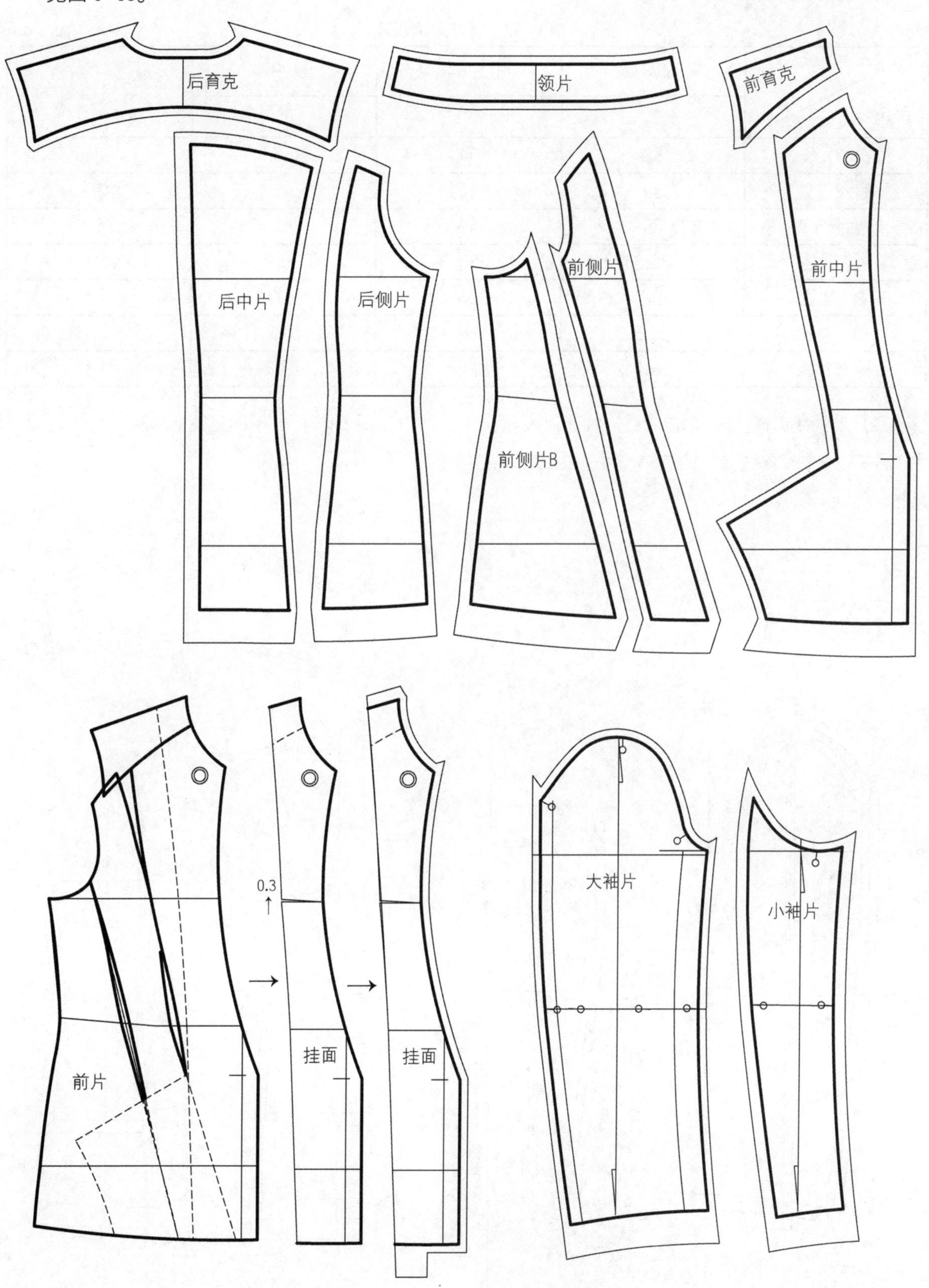

图 6-52　立领长袖女上装样板制作示意图

3. 立领长袖女上装系列样板设计

(1) 规格系列设定(表6-11)。

表6-11 规格系列设定 单位：cm

部位 \ 号型	155/81A	160/84A	165/87A	规格档差
	S	M	L	
衣长	62	64	66	2
肩宽	39	40	41	1
前后腰节高	39	40	41	1
领围	35.2	36	36.8	0.8
胸围	92	96	100	4
袖长	56.5	58	59.5	1.5
袖口围	25.2	26	26.8	0.8

(2) 公共线选择。前片：前中线—袖窿深线；后片：后中线—袖窿深线；袖片：前袖侧线—袖山高线。

(3) 系列样板分解图见图6-53。

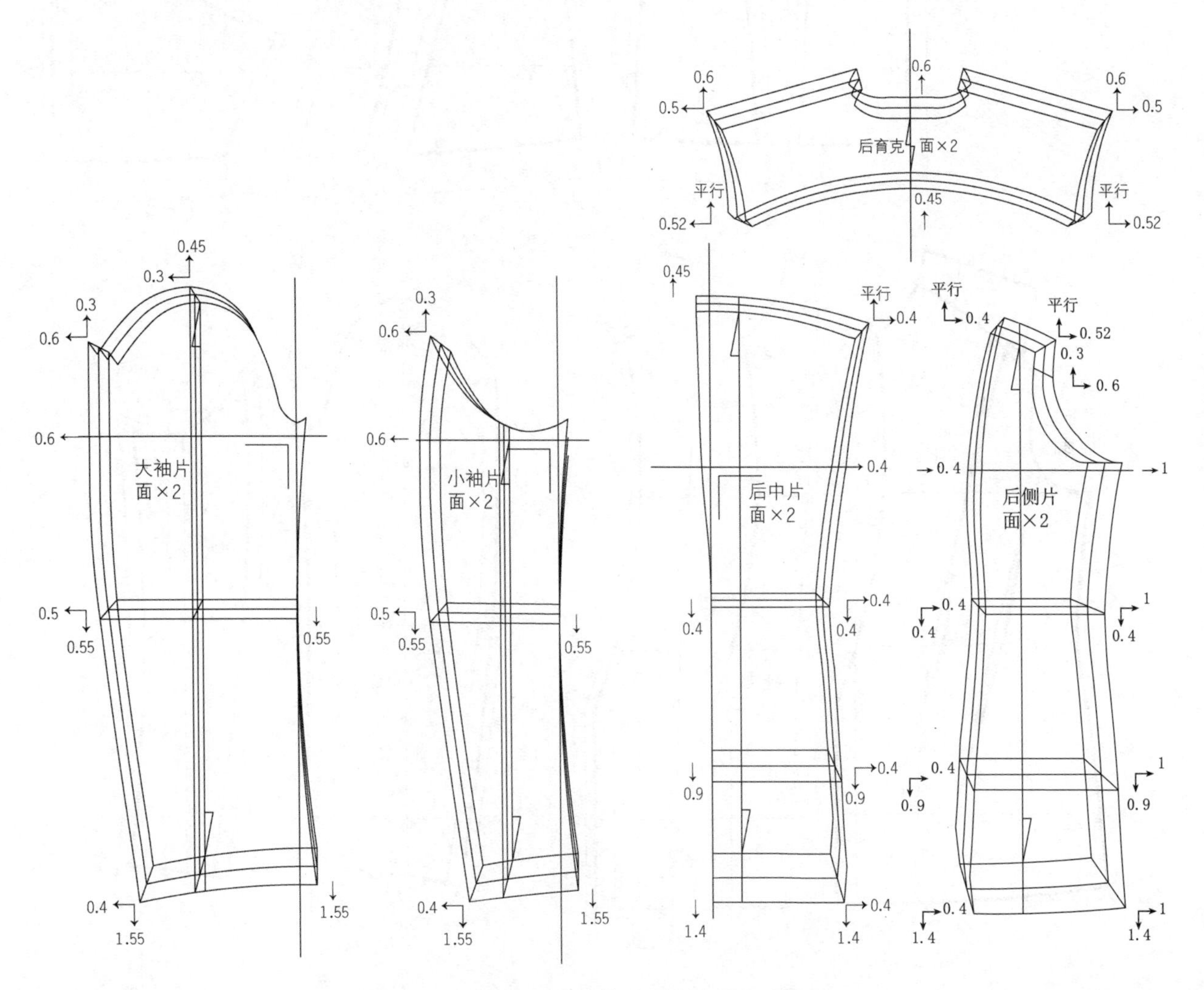

图6-53 立领长袖女上装系列样板分解示意图

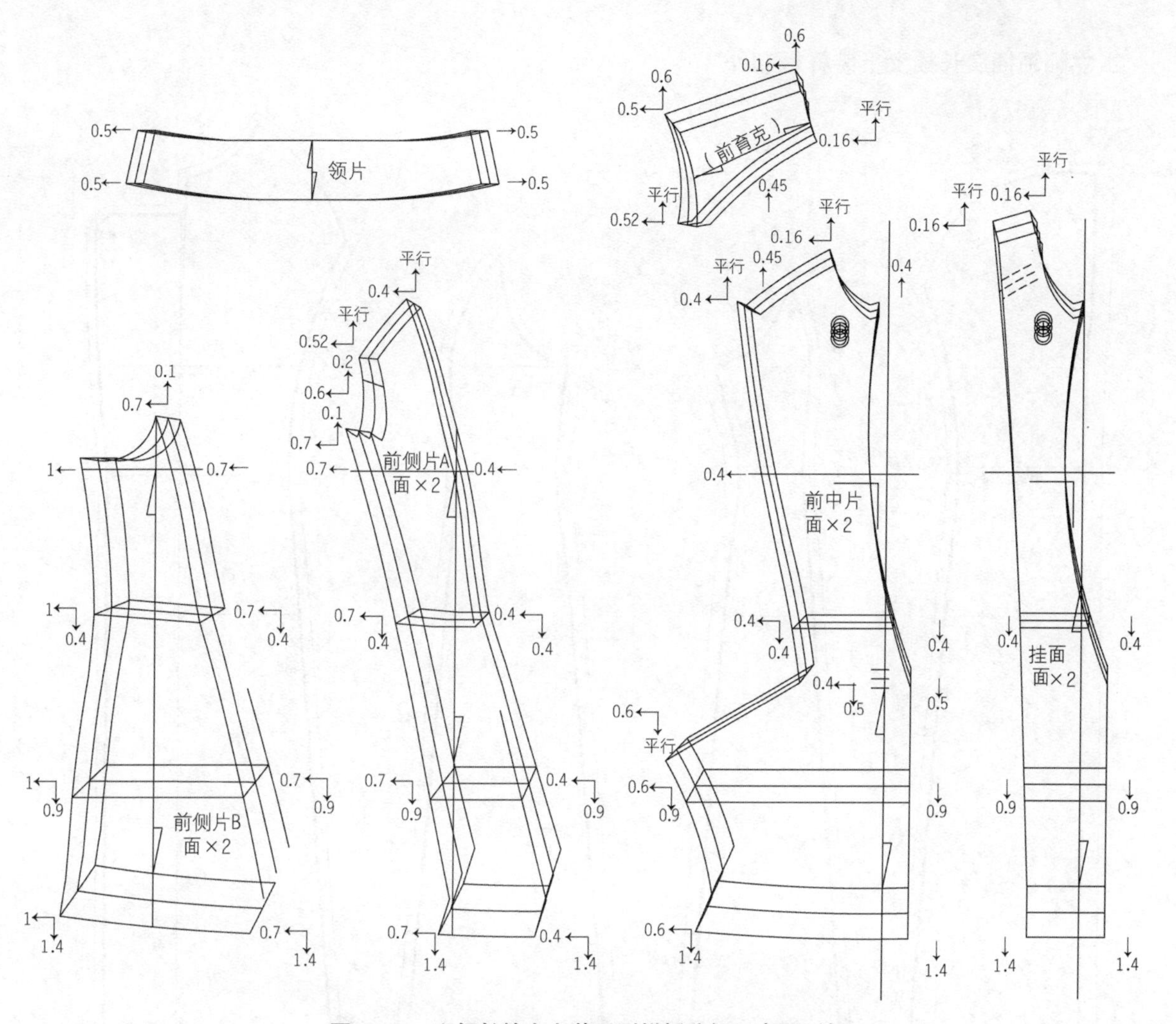

图 6-53　立领长袖女上装系列样板分解示意图（续）

三、实例三：立翻领插肩长袖女上装

1. 立翻领插肩长袖女上装款式图

见图 6-54。

图 6-54　立翻领插肩长袖女上装款式图

2. 立翻领插肩长袖女上装样板制作

见图 6-55。

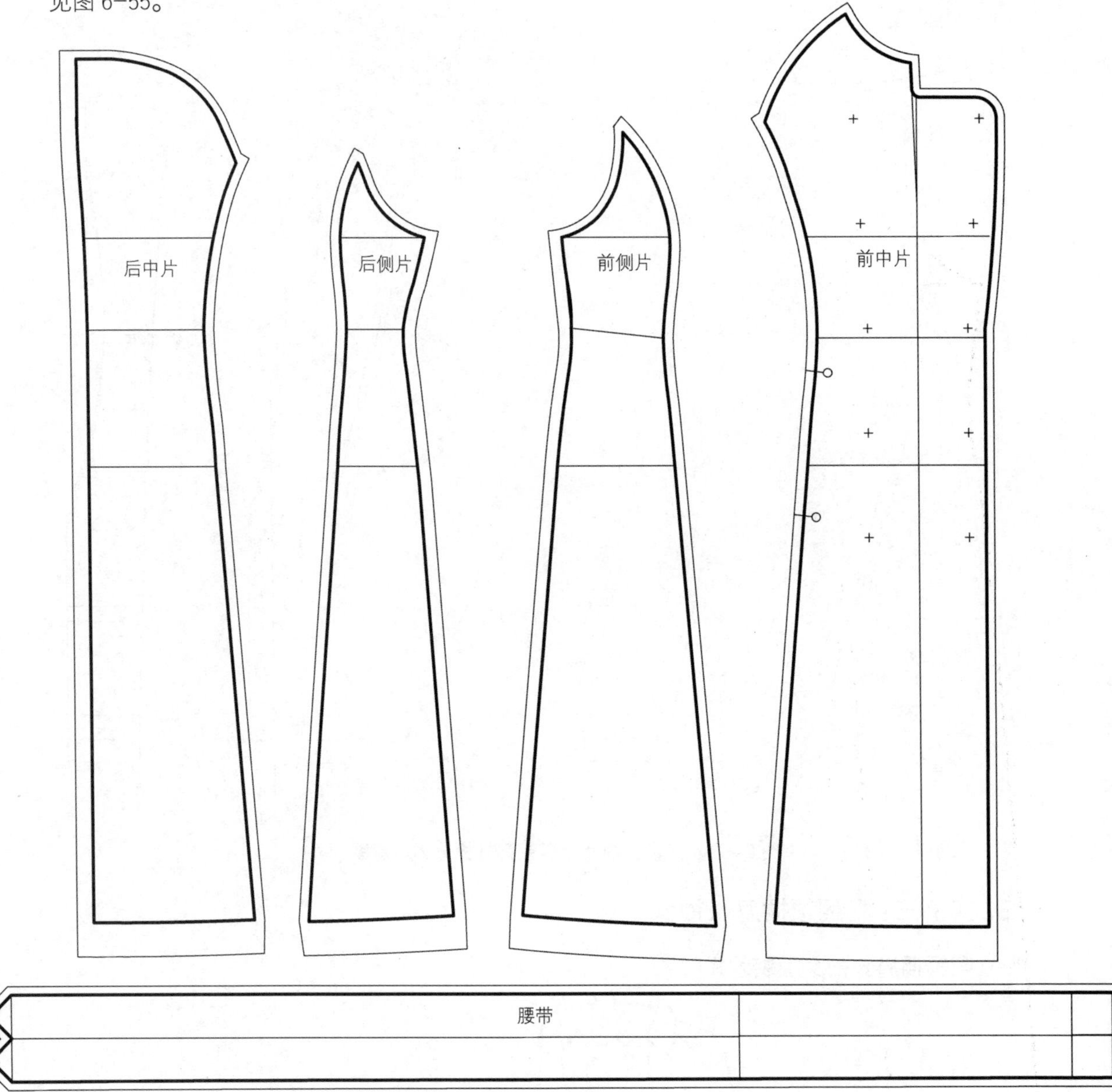

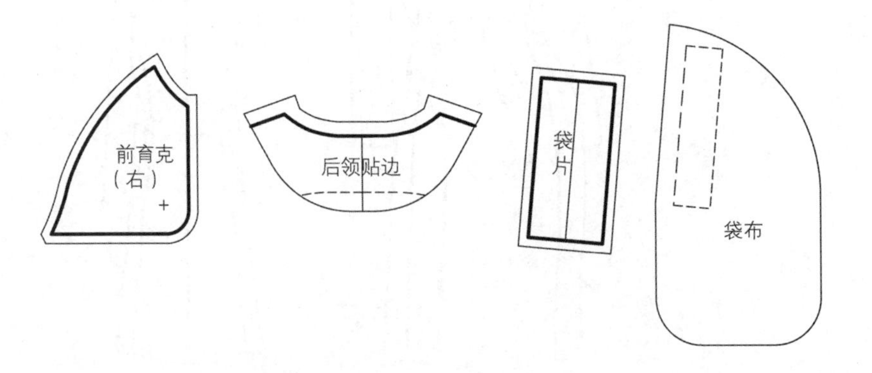

图 6-55 立翻领插肩长袖女上装样板制作示意图

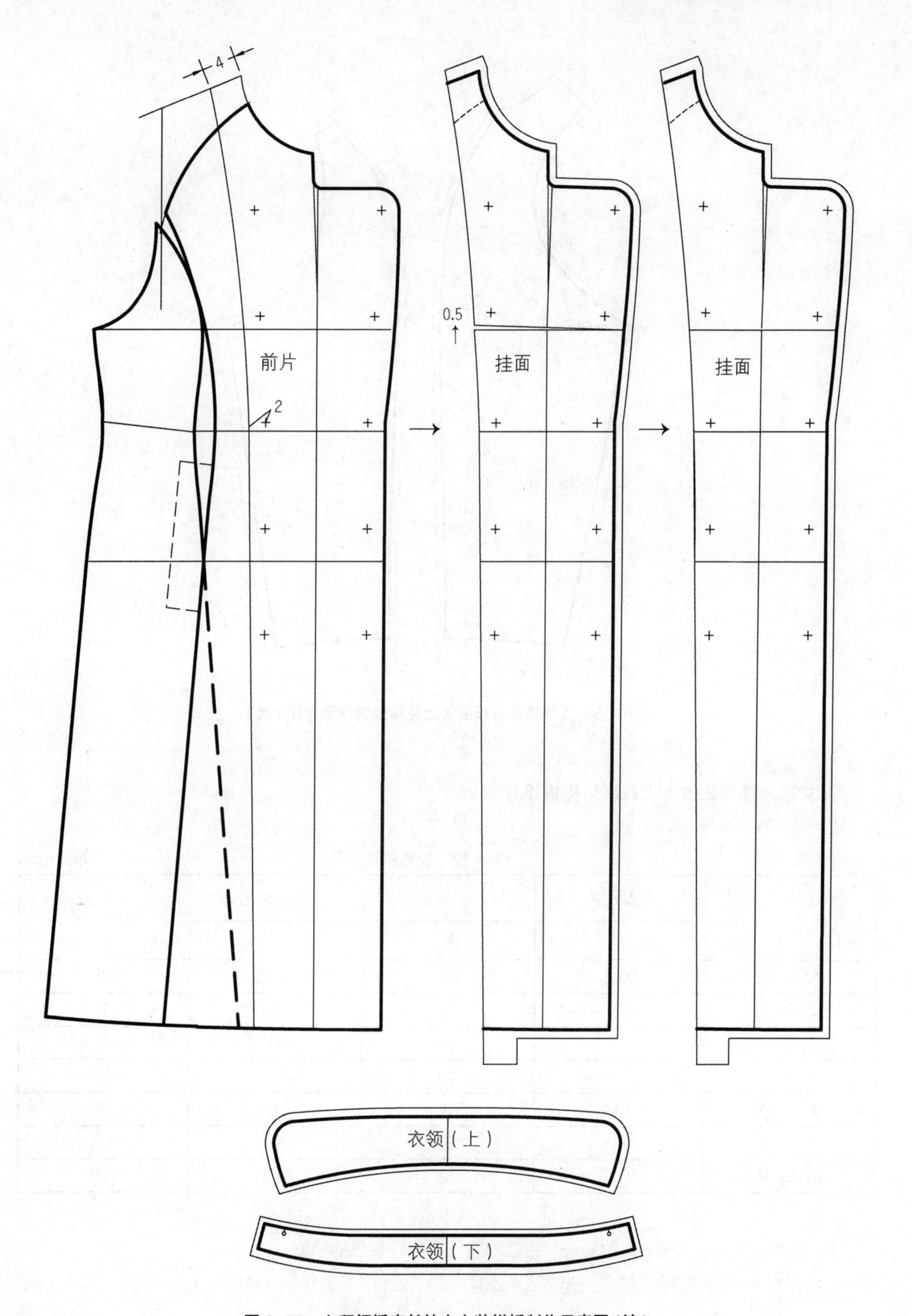

图 6-55　立翻领插肩长袖女上装样板制作示意图（续）

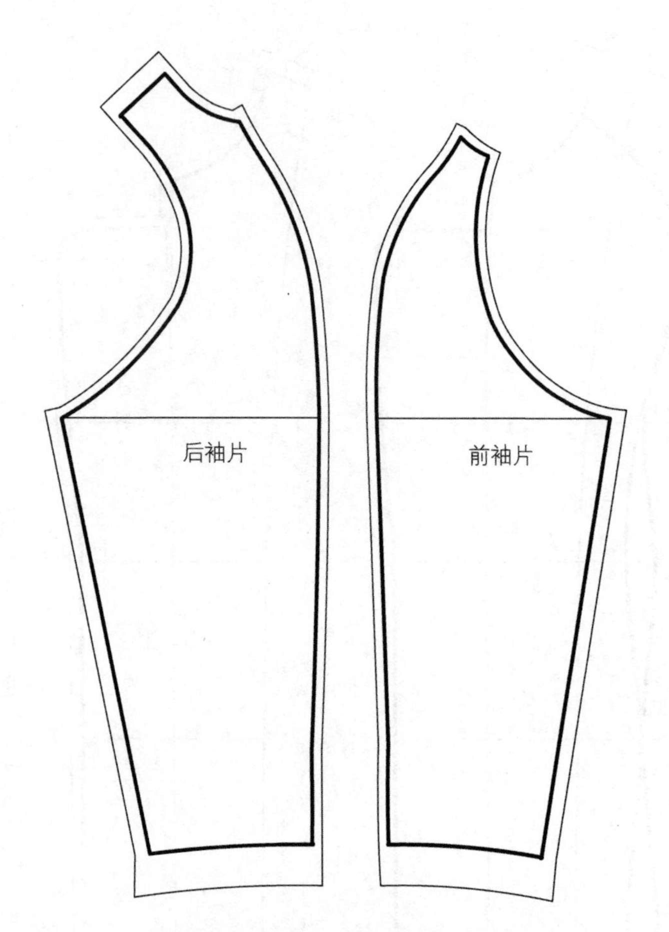

图 6-55　立翻领插肩长袖女上装样板制作示意图（续）

3. 立翻领插肩长袖女上装系列样板设计

(1) 规格系列设定（表 6-12）。

表 6-12　规格系列设定　　单位：cm

号型 / 部位	155/81A	160/84A	165/87A	规格档差
	S	M	L	
衣　长	96.5	100	103.5	3.5
肩　宽	41	42	43	1
前后腰节高	39	40	41	1
领　围	39.2	40	40.8	0.8
胸　围	102	106	110	4
袖　长	56.5	58	59.5	1.5
袖口围	31.2	32	32.8	0.8

(2) 公共线选择。前片：胸宽线——袖窿深线；后片：背宽线——袖窿深线；袖片：按前后片公共线作相应的移位。

(3) 系列样板分解图见图 6-57。

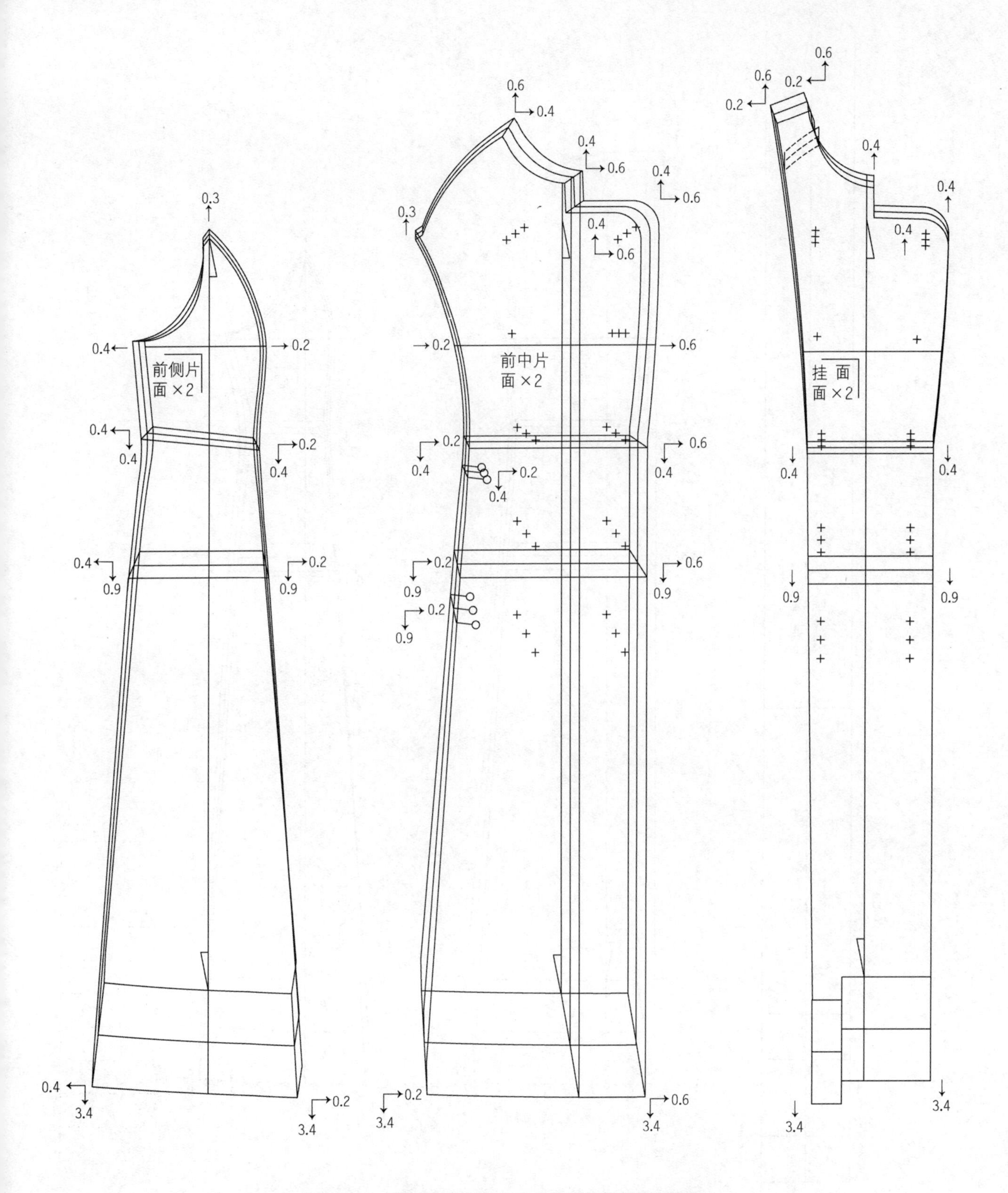

图 6–56 立翻领插肩长袖女上装系列样板分解示意图

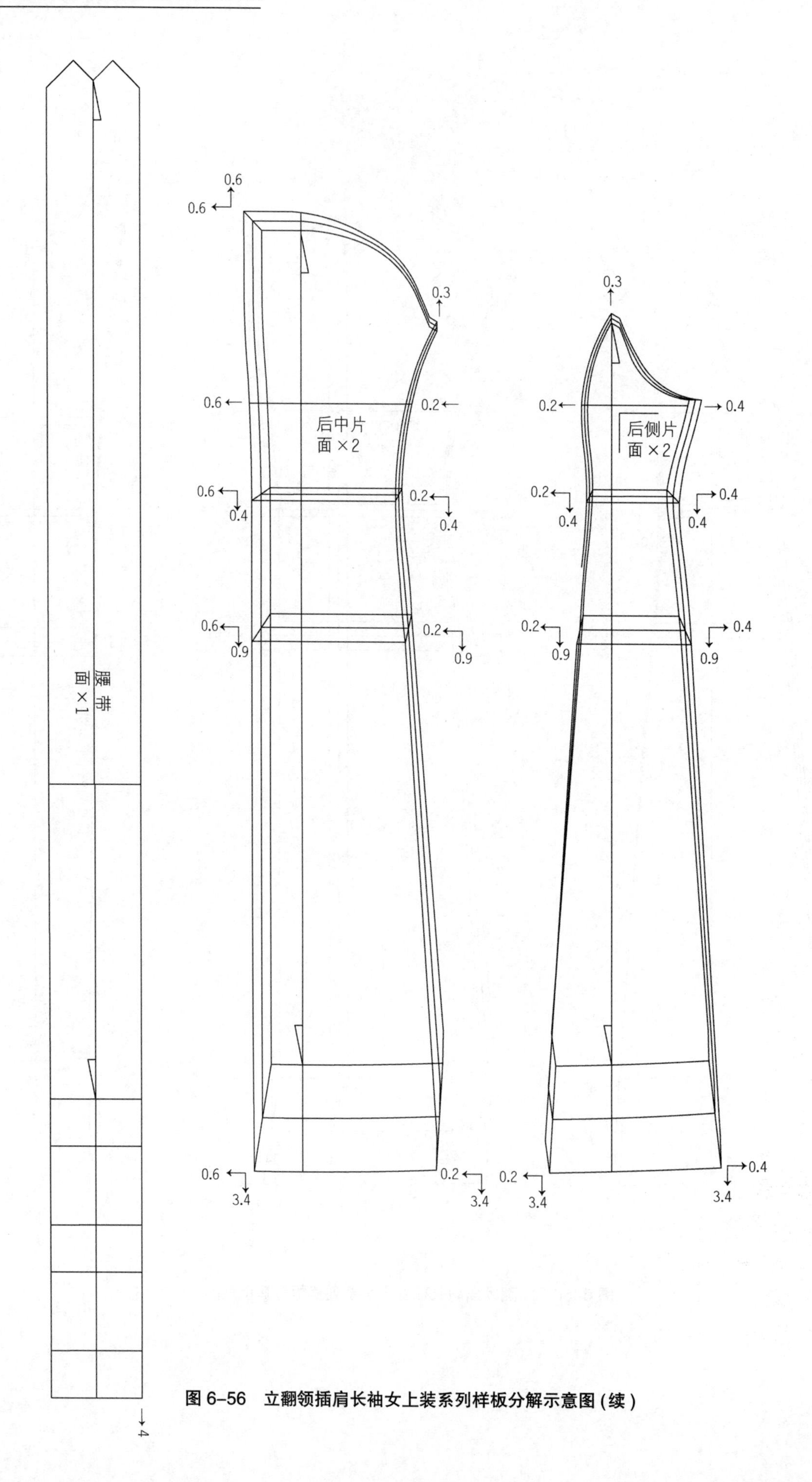

图 6–56 立翻领插肩长袖女上装系列样板分解示意图（续）

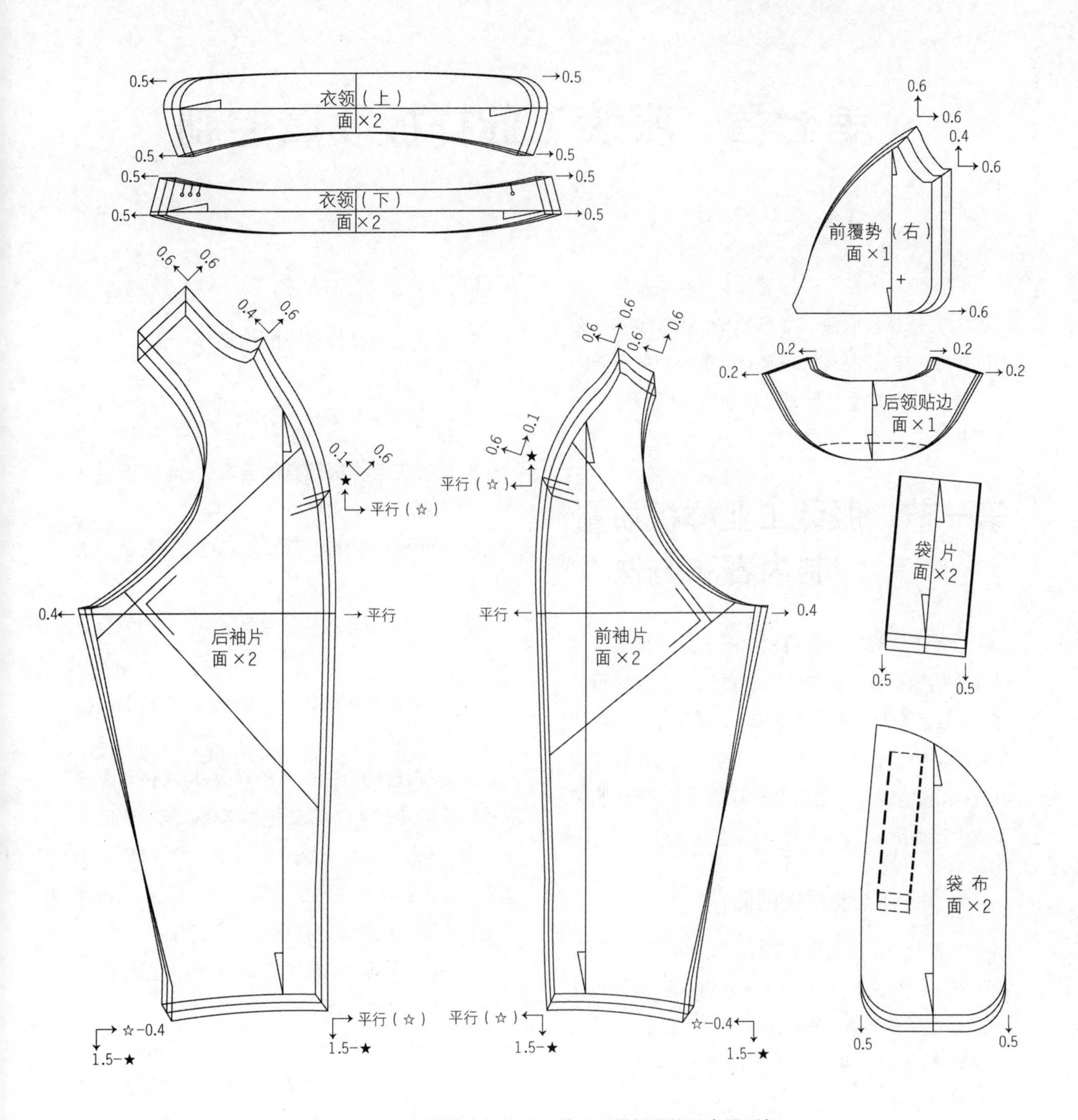

图 6-56　立翻领插肩长袖女上装系列样板分解示意图（续）

思考题：

1. 服装系列样板设计的要素有哪些?
2. 服装系列样板设计的方法有哪些?
3. 服装系列样板设计的规格系列应如何确定?
4. 服装系列样板设计的线条应如何进行合理化?

第七章 服装工业样板质量控制

在服装工业生产中，服装工业样板是裁剪与缝纫的主要依据。服装工业样板的制作、储存、文件的编制、样板的复核，是服装质量控制的重要内容。服装工业样板的质量是服装生产顺利进行的必要条件。

第一节 服装工业样板质量控制内容和方法

服装工业样板质量控制是服装工业样板制作过程中的重要环节。其内容包括服装工业样板的储存、服装工业样板文件的编制、服装工业样板的检验等。熟悉服装工业样板质量控制内容，并掌握其方法，才能保证服装工业样板的质量，满足服装工业生产的需要。

一、服装工业样板的储存

服装工业样板储存是服装工业化生产的需要。由于在工业化生产中会产生服装订单视销售状况而追加数量的现象，或者如果以往服装订单的款式销售情况良好，每年都会有重复生产的现象，因此在服装企业中当一批次生产任务完成后，工业样板会被储存下来，已备日后生产之需。在使用服装CAD制板时，储存的样板可作为制作相似款式的基础板，可有效地提高服装生产的效率。

1. 服装工业样板储存的方法

(1) 手工或服装CAD制板的1:1的纸质样板，可以将使用过的样板储存在固定的场所。

(2) 服装CAD制板形成的样板也可储存在电脑里、硬盘或光盘中。

(3) 由专人负责储存。

2. 服装工业样板储存的作用

(1) 节约人力、物力。

(2) 积累服装样板技术资料。

3. 服装工业样板储存的要求

(1) 纸板1:1工业样板储存的要求：

① 样板使用完毕一周后交到样板储存的固定场所。

② 储存者应建立样板档案，并分门别类登记与放置。

③ 储存者应保持样板的完整性，以防散开和代用。

④ 储存时间超过一年的样板，再次使用时应对各档规格进行复查，以防纸质样板收缩或变形。

⑤ 样板储存期一般为3~5年，过期样板如无使用价值的应在企业内自行销毁，以免流失及占用场地。如有使用价值的样板应长期储存。

⑥ 储存的环境应保持干燥、通风、整洁，并具有防火、防盗、防虫蛀等安全防范措施。

(2) 服装CAD制板形成的工业样板储存的要求：

① 在电脑里分门别类建立主文件夹及子文件夹储存样板。储存内容包括：款式图、规格资料、标准样板、系列样板等。

② 在电脑里建立工业样板目录。储存内容包括：主文件夹及子文件夹名称、储存的位置等。

③ 在电脑里储存的工业样板应作备份，以免丢失后影响生产。

④ 样板的储存期及处理方法均与纸质样板相同。

二、服装工业样板的流通

工业样板的储存是为了再次生产的需要，因此储存的工业样板会在企业内产生流通，而流通的过程中，必须建立合理的流通程序，才能做到工业样板的有序管理。

1. 服装工业样板的流通方法

① 建立样板流通手续。包括填写样板领用记录单、用途、使用日期，并需经技术部门负责人同意等。

② 专人负责样板的发放、使用、回收等管理工作。

③ 样板流通期间由使用部门负责保管、归还。

2. 服装工业样板流通的作用

① 合理利用样板资源。

② 提高服装生产的效率。

③ 维护正常的生产秩序。

3. 服装工业样板流通的内容

① 登记标准样板的相关资料。包括产品型号、名称、销往地区、订货数量、合同或订货单编号。

② 登记系列样板的相关资料。包括样板规格分档数、面布、里布、衬布样板；工艺样板的数量。

③ 登记样板制作者、复核者及验收日期等资料。

④ 登记样板使用过程资料。包括使用的开始及归还日期；回收样板时的样板的数量及完好性等。

三、服装工业样板的检验

1. 服装样板检验的内容和要求

(1) 检查核对样板的款式、型号、规格、数量和来样图稿、实物、工艺单是否相符。

(2) 样板的缝份、贴边、缩率加放是否符合工艺要求。

(3) 样板的定位标记、方向标记、文字标记等是否准确，有无遗漏。

(4) 样板的类别及裁剪的数量等是否标明。

(5) 各部位的结构组合(衣领与领圈、袖山弧线与袖窿弧线、侧缝、肩缝等组合)是否恰当。

(6) 样板的弧形部位是否圆顺、刀口是否顺直。

(7) 样板的整体结构，各部位的比例关系是否符合款式要求。

(8) 系列样板的各部位分档数据是否合理。

2. 服装样板检验的方法

(1) 目测。目测样板的边缘轮廓是否光滑、顺直；弧线是否圆顺；领圈、袖窿、裤窿门等部位的形状是否准确。

(2) 测量。用软尺及直尺测量样板的规格，校验各部位的数据是否准确，尤其要注意衣领与领圈、袖窿弧线与袖山弧线等主要部位的装配线。

(3) 用样板相互核对。将样板的相关部位相互核对，将前后裤片合在一起观察窿门弧线、下裆弧线；将前后侧缝合在一起观察其长度；将前后肩缝合在一起观察前后领圈弧线、前后袖窿弧线及肩缝的长度配合等见图 7-1~图 7-7。

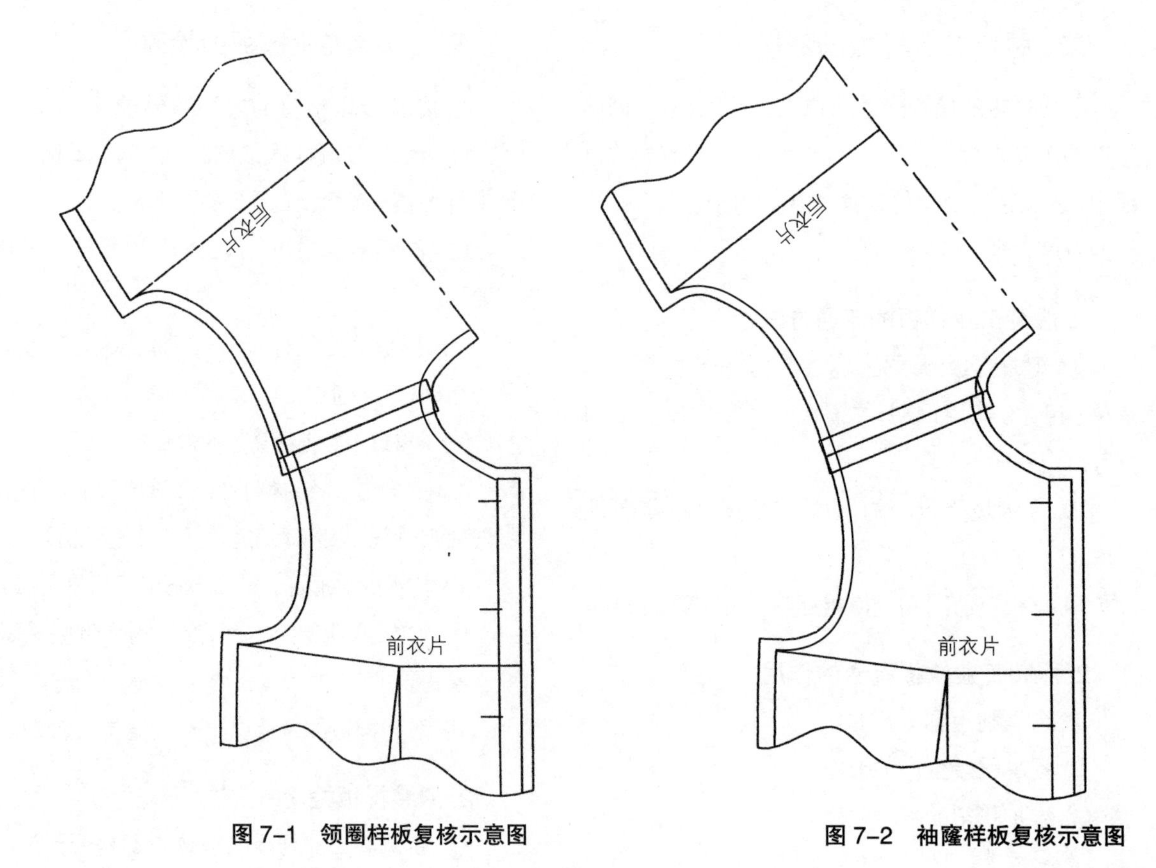

图 7-1　领圈样板复核示意图

图 7-2　袖窿样板复核示意图

后衣片

前衣片

图 7-3　袖窿样板复核示意图

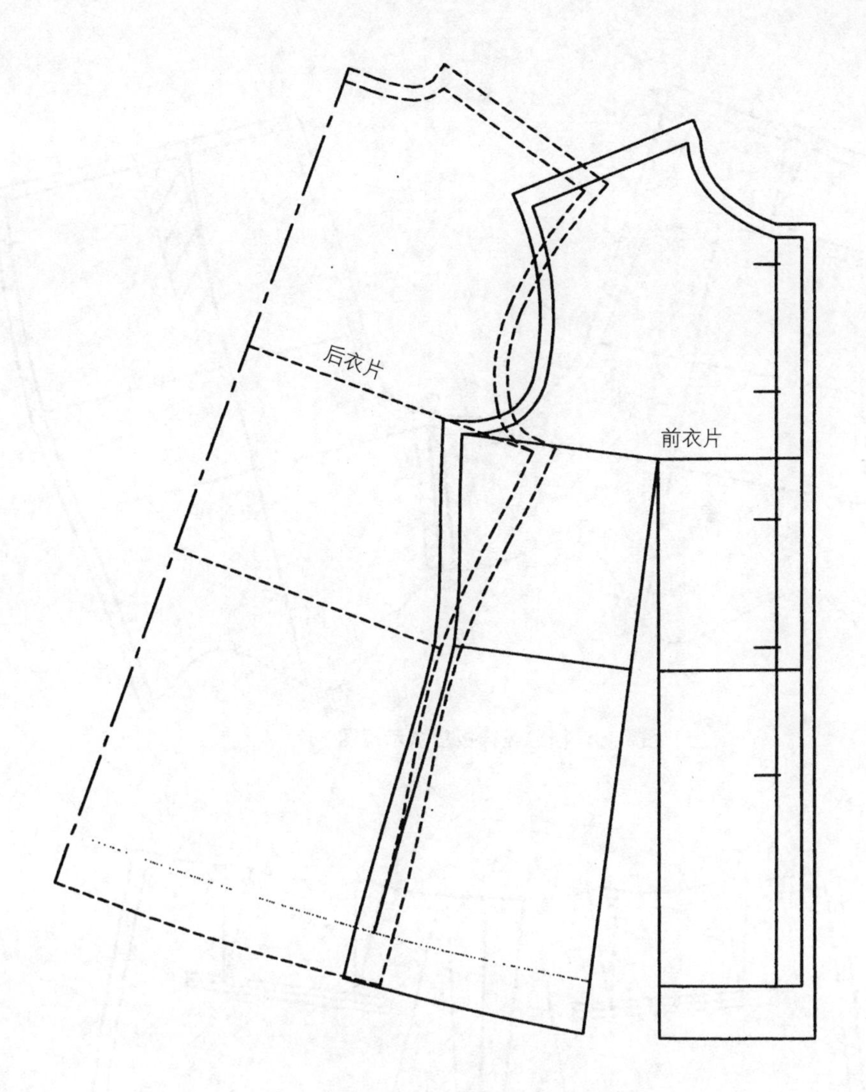

图 7-4 底边样板复核示意图

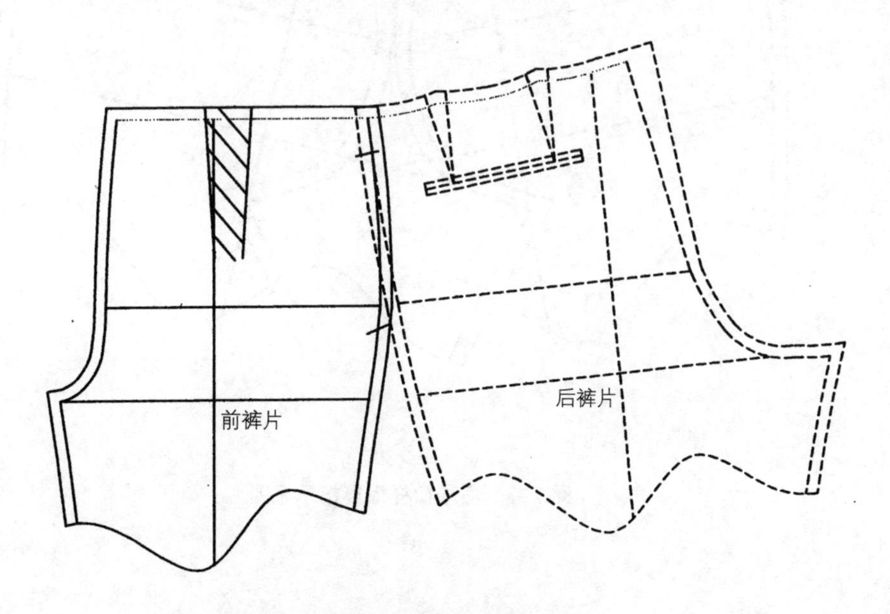

图 7-5 侧腰口线样板复核示意图

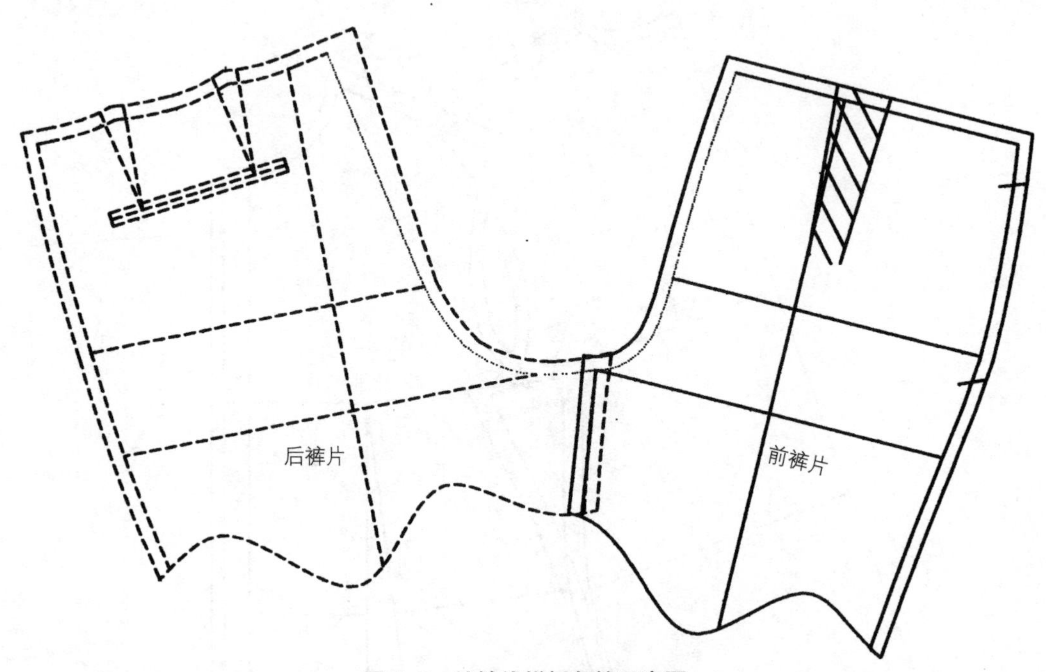

图 7–6　裆缝线样板复核示意图

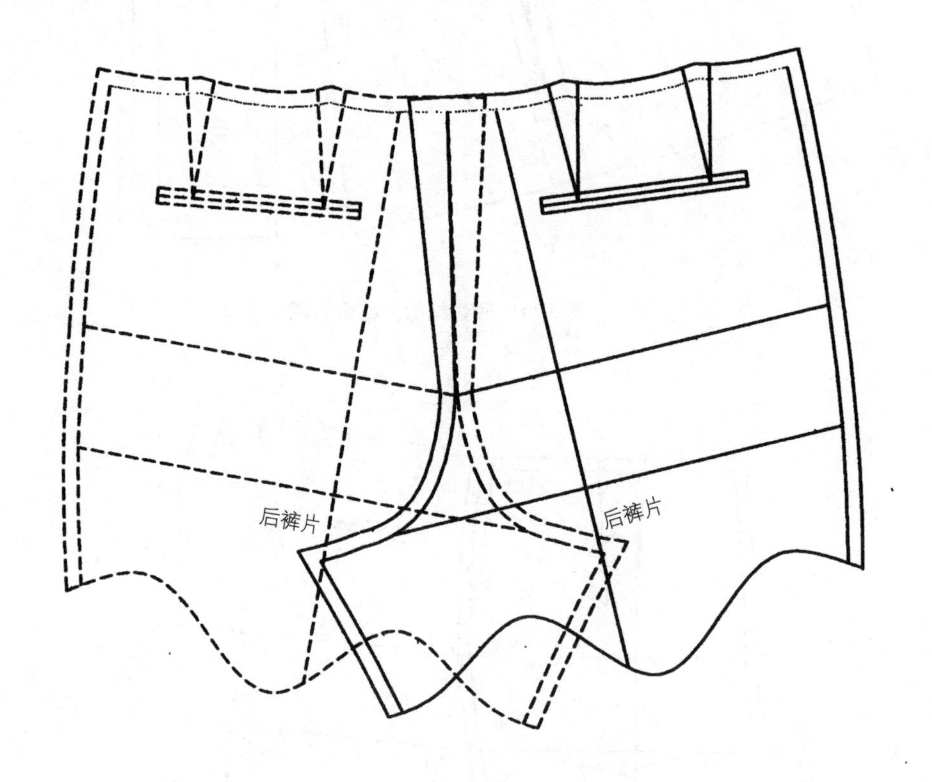

图 7–7　后腰口样板复核示意图

第二节　服装工业样板管理文件

服装工业样板管理文件的制定是服装工业样板质量控制的有效方法。服装工业样板管理文件的制定对服装工业制板的全过程进行了细节的规定，从而达到全过程控制服装工业样板质量之目的。

一、服装工业样板的过程管理文件

服装工业样板的制作生产过程包括发放生产任务单、储存记录单、检验记录单等。通过服装工业样板的过程管理文件的制定，是控制其质量的有效途径之一。

1. 服装工业样板生产任务单（表 7–1）

表 7–1　服装工业样板生产任务单

编号：　　　　　　　　　　　　**日期：**

<table>
<tr><td>款号</td><td>品名</td><td>数量</td><td colspan="2">布料组织</td><td>用料</td><td>损耗比率</td><td>备注</td></tr>
<tr><td></td><td></td><td></td><td colspan="2"></td><td></td><td></td><td rowspan="2"></td></tr>
<tr><td rowspan="2">辅料</td><td>里布组织与用料</td><td>衬布组织与用料</td><td colspan="2">拉链</td><td>钮扣</td><td>缝线</td></tr>
<tr><td></td><td></td><td colspan="2"></td><td></td><td></td><td></td></tr>
<tr><td rowspan="10">车缝工序</td><td>工序名称</td><td>需时</td><td rowspan="10">成品规格</td><td>部位</td><td>规格</td><td colspan="2">布料小样</td></tr>
<tr><td></td><td></td><td></td><td></td><td colspan="2" rowspan="3">面布</td></tr>
<tr><td></td><td></td><td></td><td></td></tr>
<tr><td></td><td></td><td></td><td></td></tr>
<tr><td></td><td></td><td></td><td></td><td colspan="2" rowspan="3">里布</td></tr>
<tr><td></td><td></td><td></td><td></td></tr>
<tr><td></td><td></td><td></td><td></td></tr>
<tr><td></td><td></td><td></td><td></td><td colspan="2" rowspan="3">衬布</td></tr>
<tr><td></td><td></td><td></td><td></td></tr>
<tr><td></td><td></td><td></td><td></td></tr>
<tr><td rowspan="8">样板制作注意事项</td><td></td><td colspan="4">图例及测量方法</td><td colspan="2">裁剪及品质检验</td></tr>
<tr><td></td><td colspan="4" rowspan="7"></td><td colspan="2" rowspan="7"></td></tr>
<tr><td></td></tr>
<tr><td></td></tr>
<tr><td></td></tr>
<tr><td></td></tr>
<tr><td></td></tr>
<tr><td></td></tr>
</table>

生产部门：________________　　　　**制表：**

2. 服装工业样板储存记录单(表 7-2)

表 7-2 服装工业样板储存记录单

编号:

序号	订单号	储存编号	数量	制作者	保留期	送达人员	备注

储存保管者: 填表日期: 年 月 日

3. 服装工业样板流通记录单(表 7-3)

表 7-3 服装工业样板流通记录单

编号:

<table>
<tr><td>合同号</td><td></td><td>产品名称</td><td></td><td>备注</td></tr>
<tr><td>生产通知单</td><td></td><td>号型系列要求</td><td></td><td rowspan="7"></td></tr>
<tr><td>规格</td><td></td><td></td><td></td></tr>
<tr><td>面布样板数</td><td></td><td></td><td></td></tr>
<tr><td>里布样板数</td><td></td><td></td><td></td></tr>
<tr><td>衬布样板数</td><td></td><td></td><td></td></tr>
<tr><td>附件样板数</td><td></td><td></td><td></td></tr>
<tr><td>总数</td><td></td><td></td><td></td></tr>
<tr><td colspan="5">使用日期: 年 月 日 归还日期: 年 月 日
使用记录:
样板保管者: 样板使用者:</td></tr>
</table>

4. 服装工业样板检验记录单(表 7-4)

表 7-4　服装工业样板检验记录单

编号：

<table>
<tr><td>产品型号</td><td></td><td>本批产品总数</td><td colspan="2"></td></tr>
<tr><td>样板编号</td><td></td><td>产品全称</td><td colspan="2"></td></tr>
<tr><td>销往地区</td><td></td><td></td><td colspan="2"></td></tr>
<tr><td>面布样板</td><td colspan="4"></td></tr>
<tr><td>里布样板</td><td colspan="4"></td></tr>
<tr><td>衬布样板</td><td colspan="4"></td></tr>
<tr><td>工艺样板</td><td colspan="4"></td></tr>
<tr><td>其他</td><td colspan="4"></td></tr>
<tr><td>上衣</td><td>规格</td><td>下装</td><td>规格</td><td>备注</td></tr>
<tr><td>衣长</td><td></td><td>裙（裤）长</td><td></td><td></td></tr>
<tr><td>领围</td><td></td><td>腰围</td><td></td><td></td></tr>
<tr><td>胸围</td><td></td><td>臀围</td><td></td><td></td></tr>
<tr><td>腰围</td><td></td><td>直裆</td><td></td><td></td></tr>
<tr><td>臀围</td><td></td><td>中裆</td><td></td><td></td></tr>
<tr><td>肩宽</td><td></td><td>脚口</td><td></td><td></td></tr>
<tr><td>袖长</td><td></td><td>摆围</td><td></td><td></td></tr>
<tr><td colspan="5">样板规格准确为 ♀；不准确为 ¤</td></tr>
<tr><td colspan="5">样板规格误差分析</td></tr>
<tr><td colspan="5">样板组合部位是否吻合、圆顺、整齐</td></tr>
</table>

样板制作者：　　　　检验者：　　　　填表日期：　年　月　日

二、服装工业样板的工艺管理文件

服装工业样板的工艺管理文件由制板内容表述、标准样板缩略图、系列样板缩略图、排料缩略图、缝制说明及缝型等内容所构成。通过服装工业样板工艺管理文件的制定，是控制其质量的有效途径之一。

1. 服装工业样板工艺管理文件的操作方法

服装工艺单是服装生产产品的具体工艺阐述。服装工艺单一般在版师完成样板制作，样衣工完成首件样衣以后进行制作，多由版师或者版师助理完成，有些企业由专人制作服装工艺单。工艺单的制作方法从以往的手写完成，到现在随着计算机技术的不断发展，工艺单也从手写绘制变成了计算机操作。工艺单操作方法有：

(1) 办公软件的运用。word软件或者excel表格软件的合理使用，进行表格的制作比较方便，排版简单，加上调取图片比较方便，以及输出易操作，很多人习惯用此进行工艺单的绘制。

(2) coreldraw软件。coreldraw作为一款矢量绘图排版软件，无论绘制表格、绘制款式图形、以及进行排版操作都比较实用，可以通过软件独立完成制作服装工艺单、生产下单通知书、款式造型等，因为软件开放，成本较低，效果好，因此被广泛应用。

(3) 服装工艺单软件。服装工艺单软件是专业制作工艺单的软件，常与服装CAD打包销售，可以进行表格绘制、款式绘制、位图调取等，功能相对更加专业、实用；但因其价格较高，市场占有率不高。

2. 服装工业样板工艺管理文件的内容

(1) 制板工艺单。主要描述了服装的款式及细节、服装的规格系列、服装面布、服装里布、服装衬布的组织结构及贴样等内容。通过以上内容的描述，能使制板师按照工艺单的要求进行具体的服装样板的制作。

(2) 标准样板缩略图。主要描述了已完成制板的服装样板的示意图、服装规格系列、服装裁片的数量、缝份与贴边的控制量等内容。通过以上内容的描述，能对系列样板制作及裁剪工序的进行起到一定的指导作用。

(3) 系列样板缩略图。主要描述了系列样板完成后的系列样板的示意图、服装规格档差的确定及细节部位确定的要求等内容。通过以上内容的描述，能对裁剪工序的进行起到一定的指导作用。

(4) 排料缩略图。主要描述了排料的缩略图、排料的幅宽、总长、利用率、布片数、件数等内容。通过以上内容的描述，能对排料画样工序起到一定的提示作用。

(5) 缝制工艺单。主要描述了缝制工艺的制作要求、主要缝型的示意图、细部规格的说明等内容。通过以上内容的描述，能对缝制工序起到一定的规范作用。

三、服装工业样板的工艺管理文件实例

（一）实例一：女短袖上衣

1. 制板工艺单（表 7-5）

表 7-5 制板工艺单

单位：cm

<table>
<tr><td>设计</td><td></td><td>板师</td><td></td><td>审核</td><td></td><td colspan="5">制单日期</td></tr>
<tr><td>品牌</td><td></td><td>编号</td><td>NZ-106</td><td>品名</td><td>女短袖上衣</td><td>部位</td><td>S</td><td>M</td><td>L</td><td>XL</td></tr>
<tr><td colspan="6" rowspan="13"></td><td>衣长（领肩点量）</td><td>60</td><td>62</td><td>64</td><td>66</td></tr>
<tr><td>胸围（腋下1cm量）</td><td>88</td><td>92</td><td>96</td><td>100</td></tr>
<tr><td>腰围</td><td>74</td><td>78</td><td>82</td><td>86</td></tr>
<tr><td>臀围</td><td>90</td><td>94</td><td>98</td><td>102</td></tr>
<tr><td>袖长（肩端点量）</td><td>17.5</td><td>18</td><td>18.5</td><td>19</td></tr>
<tr><td>肩宽</td><td>38</td><td>39</td><td>40</td><td>41</td></tr>
<tr><td>后领宽</td><td>11</td><td>11.2</td><td>11.4</td><td>11.6</td></tr>
<tr><td>前领深（领肩点量）</td><td>9</td><td>9.2</td><td>9.4</td><td>9.6</td></tr>
<tr><td>后领深</td><td>3.2</td><td>3.2</td><td>3.2</td><td>3.2</td></tr>
<tr><td>翻领宽</td><td>6</td><td>6</td><td>6</td><td>6</td></tr>
<tr><td>袖口围</td><td>52</td><td>53</td><td>54</td><td>55</td></tr>
<tr><td>袖克夫宽</td><td>2</td><td>2</td><td>2</td><td>2</td></tr>
<tr><td>腰带宽</td><td>4</td><td>4</td><td>4</td><td>4</td></tr>
<tr><td>面布</td><td colspan="5">100% 真丝双绉</td><td rowspan="5">面布贴样</td><td rowspan="5" colspan="2"></td><td rowspan="5">里布与衬布贴样</td><td rowspan="5"></td></tr>
<tr><td>里布</td><td colspan="5">尼丝纺</td></tr>
<tr><td>衬布</td><td colspan="5">无纺黏衬</td></tr>
<tr><td>辅料</td><td colspan="5">隐形拉链、钮扣、缝线等</td></tr>
<tr><td>备注</td><td colspan="5">最终款式如图。细部规格可根据款式图作微量调整</td></tr>
</table>

2. 标准样板缩略图工艺单(表 7-6)

表 7-6　标准样板缩略图工艺单

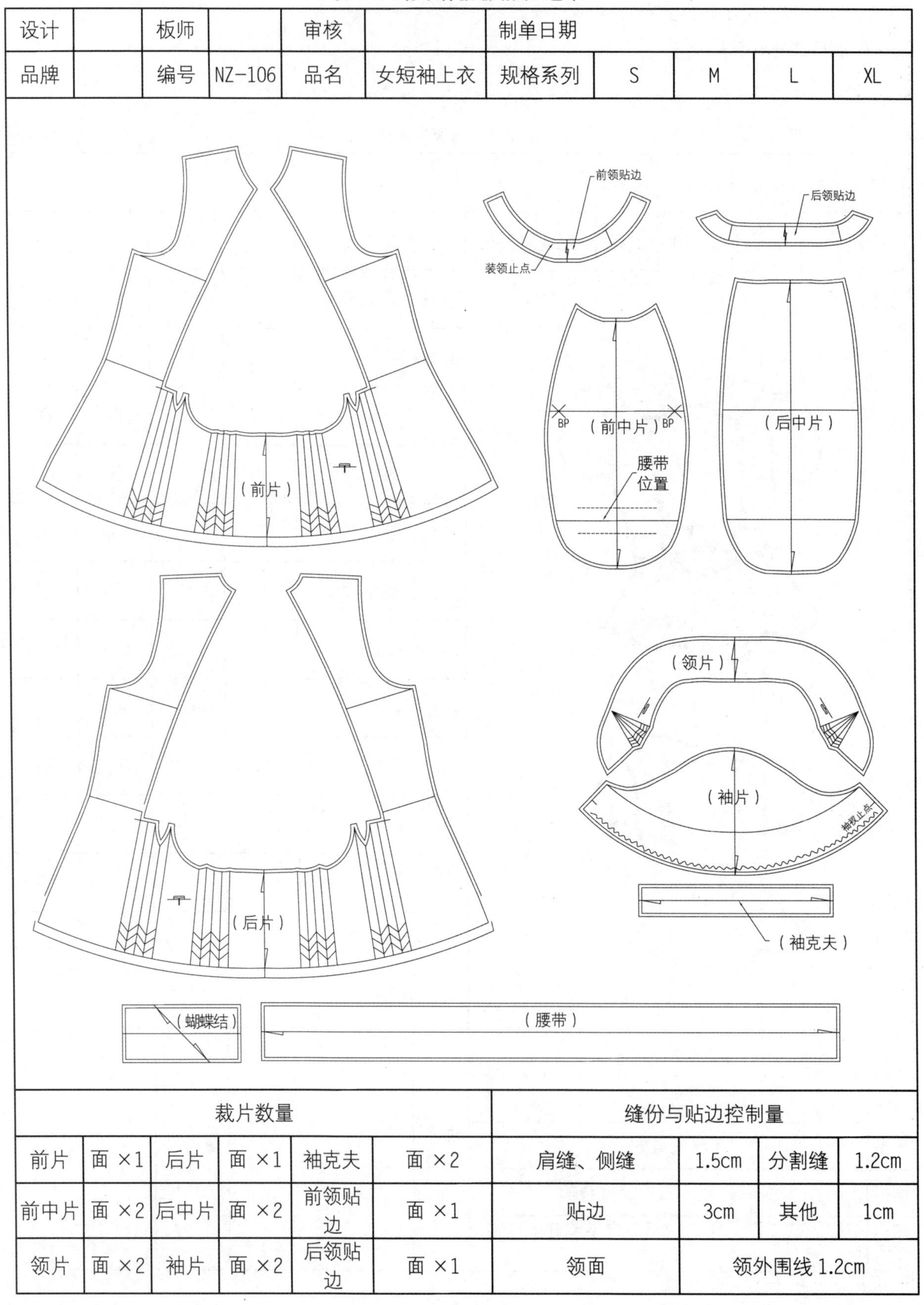

设计		板师		审核		制单日期				
品牌		编号	NZ-106	品名	女短袖上衣	规格系列	S	M	L	XL

裁片数量						缝份与贴边控制量			
前片	面 ×1	后片	面 ×1	袖克夫	面 ×2	肩缝、侧缝	1.5cm	分割缝	1.2cm
前中片	面 ×2	后中片	面 ×2	前领贴边	面 ×1	贴边	3cm	其他	1cm
领片	面 ×2	袖片	面 ×2	后领贴边	面 ×1	领面	领外围线 1.2cm		

3. 系列样板缩略图工艺单（表 7–7）

表 7–7 系列样板缩略图工艺单

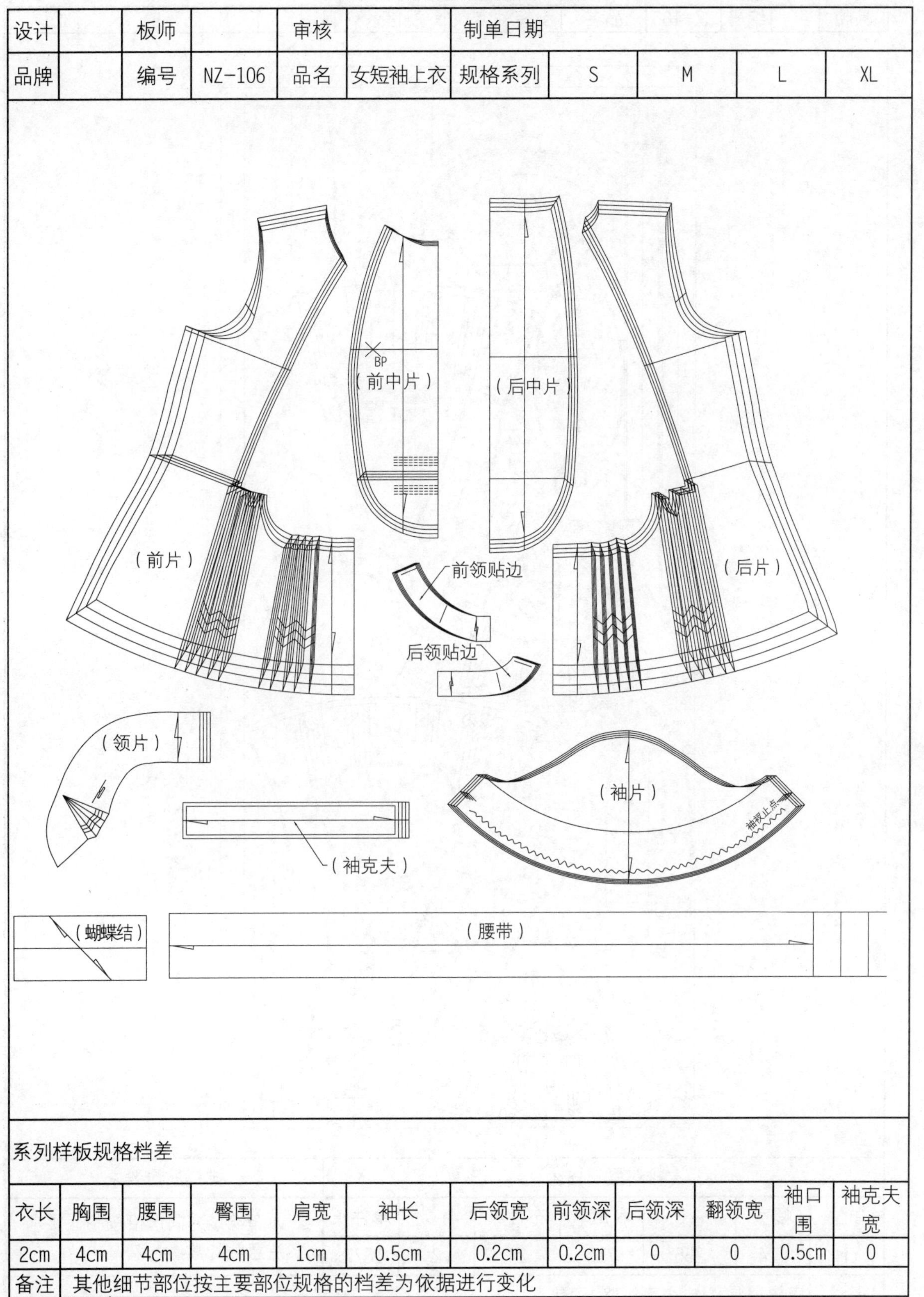

设计		板师		审核		制单日期				
品牌		编号	NZ–106	品名	女短袖上衣	规格系列	S	M	L	XL

系列样板规格档差

衣长	胸围	腰围	臀围	肩宽	袖长	后领宽	前领深	后领深	翻领宽	袖口围	袖克夫宽
2cm	4cm	4cm	4cm	1cm	0.5cm	0.2cm	0.2cm	0	0	0.5cm	0
备注	其他细节部位按主要部位规格的档差为依据进行变化										

4. 排料缩略图工艺单(表 7-8)

表 7-8　排料缩略图工艺单

设计		板师		审核		制单日期				
品牌		编号	NZ-106	品名	女短袖上衣	规格系列	S	M	L	XL

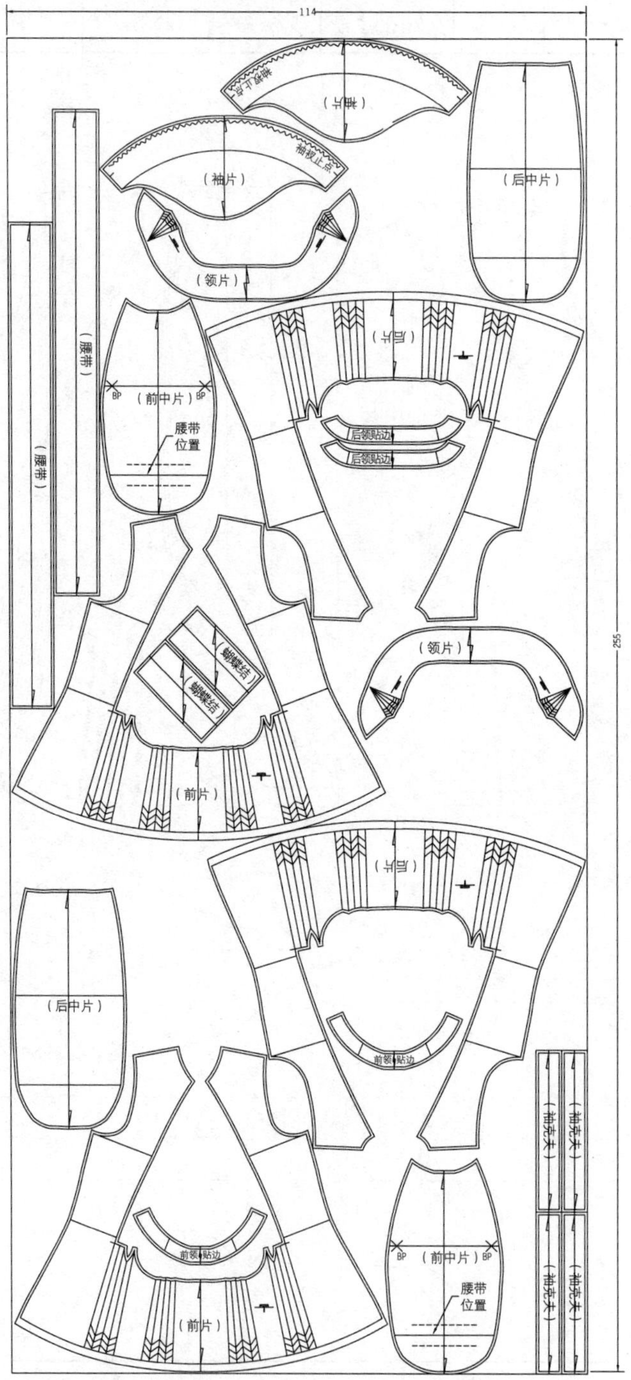

排料概况描述							排料质量要求
单位	幅宽	总长	利用率	布片数	件数	单件长	1. 面布丝缕方向严格按制板要求; 2. 注意裁片数量，勿漏排
cm	114	255	71%	24	2	127.5	
备注	应根据幅宽作相应的排料变化						

5. 缝制工艺单(表 7–9)

表 7–9　缝制工艺单

<table>
<tr><td>设计</td><td></td><td>板师</td><td></td><td>审核</td><td></td><td colspan="5">制单日期</td></tr>
<tr><td>品牌</td><td></td><td>编号</td><td>NZ-106</td><td>品名</td><td>女短袖上衣</td><td>规格系列</td><td>S</td><td>M</td><td>L</td><td>XL</td></tr>
<tr><td colspan="11">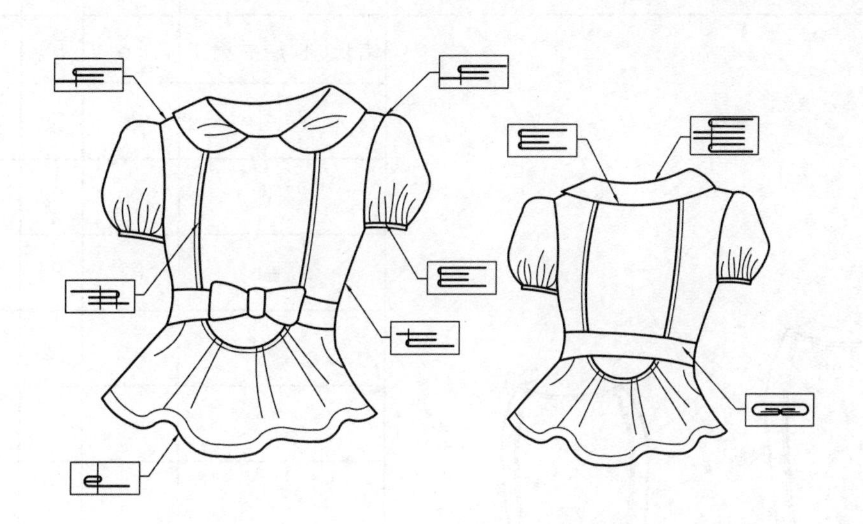
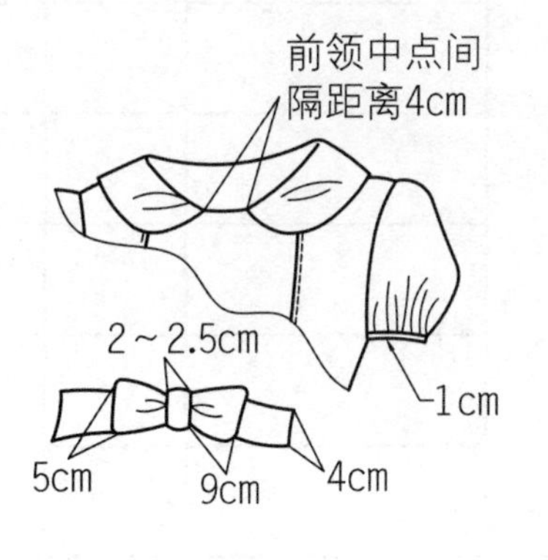

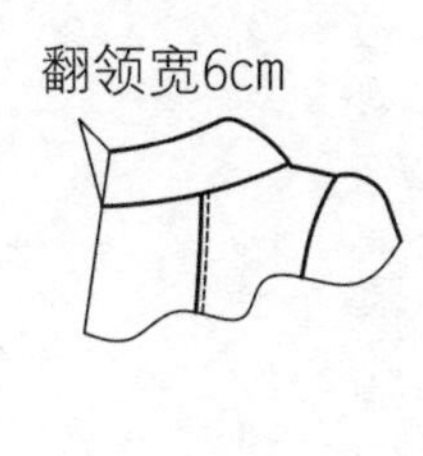
</td></tr>
</table>

<table>
<tr><td colspan="5">缝制规格细部说明</td><td>缝制工艺要求</td></tr>
<tr><td>前领
折裥量</td><td>衣片腰节
下折裥量</td><td>分割线止口</td><td>下摆止口</td><td>针距密度</td><td rowspan="2">1. 衣领的前领折裥为阴裥；
2. 腰带与蝴蝶结分开制作；
3. 右侧缝装隐形拉链，长度为 30cm 左右；
4. 衣领、袖克夫黏衬</td></tr>
<tr><td>4cm</td><td>36cm</td><td>0.5cm</td><td>2cm</td><td>14~16 针 /3cm</td></tr>
<tr><td>备注</td><td colspan="5">在不改变款式外观要求的前提下，可进行微调</td></tr>
</table>

（二）实例二：女直身裙

1. 制板工艺单（表 7-10）

表 7-10　制板工艺单

单位：cm

设计		板师		审核		制单日期	
品牌		编号	NZ-106	品名	女直身裙		

部位	S	M	L	XL
裙长（领肩点量）	56	58	60	62
腰围	66	68	70	72
臀围	90	92	94	96
摆围	82	86	90	94

面布	100% 真丝双绉	面布贴样		里布与衬布贴样	
里布	尼丝纺				
衬布	无纺黏衬				
辅料	隐形拉链、缝线等				
备注	最终款式如上图。细部规格可根据款式图作微量调整				

2. 标准样板缩略图工艺单(表 7-11)

表 7-11　标准样板缩略图工艺单

设计		板师		审核		制单日期				
品牌		编号	NZ-106	品名	女直身裙	规格系列	S	M	L	XL

后腰贴边　前腰贴边

后中片　后侧片　前侧片　前中片

裁片数量				缝份与贴边控制量			
前中片	面 ×1	后中片	面 ×1	侧缝	1.5cm	分割缝	1.2cm
前侧片	面 ×2	后侧片	面 ×2	贴边	3cm	其他	1cm
前腰贴边	面 ×1	后腰贴边	面 ×1	备注			

3. 系列样板缩略图工艺单(表 7–12)

表 7–12 系列样板缩略图工艺单

设计		板师		审核		制单日期			
品牌		编号	NZ–106	品名	女直身裙	规格系列	S	M	L	XL

系列样板规格档差

裙长	腰围	臀围	摆围	前中片	前侧片	后中片	后侧片	臀高	前腰贴边	后腰贴边
2cm	2cm	2cm	2cm	0.25cm	0.25cm	0.25cm	0.25cm	0.5cm	1cm	1cm
备注	其他细节部位按主要部位规格的档差为依据进行变化									

4. 排料缩略图工艺单(表 7–13)

表 7–13　排料缩略图工艺单

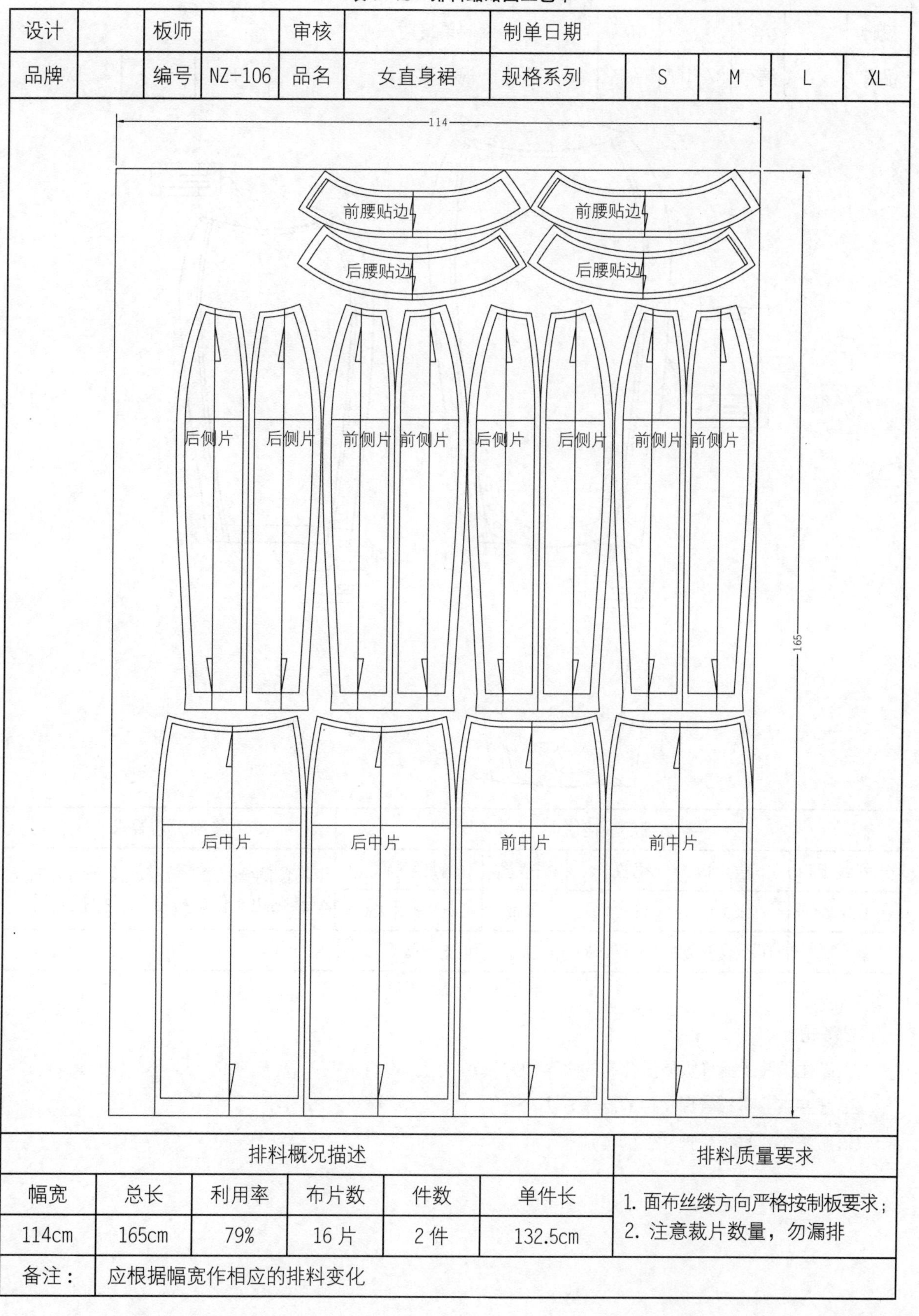

设计		板师		审核		制单日期				
品牌		编号	NZ-106	品名	女直身裙	规格系列	S	M	L	XL

排料概况描述						排料质量要求
幅宽	总长	利用率	布片数	件数	单件长	1. 面布丝缕方向严格按制板要求; 2. 注意裁片数量，勿漏排
114cm	165cm	79%	16 片	2 件	132.5cm	
备注：	应根据幅宽作相应的排料变化					

5. 缝制工艺单(表 7–14)

表 7–14 缝制工艺单

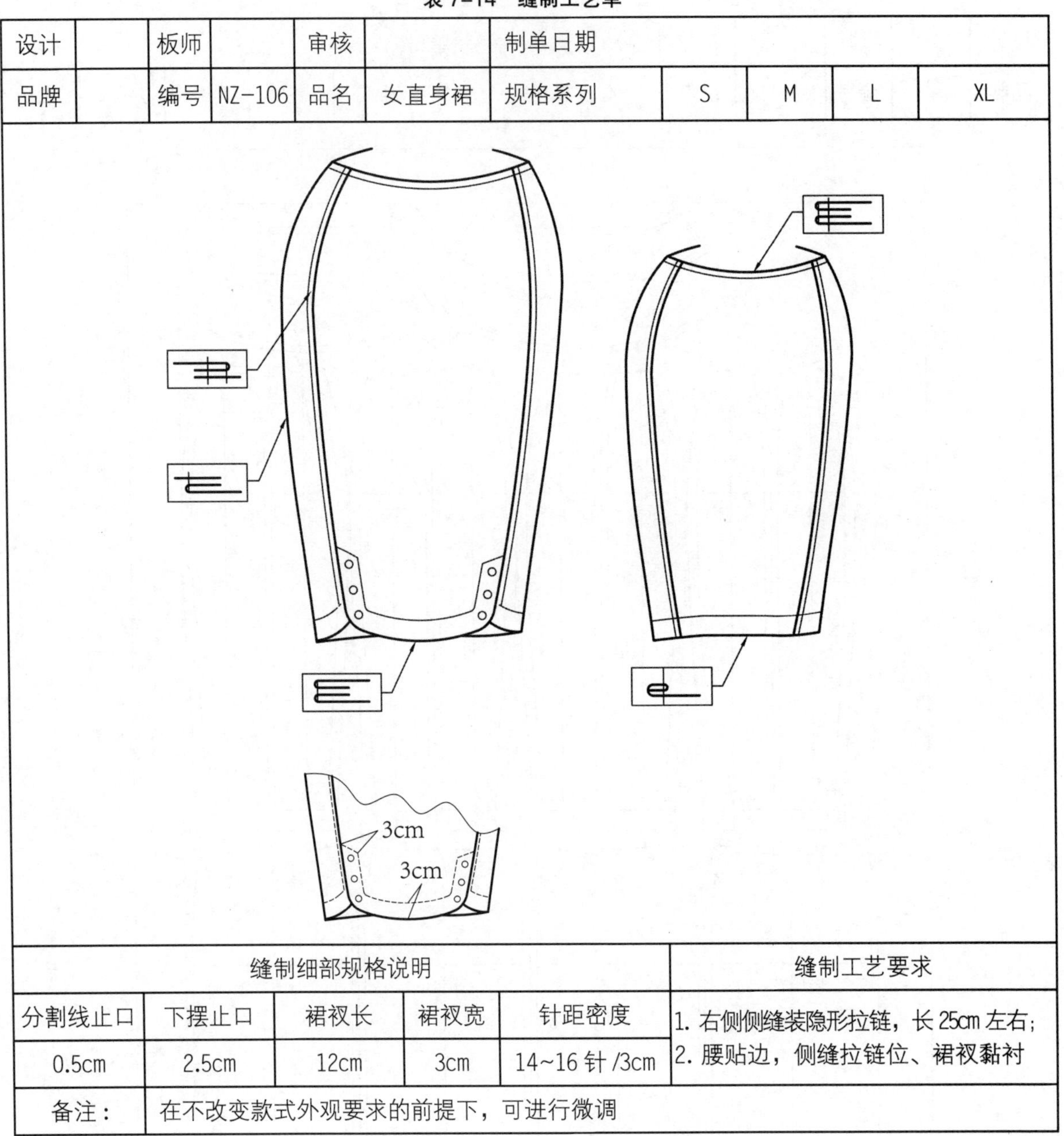

设计		板师		审核		制单日期				
品牌		编号	NZ-106	品名	女直身裙	规格系列	S	M	L	XL

缝制细部规格说明					缝制工艺要求
分割线止口	下摆止口	裙衩长	裙衩宽	针距密度	1. 右侧侧缝装隐形拉链，长 25cm 左右； 2. 腰贴边，侧缝拉链位、裙衩黏衬
0.5cm	2.5cm	12cm	3cm	14~16 针 /3cm	
备注：	在不改变款式外观要求的前提下，可进行微调				

思考题：

1. 简述服装工业样板质量控制的内容和方法?
2. 服装工业样板管理文件的制作方法?
3. 服装工业样板管理文件的类别?

参 考 文 献

[1] 徐雅琴,马跃进 . 服装制图与样板制作 [M]. 3 版 .北京: 中国纺织出版社,2011.

[2] 冯翼,冯以玫 . 服装生产管理与质量控制 [M]. 3 版 .北京: 中国纺织出版社,2008.

[3] 徐雅琴,谢红,刘国伟 . 服装制板与推板细节解析 [M]. 北京: 化学工业出版社,2010.

[4] 徐雅琴,惠洁 . 女装结构细节解析 [M]. 上海: 东华大学出版社,2010.

[5] 潘波 . 服装工业制板 [M]. 北京: 中国纺织出版社,2000.

[6] 徐雅琴 . 服装结构制图 [M]. 5 版 .北京: 高等教育出版社,2012.

[7] 刘国伟,惠洁 . 服装制度化管理 [M]. 北京: 化学工业出版社 ,2008.

[8] 宋惠景,万志琴 . 服装生产管理 [M]. 2 版 .北京: 中国纺织出版社,2004.

图书在版编目(CIP)数据
服装工业样板设计/徐雅琴，朱卫华，惠洁编著.--上海：东华大学出版社,2014.10
ISBN 978-7-5669-0534-5
Ⅰ.①服... Ⅱ.①徐...②朱... Ⅲ.①服装样板-服装设计
Ⅳ.①TS941.631
中国版本图书馆CIP数据核字（2014）第120864号

责任编辑：谭 英
封面设计：潘志远

服装工业样板设计
Fuzhuang Gongye Yangban Sheji

徐雅琴 朱卫华 惠 洁 编著
东华大学出版社出版
上海市延安西路1882号
邮政编码：200051 电话：（021）62193056
出版社网址 http://www.dhupress.net
天猫旗舰店 http://www.dhdx.tmall.com
苏州望电印刷有限公司印刷
开本：889mm×1194mm 1/16 印张：12 字数：422千字
2014年10月第1版 2014年10月第1次印刷
ISBN 978-7-5669-0534-5/TS·496
定价：35.00元